NATIONAL
GEOGRAPHIC

國家地理

世界
琴酒地圖

THE WORLD ATLAS OF GIN

從原料、產地、
製作程序到風味
最全面的終極琴酒指南

NATIONAL
GEOGRAPHIC

作者／喬爾‧哈里森、尼爾‧雷德利
Joel Harrison & Neil Ridley

翻譯／黃覺緯

國家地理
世界
琴酒地圖
THE WORLD ATLAS OF GIN

從原料、產地、
製作程序到風味
最全面的終極琴酒指南

Boulder Media 大石文化

國家地理 世界琴酒地圖

從原料、產地、製作程序到風味 最全面的終極琴酒指南

作　　者：喬爾‧哈里森、尼爾‧雷德利 Joel Harrison & Neil Ridley

翻　　譯：黃覺緯

主　　編：黃正綱

資深編輯：魏靖儀

美術編輯：吳立新

行政編輯：吳怡慧

印務經理：蔡佩欣

發行經理：曾雪琪

圖書企畫：黃韻霖、陳俞初

發 行 人：熊曉鴿

總 編 輯：李永適

營 運 長：蔡耀明

出 版 者：大石國際文化有限公司

地　　址：新北市汐止區新台五路一段97號14樓之10

電　　話：（02）8797-1758

傳　　真：（02）8797-1756

2020年（民109）8月初版

定價：新臺幣 990 元／港幣 330 元

本書正體中文版由 Octopus Publishing Group Ltd

授權大石國際文化有限公司出版

版權所有，翻印必究

ISBN：978-957-8722-87-3（精裝）

＊本書如有破損、缺頁、裝訂錯誤，請寄回本公司更換

總代理：大和書報圖書股份有限公司

地址：新北市新莊區五工五路2 號

電話：（02）8990-2588

傳真：（02）2299-7900

First published in Great Britain in 2019
by Mitchell Beazley, an imprint of
Octopus Publishing Group Ltd
Carmelite House, 50 Victoria Embankment, London, EC4Y 0DZ
www.octopusbooks.co.uk
www.octopusbooksusa.com
Text copyright © Caskstrength Creative 2019
Design & layout copyright © Octopus Publishing Group Ltd 2019
Group Publishing Director: Denise Bates
Art Director: Juliette Norsworthy
Senior Editor: Leanne Bryan and Louise McKeever
Designer: Ben Brannan
Picture Research Manager: Giulia Hetherington
Picture Research: Sally Claxton
Cartographer: Encompass Graphics
Illustrator: Emma Russell
Cover Design: Luke Bird
Production Controllers: Gemma John & Nic Jones

國家圖書館出版品預行編目（CIP）資料

國家地理 世界琴酒地圖：從原料、產地、製作程序到風味 最全
面的終極琴酒指南

喬爾‧哈里森（Joel Harrison），尼爾‧雷德利（Neil Ridley）作；
黃覺緯 翻譯. -- 初版. -- 臺北市：大石國際文化, 民109.08
256頁；20.1 x 25.3公分
譯自：The World Atlas of Gin : Explore The Gins of More than
50 Countries
ISBN 978-957-8722-87-3（精裝）

1.蒸餾酒 2.製酒業
463.83　　　　　　　　　　　　　　　　109003465

目　錄

前言

琴酒這款烈酒就像紅茶和黃瓜三明治一樣，是不折不扣的英國之物，怎麼可能有世界地圖呢？琴酒之所以被視為與倫敦有關，部分原因來自「倫敦辛口」（London Dry）這個特定的琴酒類型，同時也絕對與1600年代末至1700年代中席捲街頭巷尾、惡名昭彰的「琴酒狂熱」有關。然而，如前面提到的紅茶與黃瓜三明治，紅茶其實源自中國、黃瓜三明治來自印度，琴酒這種「以杜松味為導向的烈酒」其實是17世紀從荷蘭傳入大英帝國的。它也很快就成為英國人生活的一部分。這種早期的琴酒有著難以抗拒的魅力，倫敦的純真百姓很快就被它征服，有超過一個世紀的時間都無法自拔。

從那段時期開始，琴酒就成了一款足跡遍布全球的烈酒，第52-53頁列出的各式雞尾酒就證明了這點。以琴酒為基底的調酒於1800年代在印度與美國開始發展，接著又在1900年代蔓延到義大利與新加坡。

21世紀的今日，我們目睹的是席捲全球的琴酒熱潮。身為專業的飲品作家，我們走訪了許許多多或遠或近的國家，發現在過去的十年間，琴酒已成為世界公民，這點也反映在這本收錄了驚人的50多個琴酒生產國的世界地圖集中。

從類似坦奎瑞（Tanqueray）這種全球酒吧裡都看得到的傳統琴酒，到奈及利亞街角販賣的純飲小袋琴酒，再加上從墨西哥猶卡坦（Yucatán）到澳洲塔斯馬尼亞島（Tasmania）都有新成立的工藝蒸餾廠在研究原生植物，琴酒確實是一門大生意。同時，蒸餾廠透過當地取材的獨特植物，製作出呈現在地元素與風土的琴酒，也已成為成長中的整體趨勢。

這是一本精心策畫的世界琴酒指南，只聚焦在自行製作琴酒的生產商，無論他們是由農場到酒杯全程掌控生產流程，還是採用獨特的植物混和重新蒸餾烈酒。

他們的成果不只是瓶中的烈酒，還包括過程中有趣且引人入勝的故事。創作一款具有均衡植物配方的好琴酒是一門藝術，因此我們也特別介紹一些（但願）你會跟我們一樣喜愛的琴酒版本。

透過不斷成長的專業經銷商與零售業者網絡，這些琴酒很多都能在世界不同的市場取得，而這本地圖集將提供你成為琴酒探險家的靈感與機會。你可以在家中舒適地喝一杯琴通寧，或在飯店的屋頂酒吧享受精心調製的馬丁尼，也可以採取最棒的方式——親自造訪蒸餾廠。

所以，現在就打包你的行李，跟我們一起踏上這場琴酒之旅吧！標註@worldsBestSpirits讓我們知道你的最愛，讓我們在不久的將來一起喝杯內格羅尼。

> **創作一款**
> **具有均衡植物配方的**
> **好琴酒是一門藝術**

第一部

琴酒：行遍世界的烈酒

以蒸餾酒來說，琴酒無疑是世界上最有特色又廣受喜愛的烈酒之一。它已經完全擺脫了歐洲的卑微出身，在全球留下足跡，各種規模的精製蒸餾廠持續增長的數字就說明了這一切。在本書第一章，我們會說明琴酒的定義、製作方法，並探索一些享用琴酒的最佳方式。

琴酒
究竟是什麼？

🔵 杜松──所有琴酒的關鍵成分

雖然聽起來不太威風，但琴酒的定義很簡單，就是「具有明顯杜松子風味」的烈酒。然而，琴酒的類型是一個值得探索的複雜世界，每種類型都有不同的製作技術與產地。在歐盟地區，法規明訂琴酒必須用酒精濃度不低於96%的「中性」基底烈酒開始製作，而美國則允許用較低的95%酒精濃度（相當於美式酒精標示190度的酒精純度proof）。但所有歐洲琴酒裝瓶酒精濃度不得低於37.5%，而美國則是40%酒精濃度（80%的酒精純度）。

今日全球的琴酒業面對的挑戰是：在現代的琴酒製造過程中，要如何正確定義「具有明顯杜松子風味」是極為困難的，因為這取決於蒸餾商的判斷而不是科學測量。

但可以確定的是，這樣的模糊地帶在過去十年中為這款烈酒開啟了前所未有的創新空間，也令消費者興奮無比，而這個趨勢也必定會狂熱地持續下去。

> 琴酒類型是一個值得
> 探索的複雜世界，
> 每種類型都有不同的
> 製作技術與產地。

◎ 蒸餾中的銅製壺式蒸餾器

◎ 琴酒向來是不分階級與性別的飲料

琴酒的**歷史**

500年來，琴酒不斷自我探索、精煉提升，最終演變成今日我們看到的這款清澈、杜松風味主導的烈酒。以杜松為基底製成的藥在1269年由來自達梅的賈科布・范・馬爾蘭特（Jacob van Maerlant te Damme）所著的荷蘭出版品《大自然的花》（Der Naturen Bloeme）中首度被提及，文中強調這款以杜松子浸泡的飲品具有的醫療效果。但直到1495年，杜松烈酒的配方才首度紀載於荷蘭一本名為《製作灼酒》（Making Burned Wine）的食譜中，「灼酒」在此被當作蒸餾烈酒的名稱，並於後來衍生出「白蘭地」（brandy）或水果酒蒸餾液的名稱。書中原始配方採用葡萄酒為基底，添加小荳蔻、肉桂、丁香、南薑、薑、西非豆蔻、杜松和肉荳蔻一同加熱浸泡後，再加入清水或當地啤酒稀釋。

到了1497年，蒸餾烈酒在荷蘭已非常受歡迎，「玉米白蘭地」（korenbrandewijn）這款後來演變成荷蘭琴酒（見第18頁）的穀物蒸餾液，當時在阿姆斯特丹被歸為課稅商品。而「荷蘭琴酒生命之水」（genever aqua vitae）這一款以杜松調味的葡萄白蘭地則出現於1500年代，杜松之所以能從其他植物中脫穎爾出，可能是因為它產量豐富，且以藥用特性聞名。但到了16世紀末，蒸餾烈酒的原料已從葡萄轉為穀物，荷蘭作家卡斯帕・詹斯・庫西斯（Casper Jansz. Coolhaes）在《蒸餾指南》（A Guide To Distilling）一書中特別指出這件事。1575年博爾斯（Bulsius）家族在阿姆斯特丹設立荷蘭琴酒蒸餾廠，並以家族姓氏創建了史上記載最古老的烈酒品牌——波士（Bols，見第95頁）。

由於歐洲低地國家的宗教動盪，到了1570年，估計有6000名法蘭德斯新教徒帶著他們對杜松味烈酒的熱情遷徙到了倫敦。

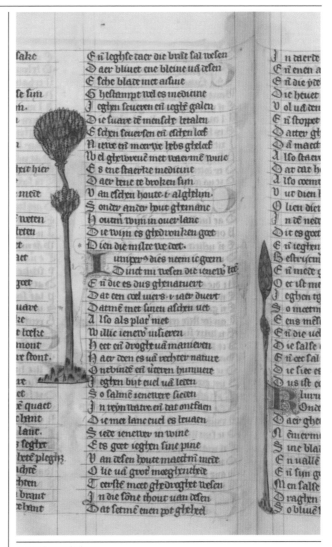

🔺 荷蘭琴酒的起源

隨著英國、法國、西班牙、義大利和荷蘭等海權強國紛紛開始建立全球貿易路線，荷蘭東印度公司（Vereenigde Oostindische Compagnie，簡稱VOC）最後也壯大成為當時世界最大的貿易公司，為荷蘭生產的琴酒提供了一個既有的全球分銷網絡，同時也將各種異國藥草、香料與植物帶入荷蘭讓蒸餾商進行試驗。

　　到了1623年，荷蘭琴酒的名稱開始出現於英文文獻中，例如菲利普・馬辛傑（Philip Massinger）的倫敦舞台劇《米蘭公爵》中就有提及。當時，有許多英國傭兵參與三十年戰爭（Thirty Years' War，1618-48年）。發現了這種杜松味的烈酒後，部隊把這款烈酒當作戰役前強化信心的飲料，也因此出現了「荷蘭勇氣」（Dutch Courage）一詞，且至今仍被用來指臨門一腳的

小激勵。在馬辛傑這部舞台劇上演65年之後，荷蘭王子威廉（Willem）入侵英格蘭，並於1689年和他的英國妻子瑪麗・斯圖亞特（Mary Stuart）一起登上王位。

　　1690年《蒸餾法》通過，不僅減少了國外的進口量，也降低了蒸餾許可證的成本，因此英國人（尤其是倫敦人）開始自製杜松及其他植物風味的烈酒，「琴酒」這個新名詞也隨之誕生。在琴酒成長的熱絡環境中，幾乎任何想從事蒸餾的人只需提前十天在門外張貼營業意圖通知書即可。但儘管蒸餾變得容易，還是很快就出現了一個新的趨勢：人們在品質粗糙的基底烈酒中加入或浸泡杜松或其他植物，讓成品變得更可口，這種酒也稱作「浴缸琴酒」。為了讓它更好喝，浴缸琴酒也常被加入甜味，但由於糖在當時相當昂貴，因此多數採

　以前的人常用琴酒取代啤酒

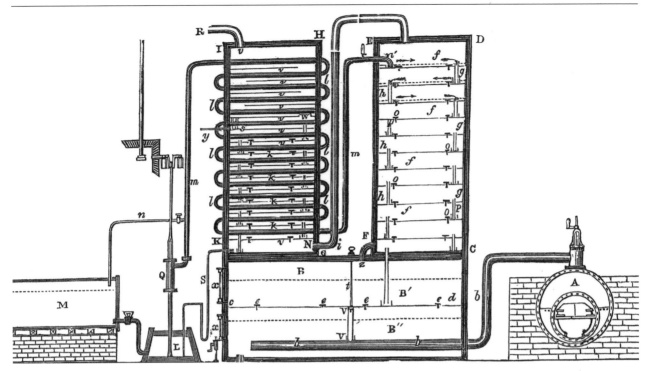

⬤ 連續式蒸餾的早期藍圖

用蜂蜜，並以老湯姆琴酒（Old Tom Gin，見第21頁）的名稱販售。

家庭生產的琴酒在1700年代造成的問題，讓琴酒有了「母親的毀滅」和「日內瓦夫人」這樣的綽號。由於琴酒變得比啤酒和麥芽啤酒還便宜，因此更多人喝，尤其是在貧民之間。據估計，當時的消耗量達到驚人的每年5000萬公升，相當於每個成年市民都喝下90瓶。

1751年，琴酒成為當時最著名的一件藝術作品的題材。威廉·霍加斯（William Hogarth）在他的〈琴酒巷〉（Gin Lane）一畫中描繪倫敦某條街的景致，居民正被疾病、飢餓和死亡摧殘。霍加斯又創作了另一幅〈啤酒街〉（Beer Street）來與之對比，畫中男女歡樂勤奮，享受著健康和富裕。

1700年代末與1800年代初，工業革命大幅提升產能，蒸餾業也跟上風潮。1831年，柱式（或連續式）蒸餾器（見第24頁）發展出來，人們得以快速而平價地製造出高品質的中性基底烈酒，今日我們熟知的許多琴酒品牌，例如高登（Gordon's，見第82頁）、普利茅斯（Plymouth，見第72頁）、坦奎利（見第79頁）、英人（Beefeater，見第63頁）和美國生產的弗萊西曼（Fleischmann's，見第156頁）都因為能生產出具有一致性的高品質琴酒而贏得良好聲譽。

時至今日，琴酒確實已經征服世界，這本地圖集列出了生產琴酒或有具有當地型式琴酒的54個不同國家。琴酒不僅以超過500年的歷史背景證明了自己是個留歷久不衰的資產，隨著生產者持續增加，以及日益多樣化的風格、口味和瓶身設計，琴酒的未來不僅令人興奮，也將持續在世界各地吸引更多的仰慕者。

⬤ 早期的琴酒瓶

全球琴酒類型

前面已經提到，琴酒風味的定義並不嚴謹。但世界各地生產的琴酒——包括琴酒的前身荷蘭琴酒（genever）——還是可以分成幾個特定的類型。

浸泡合成琴酒

又叫「浴缸琴酒」（bathtub gin，見第16頁），這種風格的琴酒是將植物（無論是新鮮的、乾燥的、還是預先提煉出的植物精油）加入中性烈酒中製作而成。這是製作琴酒最簡易的方法，甚至一般人在家中都能完成。你只需要高濃度的伏特加或食用等級的基本烈酒（高濃度的酒精有助提取植物中的精油與風味），以及一個能浸泡所有原料的容器。在浸泡的過程中，有一些色澤會滲入烈酒之中，賦予酒體一種清淡的、金黃的色相。經過幾個小時或幾天之後，就能生產出自製琴酒。

冷泡合成琴酒

這類型的琴酒在蒸餾後才添加植物萃取物，之後加入水稀釋酒精濃度，再進行裝瓶。也因為這樣的製程，成品並不會被歸類為蒸餾琴酒。

荷蘭琴酒

這款烈酒（又作Jenever，或在英美直接稱作Hollands，「荷蘭酒」）是琴酒最早的前身（見第15頁），荷蘭琴酒在荷蘭文中就是「杜松」意思。基底的烈酒（一種用黑麥、玉米和發芽大麥製成的麥酒）先經過雙重蒸餾程序製作成酒精濃度介於46-48%的烈酒後，將其中部分成品（其他部分保留下來進行再製）加入植物——杜松子、啤酒花，有時還有芫荽籽——混合進行第三次蒸餾，再重新混入先前保留下來的麥酒中（有時已加入中

性烈酒調和以降低酒精濃度），並視琴酒型態把酒精濃度調降到38%左右。由於基底烈酒具有較強烈的風味，相較於傳統蒸餾或浸泡式琴酒，荷蘭琴酒在口味上可能會出現一種幾近帶有鹹味的口感。

荷蘭琴酒有三種主要類型，依照法規定義分別是：

oude——屬於較古老且傳統的類型，其中除了中性烈酒外，至少必須含有15%以上的麥酒，且裝瓶後的成品酒精濃度必須高於30%。

jonge——所含麥酒不得超過15%，且在裝瓶後的成品酒精濃度不得低於30%。

corenwyn或korenwijn——必須含有至少51%的麥酒，且裝瓶後成品酒精濃度不得低於38%（也有一些麥酒含量高達100%的荷蘭琴酒）。

任一類型的荷蘭琴酒都可以添加特定分量的糖（每公升oude與korenwijn最多可含20克的糖，每公升jonge最多可含10克的糖）。荷蘭琴酒可以存放在橡木桶中桶陳，桶陳時間至少要有一年，且每桶不得超過700公升（見第97頁的「焦點：荷蘭琴酒」）。

德國琴酒Wacholder 與 Steinhäger

德國版本的琴酒Wacholder（意思是杜松子）這個名字被廣泛用來統稱以杜松子為基底蒸餾成的烈酒，主要產區是西發里亞（Westphalia）和萊茵蘭（Rhineland）。這款帶有強烈杜松子風味的獨特烈酒，常作為冰飲或追酒用的一口酒，儘管歷史可追溯到19世紀早期，至今依然深受德國人喜愛，且鮮少在國際市場上出現。Steinhäger則特別限定產自西發里亞地區的施泰因哈根（Steinhagen），並自1989年起受到歐盟農產品地理標示制度保護。（見第103頁的「焦點：Wacholder與Steinhäger」）。

◔ 波士（Bols，荷蘭琴酒品牌）：世上最歷久不衰的烈酒品牌之一。

斯洛伐克琴酒Borovička

專產在斯洛伐克，同樣也受到農產品地理標示制度的保護，是一款僅採用單一植物原料（杜松子）製造的琴酒，且依照法規必須使用穀物烈酒做為基底烈酒（見第143頁的例子）。

Flanders Genever Artois琴酒

這款以杜松子為基底、屬荷蘭琴酒類型的烈酒受到歐盟規範的保護，且僅限在法國北部生產。這款酒必須採用黑麥、大麥、小麥和燕麥的穀物烈酒為基底烈酒（更多說明請見第109頁）。

蒸餾琴酒

製作方式是把中性基底烈酒、杜松子與其他植物原料同時加入蒸餾器中（見第22頁），在蒸餾器中烈酒會經過沸騰、蒸發，再重新凝結成液態。蒸餾過程中能透過以下兩種方法之一擷取出植物的風味：

1. **浸泡煮沸法**：使用這個方式時，植物會先在烈酒中浸泡之後再進行烈酒蒸餾程序，進行蒸餾時並不一定要加入植物。

2. **蒸氣注入法**：這個方式會將植物放進懸吊在蒸餾器內部上方的籃子裡（見第22頁），讓烈酒蒸氣在重新凝結成液態前先滲過這些植物。

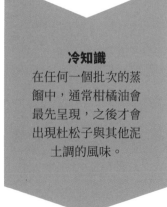

冷知識
在任何一個批次的蒸餾中，通常柑橘油會最先呈現，之後才會出現杜松子與其他泥土調的風味。

● 銅製壺式蒸餾器中的植物托盤

變數很多：浸泡的時間、在同一次蒸餾中以上述兩種方法擷取的植物風味、把所有植物同時蒸餾、或是個別或分組加入植物再蒸餾，之後再把所有蒸餾液混合裝瓶，這些都有可能產出不同的結果。蒸餾的琴酒也有可能在蒸餾程序完成後才添加天然調味，只要這些添加物同樣是經過蒸餾提取的即可，例如亨利爵士琴酒（Hendrick's Gin，請參閱第79頁）中的玫瑰與黃瓜風味就是後來添加的。

倫敦辛口琴酒（London dry gin）

倫敦辛口琴酒必須是完全採用蒸餾製程的琴酒，所有選用的植物都必須用在蒸餾的程序中，蒸餾出的成品酒精濃度至少必須達到70%，且裝瓶前只能添加水。

儘管稱為倫敦辛口琴酒，但這個類型的琴酒可以在世界各地生產，且許多國家的琴酒都採用倫敦辛口琴酒這個名稱，不過有些酒廠會做些許調整，以反映產地的特色。日本的季之美（Ki No Bi）京都辛口琴酒就是一個例子（見第229頁）。

自製基底烈酒並非生產者製作琴酒的必要條件，大多數生產者會購入基底烈酒，再根據自己的品牌標準來蒸餾。少數堅持自行生產基底烈酒的生產者，通常會提及自製烈酒賦予他們生產的琴酒在風味與質地上的特色（見第48頁）。

其他琴酒類型

桶陳琴酒（aged gin）

琴酒可於木桶中成熟，通常採用橡木桶，但有時也會使用栗樹或其他木材的桶子。若採用舊的威士桶、葡萄酒桶或薑汁啤酒桶，則能添加色澤與額外風味（見第48頁）

老湯姆琴酒（Old Tom gin）

琴酒本身是一款不甜的烈酒，因此有些琴酒會添加糖或蜂蜜來提升甜度並增加酒體黏稠性，其中植物成分較單純的類型稱為老湯姆琴酒。據說在1700年代，倫敦銷售甜琴酒的酒吧招牌上通常有貓的圖案，因此才有了這個暱稱（譯註：英文的「tom」也有「公貓」的意思）。

海軍強度琴酒（Navy-strength gin）

這個類型的琴酒酒精濃度高於57%（或美國114度酒精純度）因此具有可燃性。海軍強度一詞與海軍船艦運載的高酒精濃度烈酒有關，因為酒精濃度這麼高，即使滲漏到船上的火藥上，火藥還是可以點燃。這能夠確保船上不會有加水稀釋過的琴酒。

水果與香辛料琴酒（fruit and spiced gin）

近幾年帶有水果與香辛料風味的琴酒蔚為風尚，這大多是受英國黑刺李琴酒的流行所帶動。傳統方式是使用黑刺李漿果，將果實刺穿並於琴酒中進泡一段時間，之後加入糖再進行裝瓶。這種浸泡式的水果琴酒風潮已席捲全球，包括柑橘、草莓、櫻桃、釀酒葡萄（見第217頁澳洲四柱血腥希哈琴酒Four Pillars Bloody Shiraz gin）、梨子（見第119頁葡萄牙的紅琴酒Tinto Gin）以及李子琴酒，另外還有使用如番紅花與香草等香辛料製成的類型。

George Cruikshank

上色琴酒（coloured gin）

除了水果琴酒，新型態的上色琴酒也變得非常流行。於琴酒中加入幾滴安格仕苦精（Angostura bitters）製成的經典粉紅琴酒，原本是19世紀中期海軍用來治療暈船的藥，但它迅速變成一款帶有粉紅色相的時髦調酒，這個概念並更進一步發展出多種帶有水果風味、色澤深淺不一的新型粉紅色琴酒。

製作琴酒：
琴酒蒸餾器類型

蒸餾琴酒和倫敦辛口琴酒必須使用天然植物製作，儘管可以採用冷凍蒸餾，透過酒精冰點較低的原理，讓浸泡過的烈酒中的水和酒精分離（範例可見科萊西琴酒 Collesi Gin，見第 123 頁），但絕大多數都是以蒸餾器製作。蒸餾器有各種不同的大小，從約 3-5 公升容量的小台桌上型蒸餾器到可容納數千公升的大型蒸餾器都有。製作琴酒的蒸餾器大小並沒有明確的法規限制。

經典壺式或葫蘆型蒸餾器
（classic pot/alembic still）

這是一款由底部加熱的銅壺（或水壺）。這種蒸餾器有各種大小，部分蒸餾商甚至會自行設計和打造專用蒸餾器。市場由少數蒸餾器製造商主導，其中有些款式特別受歡迎。阿諾霍爾斯坦（Arnold Holstein）、科特（Kothe）和克里斯蒂安卡爾（Christian Carl）蒸餾器為德國製造，霍加（Hoga）銅壺蒸餾器產自西班牙，而弗里利（Frilli）則來自義大利。福賽斯（Forsyths）蒸餾器為蘇格蘭製造，常被威士忌蒸餾商採用，這些蒸餾廠若同時生產琴酒，也會用同一台設備進行。

植物處理的其中一種方式是直接將植物與高濃度酒精（在美國酒精濃度須超過 95%、在歐洲則須超過 96%）一起置入壺式蒸餾器中，這種方式被稱為直接裝填法，通常於再次蒸餾前會先將植物浸泡在酒精中一段時間。另一種方式則是將植物懸掛在酒精上方的籃子內，讓蒸氣通過籃子並沿途吸收精油和風味，這種方式稱為蒸氣注入法。在某些情況下，兩種技術會在一個蒸餾器中同時使用。

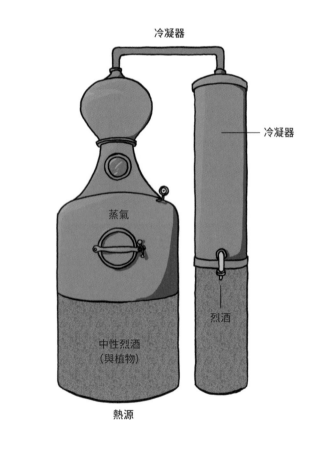

冷凝器

冷凝器

蒸氣

烈酒

中性烈酒
（與植物）

熱源

◔ 經典壺式蒸餾器外觀

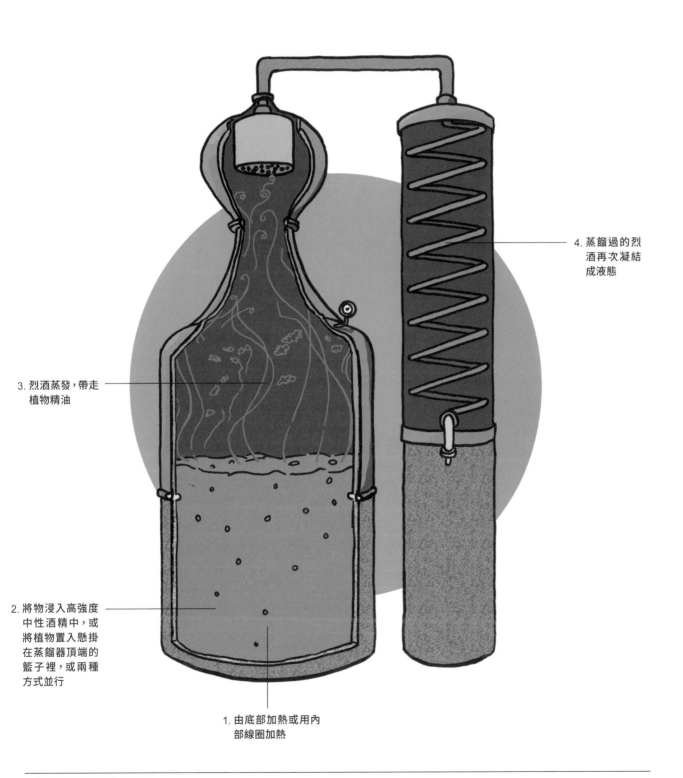

4. 蒸餾過的烈
   酒再次凝結
   成液態

3. 烈酒蒸發，帶走
   植物精油

2. 將物浸入高強度
   中性酒精中，或
   將植物置入懸掛
   在蒸餾器頂端的
   籃子裡，或兩種
   方式並行

1. 由底部加熱或用內
   部線圈加熱

◎ 經典壺式蒸餾器內部構造

柱式蒸餾器（column still）

這個類型的蒸餾器用於精餾酒精，亦即增加烈酒中的酒精含量。柱式蒸餾器形狀窄且高，酒精在其中會通過一系列的精餾盤，每個精餾盤依序將水從酒精中分離，這個程序稱為分餾（見第 246 頁）。生產者通常用這些蒸餾器製作自己的基底烈酒，以確保中性酒精已蒸餾到符合法規要求的特定酒精濃度。

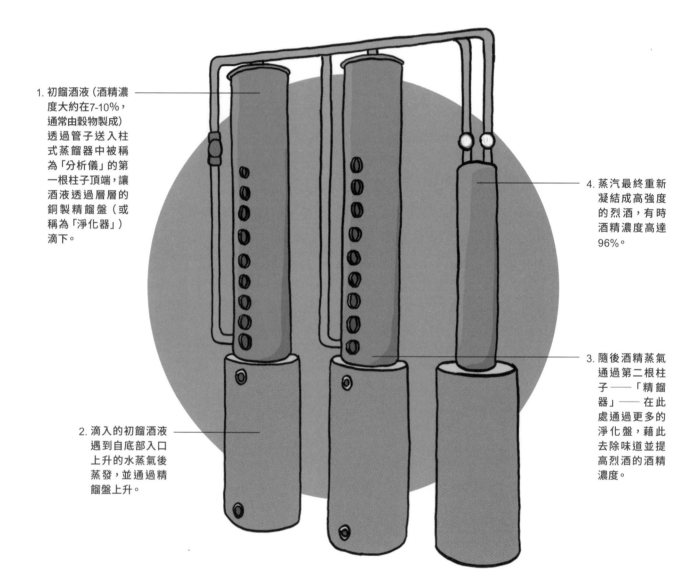

1. 初餾酒液（酒精濃度大約在7-10%，通常由穀物製成）透過管子送入柱式蒸餾器中被稱為「分析儀」的第一根柱子頂端，讓酒液透過層層的銅製精餾盤（或稱為「淨化器」）滴下。

2. 滴入的初餾酒液遇到自底部入口上升的水蒸氣後蒸發，並通過精餾盤上升。

3. 隨後酒精蒸氣通過第二根柱子——「精餾器」——在此處通過更多的淨化盤，藉此去除味道並提高烈酒的酒精濃度。

4. 蒸汽最終重新凝結成高強度的烈酒，有時酒精濃度高達96%。

⬣ 柱式蒸餾器

混合式蒸餾器（hybrid still）

結合壺式蒸餾起的底部與柱式蒸餾器的頂部，這類型的
蒸餾器生產出較淡的烈酒，植物可直接放入蒸餾器中柱
式結構的部分。

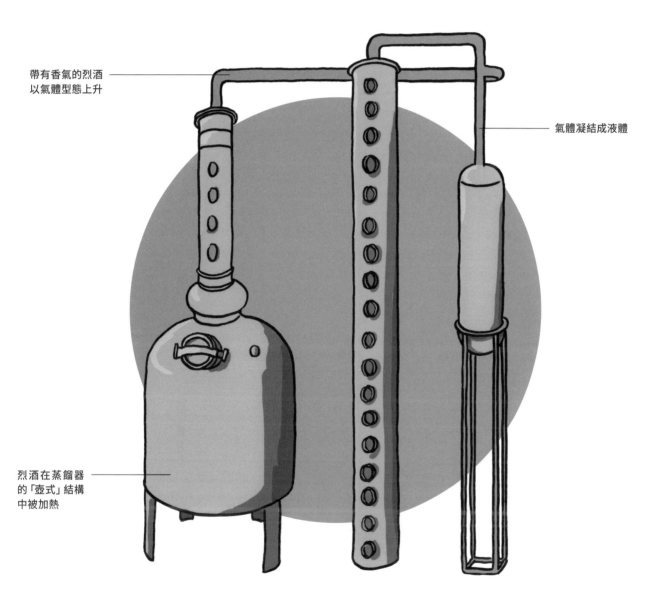

帶有香氣的烈酒
以氣體型態上升

氣體凝結成液體

烈酒在蒸餾器
的「壺式」結構
中被加熱

◔ 混合式蒸餾器

馬車頭蒸餾器（Carter-Head Still）

這個類型的蒸餾器能讓植物籃懸掛在蒸餾器與冷凝器之間。

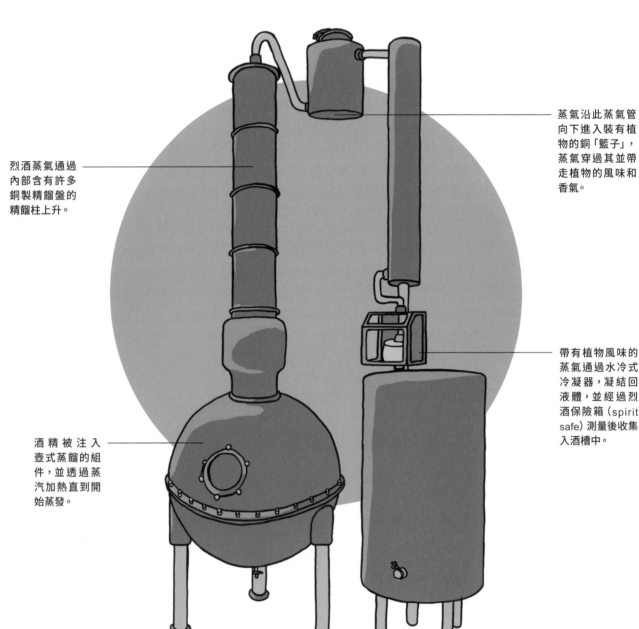

蒸氣沿此蒸氣管向下進入裝有植物的銅「籃子」，蒸氣穿過其並帶走植物的風味和香氣。

烈酒蒸氣通過內部含有許多銅製精餾盤的精餾柱上升。

帶有植物風味的蒸氣通過水冷式冷凝器，凝結回液體，並經過烈酒保險箱（spirit safe）測量後收集入酒槽中。

酒精被注入壺式蒸餾的組件，並透過蒸汽加熱直到開始蒸發。

⊙ 馬車頭蒸餾器

iStill蒸餾器

iStill 是一款現代風格的蒸餾器，將蒸餾的簡便與效率提升到一個全新的層次。它採用電腦控制，不像傳統的銅製蒸餾器需要仰賴較多手動作業。

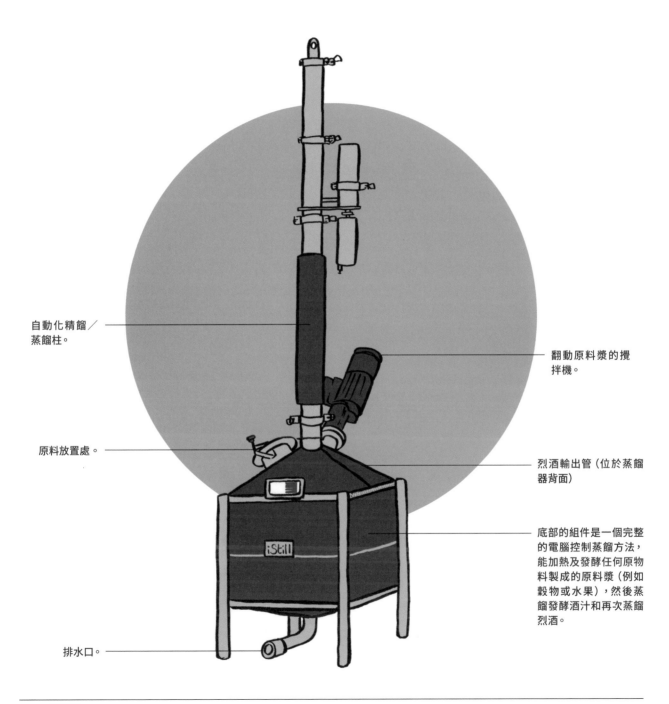

自動化精餾／蒸餾柱。

翻動原料漿的攪拌機。

原料放置處。

烈酒輸出管（位於蒸餾器背面）

底部的組件是一個完整的電腦控制蒸餾方法，能加熱及發酵任何原物料製成的原料漿（例如穀物或水果），然後蒸餾發酵酒汁和再次蒸餾烈酒。

排水口。

◔ iStill蒸餾器

旋轉式蒸餾器
（rotovap/rotavap or rotary evaporator）

這個微型蒸餾器最初為了在實驗室桌上進行科學測試而設計，但大約十年前開始受到小規模烈酒生產者歡迎。這種蒸餾器在真空條件下運作。比起正常氣壓，處於真空狀態中的烈酒，能在更低溫下蒸餾出來。這對蒸餾一些易受汙染或易被高溫「煮熟」的纖弱植物特別有幫助。這個蒸餾器有一只用來裝盛高強度基底烈酒與植物的玻璃燒瓶，通常於琴酒製程中一次只加入一種植物。

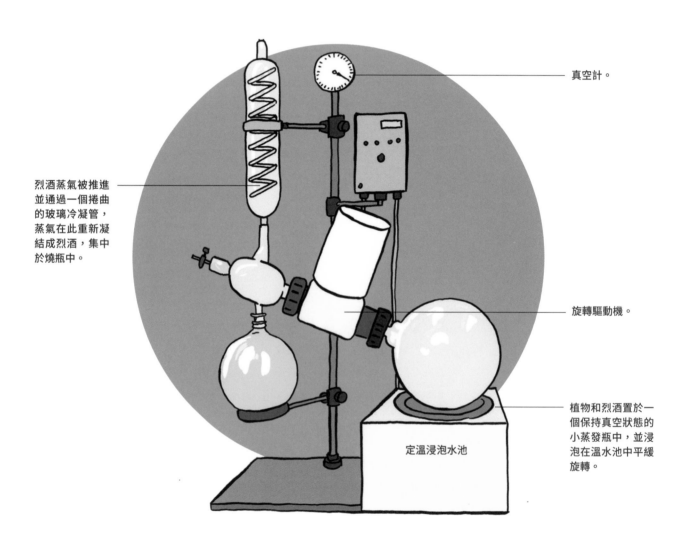

真空計。

烈酒蒸氣被推進並通過一個捲曲的玻璃冷凝管，蒸氣在此重新凝結成烈酒，集中於燒瓶中。

旋轉驅動機。

植物和烈酒置於一個保持真空狀態的小蒸發瓶中，並浸泡在溫水池中平緩旋轉。

定溫浸泡水池

◔ 旋轉式蒸餾器

罕見的蒸餾器

現今，還是有人使用一些古老的、具有特定功能的蒸餾器。例如亨利爵士琴酒採用班奈特父子與西爾斯（Bennett, Sons & Shears）於 1860 年打造的原始班奈特蒸餾器（見第 79 頁），它能產出非常濃厚、高強度的琴酒烈酒。這要歸功於它球形設計的銅壺：這個蒸餾器頸部下方有個銅球，能讓烈酒與銅材質有大面積的接觸。佛羅倫丁（Florentine）是另一個罕見且具有獨特設計的蒸餾器：在連接到銅製頸管的跨蹲式圓柱結構頂部有一個銅球。銅球有助於烈酒「回流」，藉此迫使烈酒的蒸氣須更費力才能地離開蒸餾器——它們觸碰到銅球並凝結成液體，然後又流回壺式蒸餾器——產出的成品因此具有更強烈的風味。

其他類型的蒸餾器

這包含了：

羅門式蒸餾器（Lomond Still）

這款蒸餾器能彈性添加或移除蒸餾器內的精餾盤，以製作不同的風格與強度的烈酒。

天才蒸餾器（Genio）

這個在波蘭研發的新型蒸餾器概念與 iStill（見第 27 頁）相似，經由電腦控制並提供更精準與經過分析的方式進行蒸餾，目的是將效率、速度、產量與烈酒純度提升到最大化。

蒸氣式加熱與直火加熱
（steam heating versus direct firing）

現今的蒸餾器一般採用蒸氣式加熱蒸餾，因為它能將效率最大化並確保溫度一致，同時也讓蒸餾過程更安全。僅有少數的蒸餾廠採取傳統的直火加熱方式（見 104 頁的斯圖加特琴酒），因為這個方式較難控制與維持蒸餾過程的溫度，且因為酒精有可燃性，直火加熱的危險性更高。

蒸餾器有各種不同的尺寸，從小台桌上型蒸餾器到可容納數千公升的大型蒸餾器都有。

單次／單一與多重程序
（one/single-shot and multi-shot processes）

在琴酒單次或單一程序的蒸餾過程中，會採用比例平衡的植物與中性烈酒來製作可直接裝瓶或再加水稀釋後裝瓶的餾出液。相對於單一程序，使用多重程序製作時，植物相對基底烈酒的比重增加，產出的成品為濃縮、高強度的「琴酒甜酒」（gin cordial），隨後會添加中性烈酒與水稀釋再裝瓶。因此一次多重程序的蒸餾會生產出比單一程序更多瓶琴酒。

冷過濾（chill filtration）

有些琴酒會透過這個程序去除會讓琴酒暴露於低溫時變得渾濁的特定脂肪化合物（脂質）。然而有些酒廠聲稱這些化合物能賦予琴酒額外的風味，因此希望保留它們。

製作琴酒：
影響味道的關鍵

所以，你想製作琴酒嗎？

第一步是先為你的琴酒設計一個配方，從採用何種基底烈酒、到選擇哪些植物進行混合都需要考量。

接下來，有三種途徑可以選擇：

1. 最簡單的選擇是購買中性酒精（例如伏特加）作為基底烈酒，然後將你選擇的植物浸泡在烈酒中。將完成浸泡的液體過濾並裝瓶，你就完成了所謂的浸泡合成琴酒（見第 18 頁）。

2. 如果您想製作蒸餾琴酒，最簡單的方法是找到一家可以幫你生產與裝瓶的製造廠，例如像泰晤士河蒸餾廠（Thames Distillers，見第 67 頁）這類的製造商就是所謂的簽約蒸餾廠。

3. 最後一個選擇是購買並設立自己的蒸餾器，並取得蒸餾執照。

如果你選擇了第三條路，你必須自製或從蒸餾廠購買基底烈酒。

有了基底烈酒，你就可以繼續，用你選擇的植物進行再次蒸餾。

你可以選擇要進行蒸餾時才將植物加入烈酒中，或提早將植物浸泡在酒精內一段時間後再蒸餾，也可以將植物放進懸掛在蒸餾器頸部位置的籃子裡，讓蒸汽能在蒸餾過程中通過植物並提取風味，或者兩種方法並用。

你可以選擇使用單一程序製作琴酒，這個方式會依照你設計的的琴酒配方，使用精確用量的基底烈酒搭配特定比例的植物進行蒸餾，如果採用多重程序蒸餾時，在烈酒中加入的植物比重必須提高，以生產出出濃縮的植物蒸餾液。

完成蒸餾後，你可以依個人喜好選擇在琴酒中添加植物萃取物。

最後，如果你採用是單一程序，裝瓶前將水加入蒸餾液中稀釋成預期的酒精濃度。如果採用的是多重程序，則在裝瓶前添加中性烈酒與水，讓植物比例重新達到平衡。

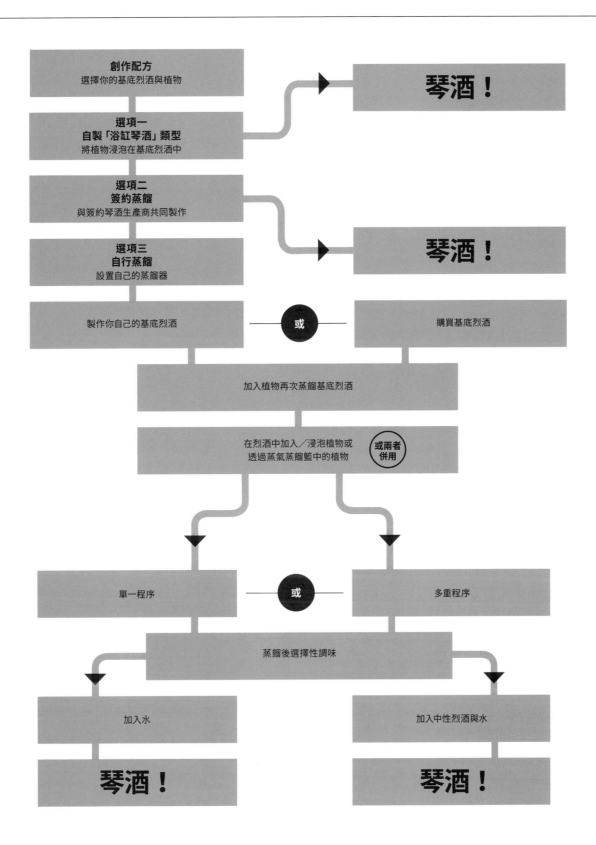

Juniperus Communis. Common Juniper. ♄

杜松：
所有琴酒的香味核心

琴酒帶著令人迷醉的植物香氣和風味組合，無疑是是世界上最複雜的烈酒之一。事實上，正如我們即將更加仔細探索的，要創造出一款持久、獨特且美味（這點最重要）的琴酒配方，關鍵在於能否由各種明確的植物風味特徵中取得完美的平衡。

然而，每一款琴酒的核心都有一種不需向任何琴酒愛好者特別介紹的植物。但杜松子究竟是什麼？是什麼讓蒸餾商和消費者都對這個小小的風味珍寶如此渴求？

歐洲刺柏（*Juniperus communis*）是最常見也最常用來烹調的一種杜松，廣泛生長在北半球的各種氣候區，包含北極、北美高山與氣候較溫暖的南歐等。它是一種耐寒的常綠植物，綠色的荊棘並無法阻止眾人幾世紀來追求它帶著獨特香氣與風味的小巧深色「漿果」（實際上體積很小，看似多肉的「圓錐體」與松果的胚芽十分相似）。據估計，全球各地共有67種不同的杜松（屬於柏木科），包括加州刺柏（*Juniperus californica*），鱷皮圓柏（*Juniperus deppeana*）和腓尼基刺柏（*Juniperus phoenicea*）。

杜松的栽培

杜松有各種不同的外觀與大小，有些樹木扭曲蔓生，可以長到16公尺高，但較常見的還是低矮的灌木，生長在寒冷貧瘠的灌叢地。杜松不適合人工栽培，因此很少受到商業種植，這代表杜松子的採收者必須四處搜尋才能找到最好的野生杜松並進行監測。杜松子需要18個月才

能完全從堅硬的綠芽轉變為蒸餾商心目中理想的成熟果實：豐滿結實、呈現紫色、表皮略帶皺褶，摸起來有皮革般的感覺。果皮之下是帶著油脂的豐厚果肉，且布滿細小的三角形種子。常見品種的採收時間大多取決於當地氣候，但一般來說都在9月到1月之間。

杜松的品種與風土

杜松最有名的來源地是義大利、馬其頓、阿爾巴尼亞、科索沃、塞爾維亞和克羅埃西亞。有一家名為麥芽大師

◉ 早收的杜松

（Master of Malt）的英國蒸餾商與零售商，在他們命名為「起源」（Origins）的單一植物琴酒系列中，特別強調成長於不同風土的杜松之間的細微差異，這個系列只以杜松為原料，且產地只限單一地區。同樣地，許多工藝蒸餾廠也傾向使用罕見的當地杜松當原料，例如美國西部原生的西方落葉松（*Juniperus occidentalis*），包含喀斯開煉金術奧勒岡琴酒（Cascade Alchemy Oregon Gin，見第175頁）、麻州的柏克夏山（Berkshire Mountain，見第158頁）、波士頓附近的惡霸男孩（Bully Boy，見第158頁）和加拿大新斯科細亞（Nova Scotia）的鐵工廠琴酒（Ironworks Gin，見第185頁）。他們都在探索風土是否對所產出的琴酒有顯著影響。西北太平洋現在是一個盛產西方落葉松的地區，但該區還有大多分布在洛磯山較乾燥且內陸山區的落磯山刺柏（*Juniperus scopulorum*），以及在沿海地帶茂盛長的濱海刺柏（*Juniperus maritima*）。此外，在威斯康辛州的死亡之門蒸餾廠（Death's Door Distilling，見第162頁）從華盛頓島採收了名為鉛筆柏（*Juniperus virginiana*）的野生杜松，並特別在他們只用三種植物製成的單純琴酒配方中展現。然而，華盛頓特區的特區蒸餾公司（District Distilling Co.，見第158頁）讓這個發展向前更進一步，透過與杜松覓食專家合作，使用更多罕見的本地物種：例如野生紅莓杜松（*Juniperus pinchotii*）、短吻鱷杜松（checkerbark / alligator juniper）、鱷皮圓柏，來深入探究這些植物微妙而多樣的特徵。

在日本，使用在地杜松的概念也開始起步，廣島的櫻倉尾蒸餾廠（Sakurao Distillery，見第233頁）是日本最早在琴酒中使用來自南部地區當地杜松的蒸餾廠之一。印度果亞蒸餾廠船烈酒公司（NÄO Spirits，見第241頁）也致力於為旗下品牌Hapusa（梵文杜松之意）取得喜馬拉雅杜松（*Juniperus recurva*）。在馬約卡島，夏娃琴酒（Gin EVA）的特色是當地種植的沿海杜松（見第118頁），而英格蘭北部的高沼地烈酒公司（Moorland Spirit Co.，見第74頁）和蘇格蘭的亞比奇蒸餾廠（Arbikie distillery，見第83頁）則正積極種植杜松，以促進當地物種復育。

採收杜松

杜松子的採收幾乎全由手工完成，這可能是琴酒製程中最需要技巧也最勞力密集的環節之一。原因是杜松子在樹上的發育方式很特殊。同一株灌木上的果實要花兩年才能全部收成下來，也就是說，你不能直接剪斷樹枝取下成熟果實。反之，要用棍棒擊打灌木叢，讓成熟的果實掉落，並讓其餘還在生長中的果實留在樹上，待隔年

◉ **杜松採收**

採收。由於許多採收者為獨立工作者，因此他們會將收成提供給杜松子合作社，由合作社跟杜松子或國際香料供應商進行交易。一旦完成採收，杜松子就會被加工，去除多餘的樹枝與刺棘，並在乾燥前依顏色與大小分級。乾燥的程序非常重要：只能讓杜松子乾到足以移除表皮水分以免運輸過程中碰撞腐爛，但不能完全乾燥。幸運的是杜松子的皮很厚，足以讓它油性的果肉從寒冷的戶外運送進溫暖的蒸餾廠，全程保持完好。

> ❝
> **要創造出一款持久、獨特與美味的琴酒，關鍵在能夠在各種明確的植物風味特徵中取得完美的平衡。**

◎ 美國的野生杜松

◎ 在歐洲對不同類型的杜松子進行分級

杜松的屬性與品質

杜松的香氣與松樹家族的果實和樹脂味有一些相似處。但是，來自每一顆杜松子油性核心的胡椒、麝香／草本味，都有自己十分獨特的調性。油脂含量因產地不同而異（見第34頁），但一般認為生長在較溫暖地區——特別是義大利和其他南歐國家——的杜松含油量比較高。蒸餾商尋找的正是這種能為特定琴酒配方帶來更濃縮香氣與風味的特質。大型蒸餾廠，例如英國的英人（Beefeater，見第63頁）、G&J 蒸餾廠（見第75頁）、泰晤士河蒸餾廠（Thames Distillers，見第67頁）和蘇格蘭的卡麥隆橋蒸餾廠（Cameronbridge Distillery，見第82頁）以及西班牙琴酒巨頭拉里歐（Larios，見第116頁），每年都使用大量杜松子生產各式琴酒——以英人琴酒為例，每年多達50噸。這為戴斯蒙·潘恩（Desmond Payne MBE，見第63頁）這樣的首席蒸餾師帶來挑戰，因為他必須確保蒸餾前能從杜松子中擷取出一致且均衡的特性。他的團隊通常每年會花一天的時間檢驗來自南歐各地的100到200種杜松樣品，為英人琴酒構建出杜松藍圖。

蒸餾商尋找的是什麼？

每一瓶琴酒都一樣，每個配方都有它獨特的植物DNA。同樣地，每個蒸餾商都想從他們的杜松中找到微妙的差異。因此先排除杜松中不受歡迎的特性可能相對容易一些。多數蒸餾商會避免過度油膩、接近汽油與松節油的氣味，或者類似芒果或鳳梨中常出現的過熟水果調。（詳細的杜松子香氣特徵分類，見第45頁的香氣圖）。首先，將杜松子樣本在指尖壓碎，然後透過嗅覺評估樣本的整體品質。接下來透過小規模實驗室蒸餾萃取油脂，之後將油脂添加到中性酒精中混合，以觀察油脂如何有效地轉化成最終的琴酒配方。只有在品質通過這個「大嗅探」（big sniff）的程序後，才會向供應商下訂單。

杜松的藥用性質

綜觀歷史，杜松一直被視做一種高價值的植物，並在不同領域的醫療機構受到使用。直到今日，人們仍認為杜松可以治療各種不適症狀，特別是在順勢療法的領域。據說早在公元前1500年，杜松就被用來治療條蟲感染之類的病徵。公元1055年的文獻指出，義大利的本篤會修士曾為了保健，研發加入杜松浸泡的補品和發酵劑。自那時起，蒸餾技術就在歐洲各修道院中被廣泛運用，各類當地藥草（包含杜松）常被浸泡在酒精之中作為預防疾病之用。

杜松很可能是16、17世紀時香料貿易商旅行全歐洲時，在鹿特丹這類港口城市進行交易時挑選帶至英國的，尤其作為藥用。確實，在倫敦大瘟疫時期（1665-6年），皇家內科醫師學院就建議將杜松子浸泡在醋中，吸入混合液的香氣，作為預防性藥物。

最後一定要提到尼古拉斯‧庫爾佩伯醫生（Nicholas Culpeper）（1616–54年）。強森博士（Dr Johnson）描述他是「第一個在樹林穿梭並翻山越嶺探尋醫藥保健藥草的人……」，這為毫不起眼的杜松子所具有的強大吸引力做了恰當的總結。庫爾佩伯在1653年首次出版的《草藥大全與英國醫師》中如此描述杜松：「少有幾種植物的優點能比得上這種令人讚賞的的日照矮灌木……它是最令人讚賞的抗毒藥，也是抵抗任何大規模傳染病蔓延的良方，用於抵抗毒性猛獸的咬傷也效果絕佳……」。他說明杜松除了能有效治療咳嗽、便祕、腹絞痛、抽筋與痙攣外，利尿、健胃與消除脹氣的效果也是絕佳。還真是種不折不扣的萬靈丹！

> **每個蒸餾商都想從杜松中找出微妙的差異**

杜松生長的主要國家地圖

杜松是一種非常耐寒的植物，在世界各地都能種植，估計有 67 個物種在不同氣候的野生環境中茂盛生長。普遍公認的核心地區是中歐和東歐地區，這裡絕大部分的杜松子都出口給包括遠在美國和澳洲的蒸餾廠。以下地圖詳列了一些主要生長地以及一些知名的野生種。

杜松的生長區域

- 杜松的主要供應國
- 次要國家

植物：
每款琴酒的獨特DNA

要取得琴酒這個頭銜，每一家蒸餾廠都必須確保他們生產的產品中，杜松是主導性的風味。因此就算只以杜松為唯一的植物成分，產品還是可被歸類為琴酒，市場上有許多產品都是採這種「赤裸」（naked）的作法。然而，對於所謂「主導性的風味」，法規的解釋非常不明確。截至目前，還是不需要經過科學測試來證明產品中是否有足夠的杜松味。

但如果少了其他複雜的味道和香氣所賦予的獨特性格，琴酒還會是琴酒嗎？可以把琴酒比喻成一個交響樂團：杜松是樂團的支柱，是能夠帶領其他樂手的獨奏者或指揮者。其他的植物則讓一切更有變化，是支援核心風味的光和影，能加強烈酒本身的特性與複雜性，卻永遠不會越界、喧賓奪主。

今日琴酒中會使用的各種植物，大多是透過海外香料貿易進入歐洲，尤其是經由阿姆斯特丹、鹿特丹、荷榭勒和英格蘭南部的港口，當時的遠洋貿易於1600年代初期幾乎被荷蘭與英國的東印度公司壟斷。而這些香料植物與琴酒在世界旅行的歷史幾乎互相呼應。自從香料、甜味劑和其他植物掩蓋了早期琴酒與荷蘭琴酒中強烈粗糙的口味，更精密的也配方開始於18和19世紀間出現，演變成今日大部分琴酒配方都會使用某些特定植物，這些植物也因此幾乎成了蒸餾商必備的「經典元素」。

植物種類

琴酒中廣闊但細微的風味層次，來自以下幾組精心調配且平衡的主要配方：帶泥土味、苦而乾澀，甜果香，辛味和鹹味，柑橘味和花香。每款植物都透過浸泡和蒸餾過程（見第22頁）萃取出來的特色精油或風味化合物扮演著自己的角色。有些元素是深沉且獨特的，為杜松扮演的核心角色提供基礎和支撐。有些元素則能帶來互補的風味，協助建構出產品的特色與主體，而其他的元素則提供了輕盈的前調。蒸餾商經常在尋找完美的主力琴酒配方、品牌風格或DNA，以便發展出其他配方、展現主力琴酒的多元性。有些蒸餾商則會尋求更大膽、更極端的宣言，將一款配方鎖定在某個特定方向（例如柑橘風），以創作獨特而令人難忘的琴酒版本。

杜松香氣與風味圖

從杜松中找到合適的風味均衡是產品一致性和品質的關鍵。由於琴酒非常聚焦於杜松這個植物，蒸餾商會非常專注地評估每一批杜松子是否具備特定的口味和香氣，杜松子的風味從木質調到果香和花香都有，十分多樣。下圖說明的是每一批杜松子中能發掘出來的香氣和風味的細微變化和組合。

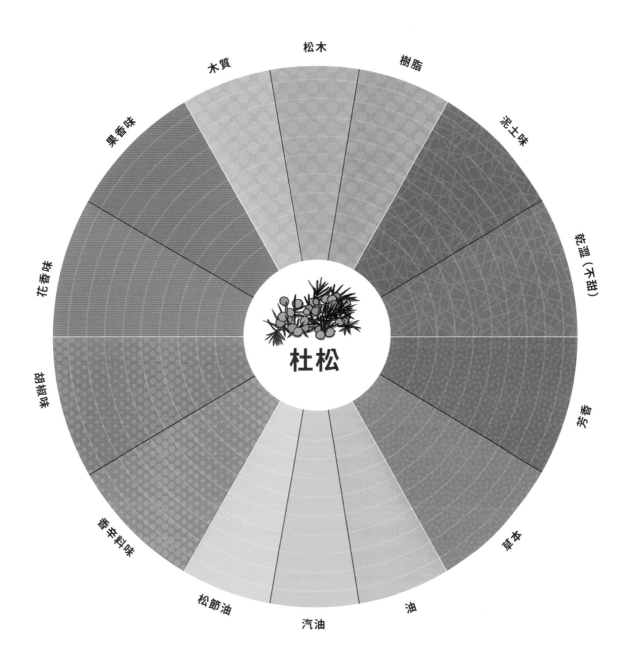

松木
木質
樹脂
泥土味
果香味
乾澀（不甜）
花香味
芳香
甜膩味
草本
香辛料味
油
松節油
汽油
杜松

經典植物

除了最重要的杜松之外，下列植物通常被視為經典的琴酒原料，是全世界眾多琴酒配方中的支柱。

> 其他植物則讓一切更有變化，是支援核心風味的光和影。

西非小荳蔻
(*Aframomum melegueta*)

產地：西非、衣索比亞

特徵：胡椒味、辛辣味和薄荷調。

肉桂

（*Cinnamomum*）

產地：中國、斯里蘭卡、印尼

特徵：暖調、木質調和甜香辛料調

歐白芷的種子與根

（*Angelica archangelica*）

產地：比利時、薩克森

特徵：木質調、麝香調的香氣與風味，為植物配方提供基底。

萊姆皮

（*Citrus latifolia*）

產地：墨西哥、伊朗

特徵：清新調、明亮調、柑橘皮調、酸調。

桂皮

（*Cinnamomum cassia*）

產地：中國南部、東亞

特徵：芳香樹皮呈現的木質調與乾澀調。

檸檬皮
（*Citrus limonum*）

產地：西班牙南部、土耳其
特徵：橙酸調、柑橘皮調、酸調、清新調。

葡萄柚皮
（*Citrus paradisi*）

產地：中國、美國、墨西哥、西班牙
特徵：香氣、橙酸調、柑橘皮香調、清新調。

橙皮
（*Citrus sinensis*—甜；
Citrus aurantium—苦）

產地：西班牙、北美、土耳其
特徵：橙酸調、清新調、柑橘皮調、果香調、甜／酸調、乾澀的苦調。

芫荽種子和葉子
（*Coriandrum sativum*）

產地：東歐、印度
特徵：香氣、柑橘調、芳香調、辛辣。

植物風味圖

琴酒配方中的多樣植物或許令人眼花撩亂，但由作者群與英人琴酒蒸餾大師戴斯蒙·潘恩（Desmond Payne）合力發展出來的這張風味圖，有助標示出許多琴酒配方中常見的關鍵植物在香氣與風味上所屬的類型與強度。

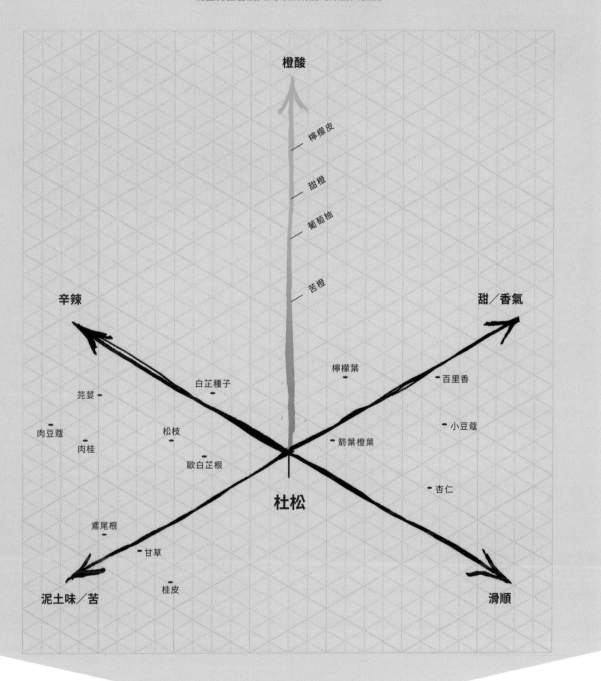

橙酸

檸檬皮

甜橙

葡萄柚

苦橙

辛辣

甜／香氣

檸檬葉

白芷種子

百里香

芫荽

小豆蔻

肉豆蔻

松枝

肉桂

箭葉橙葉

歐白芷根

杏仁

杜松

鳶尾根

甘草

桂皮

泥土味／苦

滑順

小荳蔻
（*Elletaria cardamomum*）
產地：印度南部、斯里蘭卡
特徵：香水味、芳香的香辛料與薄
　　　荷／桉樹調

甘草根
（*Glycyrrhiza glabra*）
產地：中國、土耳其、中東
特徵：泥土味、芳香和甜味。

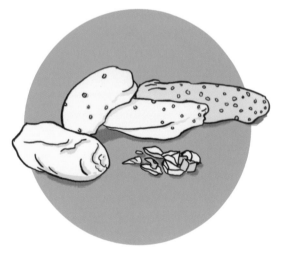

鳶尾根
（*Iris florentina*）
產地：義大利、摩洛哥
特徵：乾澀的苦味和輕淡的香水
　　　味。能將植物配方連結在一起。

月桂葉
（*Laurus nobilis*）
產地：地中海、美國加州
特徵：強烈、苦味、桉樹調。

肉荳蔻
(*Myristica fragrans*)

產地：印尼、東南亞
特徵：溫暖調、薄荷調、藥性風味、香辛
　　　料與刺激性香氣。

畢澄茄
(*Piper cubeba*)

產地：印尼、爪哇、蘇門答臘
特徵：乾澀、辛辣、刺激的胡椒調。

杏仁
(*Prunus dulcis*)

產地：加州、西班牙、澳洲、伊朗
特徵：苦甜味，能提升滑順度和粘
　　　稠度。

主要風味群組：
泥土味、苦而乾
澀、甜果香、辛
鹹味、柑橘花香

丁香
（*Syzygium aromaum*）
產地：東南亞
特徵：強烈、草本香氣、薄荷香辛料。

薑
（*Zingiber officinale*）
產地：印度、中國、奈及利亞、印尼
特徵：溫暖、帶有辛辣風味的甜香料。

基底烈酒：額外的風味來源？

近年來，琴酒的基底烈酒已經成為特別熱門的國際話題，有愈來愈多蒸餾廠——特別在北美地區——採取從產地到酒杯的方式，不使用外購、完全中性、無味的高強度烈酒（在美國酒精純度為190度、歐洲酒濃度為96%），他們選擇自行蒸餾強度較低（通常只降低一、兩度）的基底烈酒。這樣的差異聽起來可能微不足道且無關緊要，但蒸餾商會告訴你，有更多來自基底烈酒原料的特色——無論原料是糖、葡萄、水果、馬鈴薯或穀物（小麥、黑麥或玉米）等——會透過風味、香氣或酒體質地呈現，最終對琴酒產生顯著的影響。

新鮮柑橘還是乾燥柑橘？

使用柑橘類水果時，果皮中的精油含量是柑橘在植物配方中如何作用的關鍵。有些蒸餾商偏好使用預先乾燥、切碎的果皮，將果皮浸入酒精內，進行直接蒸餾或蒸氣注入式蒸餾（見第22頁），最後的成品風味會有較高的一致性。新鮮的果皮含有更多的精油，通常以整顆水果的形式進貨，透過手工去皮方式保存柑橘帶給琴酒的香氣與鮮活度。這種方式特別強調水果品質與蒸餾商製作一批琴酒的水果用量。

> 手工野生採集的植物已經成為讓自家琴酒有別於競爭者的自然方式。

其他植物

現代琴酒採用的植物清單已非常詳盡，過去十年間小型工藝蒸餾廠不斷尋找遠超過前述的經典植物，期盼創作出的風格能呈現蒸餾廠所在地特色、具有歷史性的風格或帶動餐飲運動。手工野生採集的植物已經成為讓自家琴酒有別於競爭者的自然方式。

花卉元素

玫瑰花瓣、薰衣草、接骨木花、洋甘菊、香草豆莢和佛手柑通常用來為琴酒增添帶有香氣的前調。華納蒸餾廠（Warner Distillery）的接骨木花琴酒（Elderflower Gin，見第70頁），荷蘭的諾利（Nolet）的銀色辛口琴酒（Silver Dry Gin，見第97頁）和北愛爾蘭的短十字琴酒（Shortcross Gin，見第91頁）就是幾個例子。

草本元素

橄欖、迷迭香、芹菜、茴香、百里香、松針、雲杉芽和啤酒花會在琴酒中產生獨特的鹹味與草本調。有名的例子包括西班牙的瑪芮琴酒（Gin Mare，見第15頁）、日本的槙琴酒（Kozue Gin，見第233頁）、加拿大的飛利浦斯酵室的樹樁海岸森林琴酒（Phillips Fermentorium STUMP Coastal Forest Gin，見第184頁）、威爾斯的德非蒸餾廠（Dyfi，見第84頁）、丹麥的北歐琴酒（Nordisk Gin，見第131頁）、俄勒岡州惡棍烈酒的雲杉琴酒（Rogue Spirits Spruce Gin，見第176頁）、加州的聖喬治琴酒（St. George Gin，見第169頁），以及荷蘭魯特棍廠的芹菜琴酒（Rutte Celery Gin，見第99頁）。

辛辣／溫暖元素

由於辣椒中「辣」的特質無法透過蒸餾萃取，因此有些蒸餾商會採用諸如眾香子或黑小豆蔻（比綠豆蔻更強烈、帶有煙燻味的品種）等香料來替代辛辣味，或者增加類似八角茴香和丁香等特定香料元素的用量。包括來自中國的巷販小酒琴酒（Peddlers Gin，見第235頁）、G&J蒸餾廠的所羅門大象東方香辛料琴酒（Opihr Oriental Spiced Gin，見第75頁）、齋沙默印度工藝琴酒（Jaisalmer Indian Craft Gin，見第241頁）、黃銅獅新加坡辛口琴酒（Brass Lion Singapore Dry Gin，見第242頁）、紅胡椒琴酒（Pink Pepper Gin，見第112頁）和墨西哥的失落的靈魂琴酒（Pierde Almas見第190頁）都是溫暖、充滿香辛料的琴酒。

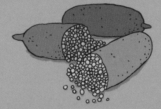

強烈柑橘元素

許多新西方型態的蒸餾廠（見第249頁的基本術語）都使用柑橘類水果生產琴酒，其中有些採用罕見、季節性或當地特產的水果，例如佛手柑、手指萊姆、香橙皮和甘夏作為核心植物，風味通常會與杜松同時呈現或稍為蓋過杜松，但味覺上呈現強烈橙酸與清新感。範例有日本Nikka 科菲蒸餾琴酒（Nikka Coffey Gin，見第232頁）、義大利的茉菲琴酒（Malfy Gin，見第121頁）、根息島的惠登琴酒（Wheadon's Gin，見第77頁）和美國產的鐵根德州乾旱琴酒（US Ironroot Texas Drought Gin，見第167頁）。

異國風和果香元素

有一些不可思議的琴酒加入水果浸泡，或是和水果一起蒸餾，例如自德國的斐迪南薩爾辛口琴酒（Ferdinand's Saar Dry Gin見第105頁）使用黑刺李、澳洲的四柱血腥希哈琴酒（Four Pillars Bloody Shiraz Gin，見第217頁）採用葡萄、葡萄牙薩瑞斯藍色魔法琴酒（Sharish Blue Magic Gin，見第119頁）使用蘋果，加拿大清水蒸餾廠的起居室琴酒（Parlour Gin，見第185頁）則加入薩斯喀屯漿果。有些蒸餾廠會透過基底烈酒來呈現獨特的果香元素，包括使用鳳梨的泰國鐵球琴酒（Iron Balls Gin，見第245頁），而以色列佩爾特酒莊（Pelter Winery）的琴酒則使用粉紅夫人淑女蘋果蒸餾基底烈酒（見第203頁）。

鹽和煙燻元素

有些蒸餾廠已經開始從海洋中尋找不尋常的植物，這些植物為琴酒帶來接近腥鹹／海水味的特質，例如康瓦爾的古玩野生海岸琴酒（Curio Wild Coast Gin，見第74頁）、採用昆布的加拿大聖羅倫琴酒（St. Laurent Gin，見第182頁）、含有糖藻的蘇格蘭哈里斯島琴酒（Isle of Harris Harris Gin，見第82頁）。其他蒸餾廠則追求獨特的煙燻味，包括採用威士忌桶的瑞典赫尼琴酒（Hernö Gin，見第82頁），以及在蒸餾前先將植物進行煙燻的愛沙尼亞香木煙燻琴酒（Flavorwood Smoky Gin）（見第139頁）。

⊙ 直接自蒸餾器取出的琴酒具有高黏稠性

如何品嚐
琴酒

如同任何一種烈酒，你絕對值得花一點時間尋找合適的酒杯，以釋放琴酒中複雜而平衡的風味。直到最近，不加任何飲料、水或冰，以純飲方式探索琴酒，都是主要的專業評估方式。但如今市面上既然有這麼多琴酒類型與植物配方可供選擇，品嚐琴酒也可以輕易在家中進行。

要從品嚐的過程中得到最大的樂趣，以下幾個考量相當重要。

> "
> 花一點時間尋找合適的酒杯，以釋放琴酒中複雜而平衡的風味。

玻璃酒杯

要享受一杯出色的琴通寧，就要選擇高球杯或帶柄的大球形玻璃杯，因為這樣的杯子能為琴酒提供一個理想的環境，與通寧水、冰塊及裝飾物接觸。但如果要進行真正的烈酒評估，就值得購買一個小型鬱金香杯——通常稱為聞香杯。這種杯子通常底部較寬、兩側較高、向上逐漸變窄，杯頂的口徑很小。這個形狀有助集中琴酒的香氣。

品嚐的程序

在聞香杯中倒入一個量杯的琴酒，將酒體快速於杯中旋轉，烈酒會在杯身側緣形成一圈酒液然後緩緩流回杯底，這就是所謂的「酒淚」或「酒腳」。這個動作能讓你看出琴酒的黏稠性：是快速流回杯底，代表黏稠性較低？還是緩慢流動，代表酒體較油？

檢視琴酒標籤上的酒精濃度。在歐洲，琴酒的酒精濃度低於37.5%是不允許裝瓶的，在美國酒精濃度則不得低於40%。現在有許多琴酒都以高出許多的酒精濃度裝瓶，包括海軍強度琴酒和它的各種變化版（酒精濃度通常是57%）。高酒精濃度的琴酒具有更強烈的風味。在評估高酒精濃度琴酒的時候，可以先啜飲一小口，之後再加入極少量的水，讓酒精強度降低到適合品嚐的程度。專業烈酒品酒人在首次評估一款烈酒時，會注意三個特定元素：嗅覺（香氣）、味覺（味道）和尾韻（吞下烈酒後香氣在口中停留的時間長短與變化）。有時琴酒的色澤也會受到檢視：若帶點顏色，可能暗示這種琴酒經過合成、浸泡（見第18頁）或桶陳，因此有了額外的特徵與顏色。（見第21頁）

嗅覺

試著把你的鼻子置於杯口內的最上緣——也就是12點鐘方向的位置——然後深吸一口氣。接著在杯口內的最下緣——6點鐘方向——重複一次。香氣的強度會有所不同：上緣的氣味較為精緻，而下緣則呈現較強烈、更多酒精／烈酒的調性。因此盡可能地移動你的鼻子，以便聞出香味的全貌。一款均衡的琴酒會立即呈現出杜松調，通常最先出現的是草本、松木／樹脂的香氣，緊接著其他的香氣——較乾澀的香辛料調、較柔和的花香調與較強烈柑橘皮味——會跟杜松結合，達到完美的平衡。道地的的倫敦辛口琴酒應該永遠以鮮明的杜松調為核心，其他型態的琴酒則可以讓杜松香氣與另一種主導的植物搭配（見第42頁）。

味覺

如前所述，直接開始品嚐前，應先確認琴酒的強度。先啜飲一小口，嘗試讓酒體覆蓋整個口腔並停留數秒後再吞下。接著再次探尋均衡的風味：草本、杜松的松樹味道應該會是主體，輔佐的是香辛料味、花香調與柑橘皮的風味。在老湯姆（見第21頁）類型的琴酒中，還會有額外的甜味，但一款高品質且均衡的成品不應太膩或過甜，必須讓植物的特色能夠展現。

尾韻

在你吞下琴酒後，風味能在口中停留多久？哪些風味會延續下來？均衡配方的另一個指標是所有主要植物留下的尾韻：乾澀、帶松樹味的杜松，細膩的香辛料，也許還有一些辣味／胡椒調以及柑橘皮的酸味。

創作完美的琴通寧

雖然調製琴通寧大概沒有所謂對或錯的方式，但有幾個方法無疑能提升體驗，並將你收藏的琴酒中的最佳特質表現出來。

先把杯子冰過。 雖然高球杯是傑出的琴通寧常用的經典容器，但若使用一個從冷凍庫取出的大型細柄高腳球形玻璃杯，外觀就會有美妙的水氣凝結。

使用大量高品質的冰塊。 你的調酒如何被稀釋、它是否直到最後一口都美味，取決於冰塊的品質與數量。盡量使用以濾水製成、紮實的大顆冰塊，這種冰塊清澈度較高，含有較少可能會在冰塊融化時損害飲料風味的雜質。冰塊體積愈大愈能達到冰涼效果，且冰塊融解較慢，不易稀釋飲料。此外，還可以嘗試從大冰磚直接敲下一個大體積的冰塊。現在許多公司都提供完美透明冰磚外送服務，讓所有的酒都能達到專業調酒師的品質。

◎ 聞香

◎ 品嚐

◎ 檢查雜質

了解你選擇的琴酒。使用50-60毫升57%的琴酒，和使用一般強度的琴酒，產生的結果會很不一樣，因此你需要視情況調整你的酒譜。我們偏愛的琴酒與通寧水比例是1：3，琴酒的酒精濃度大約是40-43%，這個原則可依不同琴酒的強度與類型調整。

使用通寧水前先試喝。現在市面上有各種不同風味與甜度的通寧水可供選擇，調酒前試喝一下，能讓你對該用多或用少有概念。最好的通寧水應該在基底帶有乾澀、苦味的調性，並且有均衡的自然甜味，加上大量的二氧化碳。芬味樹（Fever-Tree）、富蘭克林父子（Franklin & Sons）、雙重荷蘭人（Double Dutch）、梵提曼（Fentimans）、托馬斯亨利（Thomas Henry）、三分錢（Three Cents）、1724與商人之心（Merchant's Heart）都是信譽良好且值得一試的品牌。最重要的一個關鍵點是選用小容量玻璃瓶裝或易開罐裝的通寧水，不要使用大型塑膠瓶包裝，因為塑膠瓶中的二氧化碳在開瓶後幾乎會立刻消失。

🔵 **萊姆還是檸檬？經典的琴通寧**

混合與裝飾。將通寧水倒在琴酒與冰塊上，緩慢攪拌並「拉起」杯中的琴酒使它均勻分散。與琴酒匹配的裝飾非常重要，因為裝飾物的香氣有可能輕易蓋過琴酒中你不想錯過的元素。經典酒譜適合用一個萊姆角或檸檬角裝飾，我們偏好使用檸檬。無論使用哪一種，請避免將檸檬汁擠入杯中——它的作用是提升柑橘的香氣，同時呈現更具吸引力的美感，而不是將果汁的酸度帶入調酒。一款高品質琴酒中的柑橘味應該已達完美平衡。嘗試使用細長條的柑橘果皮而非整片柑橘，同時將果皮內的白色襯皮儘可能移除，因為襯皮可能為調酒增添不必要的苦味。乾澀、偏鹹味的琴酒（例如瑪芮琴酒，見115頁）跟草本裝飾十分搭配，例如一枝迷迭香或百里香，甚至是一顆橄欖。較具有花香味的琴酒則適合搭配輕盈、芬芳的裝飾，例如黃瓜、羅勒、葡萄柚或現切的綠蘋果或粉紅蘋果片。有些調酒師喜歡在杯中加入乾燥植物，例如杜松子、八角茴香、小荳蔻莢或肉桂。要留意的是乾燥植物停留在調酒內的時間愈長，就會有愈多的額外風味進入飲料中，改變琴酒原本的植物均衡。

🔵 **雙重荷蘭人通寧水能拓展風味**

琴酒
調酒地圖集

印度

琴通寧

這款典型的長飲是英國人於1800年代晚期在印度發明的，當時通寧水中摻有大量的奎寧，奎寧是一種從南美金雞納樹中取得的的苦味萃取物，被認為可以治療和預防瘧疾。但混和了琴酒、甜味劑、冰以及一片柑橘後，它就成了一杯可口的飲料，並且演變成一款經典調酒。

義大利

內格羅尼

這款簡單的調酒混合等量的琴酒、金巴利酒（Campari）和甜苦艾酒（sweet vermouth），搭配冰塊和一片橙子。據說它最早是1919年由內格羅尼伯爵（Count Negroni）在義大利佛羅倫斯的卡索尼咖啡廳時（Caffè Casoni）點用的。

美國

馬丁尼

這款混和琴酒和不甜苦艾酒（dry vermouth）的飲料起源並不清楚，但傳奇調酒師「教授」傑瑞·湯瑪士（"The Professor" Jerry Thomas）在他的調酒書《1887年調酒師指南》中收錄了「馬丁尼茲」（Martinez），他將這款調酒獻給他在舊金山擔任調酒師的西方酒店。湯瑪士也是第一個提及湯姆柯林斯（Tom Collins）這款調酒的人。

英國

薇絲朋馬丁尼

這款調酒的創造者是第七號情報員的作者伊恩·佛萊明（Ian Fleming），出現在他1953年出版的《皇家夜總會》一書中：第七號情報員點了一杯以三個量杯的琴酒加上一個量杯的伏特加與半分量杯的法國不甜苦艾酒（如法國麗葉酒，Lillet）調製的飲料。這款酒可能是在佛萊明常去的酒吧發明的，也就是現在倫敦的公爵酒店（Dukes Hotel），如今亞歷山卓·帕拉西（Alessandro Palazzi）在這裡調製全世界最著名的琴酒馬丁尼之一。

新加坡

新加坡司令

這款長飲由琴酒、櫻桃利口酒、橙香甜酒（triple sec），貝尼迪克汀藥草酒（Bénédictine）、鳳梨與萊姆汁加上安格仕苦精（Angostura bitters）調合而成，是當時在新加坡萊佛士酒店的長吧（Long Bar）工作的調酒師嚴崇文於1900年代初發明的。

法國

法國75

這款調酒是在琴酒中加入香檳並以糖提升甜度，再加入檸檬汁和幾滴苦精，起源可追溯到1900年代初位於巴黎的紐約酒吧（New York Bar，現名「哈利的紐約酒吧」，Harry's New York Bar）。

世界各地的琴酒調酒

薇絲朋馬丁尼

法國75

內格羅尼

英國　法國

美國

義大利

印度

新加玻

馬丁尼

琴通寧

新加坡司令

第二部

琴酒的世界

在本書的主要章節中，我們會進一步探索世界各地的琴酒，盡可能涵蓋世界各大洲（除了南極洲），發掘超過54個不同國家的琴酒附屬型態與類別、不同的技術，以及罕見且具有異國風味的植物與基底烈酒原料。由於世界各地的琴酒以驚人的速度發展，本書無法成為一本完整涵蓋所有琴酒品牌的終極指南。加上契約琴酒品牌不斷增加，也讓這個問題更為嚴重：許多消費性品牌都委託大型蒸餾廠訂製屬於自己規格的產品（詳見第67頁的泰晤士河蒸餾廠）。我們決定在這本地圖集中略過這種型態的產品（只保留幾個主要品牌），以便聚焦在各種規模的蒸餾廠實際自行生產的多樣琴酒，以及他們發展出來的獨特類型與各式當地風味。

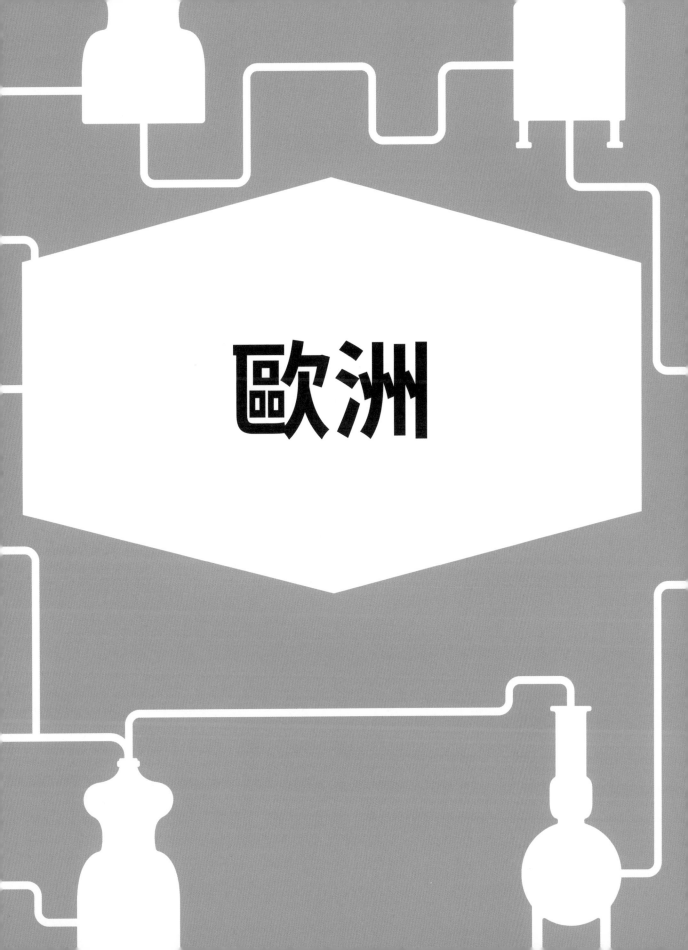

歐洲

大不列顛與
愛爾蘭

難以想像一本琴酒地圖集不是從大不列顛開始。儘管琴酒在歷史上源自荷蘭，但在許多方面，英國都已將這款烈酒納為國酒。在過去十年中，琴酒在不列顛群島上經歷了徹底的重新改造。英國過去只由少數主要品牌主導市場，但如今卻已成為工藝蒸餾琴酒的強國，根據琴酒行會的估計，在本書撰寫時，已有超過600個琴酒品牌以及大約200家蒸餾廠生產琴酒。且琴酒的復興也沒有止於愛爾蘭邊境，愛爾蘭的工藝蒸餾界如今也以同樣令人驚嘆的速度成長。

倫敦

倫敦的歷史與琴酒的起源相互交織，密切的程度甚至讓頂級的琴酒類型——倫敦琴酒——以這個城市來命名。然而，直到 2009 年史密斯琴酒（Sipsmith，見第 64 頁）開始蒸餾生產之前，有近 200 年的時間，倫敦都未曾出現新的蒸餾廠。不過今日，蒸餾廠卻可謂百花齊放，生產著種類繁多的各式各樣琴酒。

⊙ 依然在倫敦製造的英人24琴酒

英人琴酒（Beefeater）

英人琴酒蒸餾廠位於倫敦最具經典英國風的地點，因為他們有個值得驕傲的鄰居：薩里板球俱樂部，以及經常舉辦國際板球賽事的橢圓體育場（The Oval）。在英人琴酒的屋頂，你可以越過看台直接看見廣場。這是一個在夏日享用琴通寧的美好地點，且能將現場觀眾禮貌的掌聲與板球的擊球聲作為背景音樂。

蒸餾廠本身目前位於泰晤士河南岸但仍屬中倫敦範圍的肯寧頓（Kennington），但這個代表性的倫敦琴酒品牌最早並不是在這裡發源的。英人琴酒史上的關鍵人物是詹姆士·伯勒（James Burrough），他是個職業藥劑師，於1863年買下了位於赤爾夕（Chelsea）的約翰·泰勒父子（John Taylor & Son），這家公司在琴酒以及其他調酒用飲料的圈子裡已經頗具盛名。伯勒於1897年去世之後，這家持續成長的公司由他的兒子們接手，並搬遷到泰晤士河南岸的蘭貝斯（Lambeth）。蒸餾廠持續成長壯大，於是他們進行了第三次也是最後一次的搬遷，來到目前的所在地。

今日，英人琴酒的主理人是被許多人視為「琴酒教父」的戴斯蒙·潘恩（Desmond Payne MBE）。潘恩於1967年在席格伊凡斯與合伙人葡萄酒商與琴酒蒸餾商（Seager Evans & Co.）展開職業生涯，從此在琴酒界待了50多年。他隨後在普利茅斯琴酒（Plymouth Gin，見第72頁）任職25年，接著又於1995年加入英人琴酒。

身為品牌經典款倫敦辛口琴酒（以杜松為主，加入賽維爾橙皮與檸檬皮，以40%酒精濃度裝瓶）的監管者，潘恩負責打造超頂級的英人24酒款（Beefeater 24，酒精濃度45%），採用包括日本煎茶、中國綠茶等12種親手挑選的植物，並於蒸餾前經過24小時的浸泡。英人琴酒的主要產品線中還包括一款經過橡木桶陳的伯勒典藏版（Burrough's Reserve，酒精濃度43%），這款酒使用詹姆士·伯勒當年的268公升銅製壺式蒸餾器生產，隨後於波爾多酒桶中進行桶陳。

如今，英人琴酒有個全新的訪客中心中，提供試飲及導覽，還有一間商店，販售蒸餾廠獨賣的限量版英人琴酒。

史密斯琴酒（Sipsmith）

倫敦與琴酒之間的愛情故事十分久遠，橫跨超過500年歷史。然而從1900年代中到21世紀初，中倫敦琴酒製造商的數量已經減少到只剩一家：英人琴酒（見第63頁）。因為看見這個能重新點燃倫敦沉寂已久的烈酒製造業的機會，一群朋友成立了189年以來城中第一家採用銅製壺式蒸餾器進行蒸餾的史密斯蒸餾廠（Sipsmith Distillery）。這個決定也成為現代「生產者蒸餾商」（producer distillers）風潮的開端。

史密斯琴酒最初由童年玩伴費法斯・霍爾（Fairfax Hall）與山姆・高斯沃錫（Sam Galsworthy）成立，設於西倫敦漢默史密斯區一間老舊的車庫兼工作室內，周圍全是維多利亞式建築。這裡曾是已故酒飲作家麥可・傑克森（Michael Jackson）的辦公室，他們發現裡頭還有一座小小的啤酒廠，並在此裝設了一台名為「謹慎」（Prudence）的德國製銅製壺式蒸餾器，於2009年初蒸餾出最早的新式倫敦琴酒。

琢磨這款琴酒的原型時，霍爾和高斯沃錫請求知名酒類作家暨歷史學家傑瑞德・布朗（Jared Brown）和安娜斯塔西亞・米勒（Anistatia Miller）協助他們將產品精製。布朗很快就以蒸餾大師的身分加入團隊，他們的明星產品經典倫敦辛口琴酒（London Dry）的配方也就此誕生。在這款琴酒中，經典的杜松調與獨特的花香甜味及柑橘調達到了微妙的平衡。所有的風味最後以一陣輕淡的香辛料與木質調收尾。

2014年底，基於市場對史密斯琴酒的需求，團隊不得不將他們的生產作業從漢默史密斯區遷到一個有利品牌與未來發展的新地點。於是他們搬到了奇斯威克區（Chiswick）——距離倫敦傳奇啤酒蒸餾廠富樂啤酒只有幾步之遙。

⌃ 史密斯琴酒的創辦人

由於在漢默史密斯區的時代已經增設了第二座蒸餾器（謹慎蒸餾器之後緊接著增設了取名為「耐心」〔Patience〕的蒸餾器），遷到空間更大的新址後，團隊得以增添第三座新的蒸餾器：康斯坦斯（Constance）。隨後，一座名為小天鵝（Cygnet）的小

⌃ 史密斯琴酒開啟了英國的琴酒革命

型「嬰兒」蒸餾器也加入生產行列。

如今，史密斯琴酒的主要產品線包括經典的倫敦辛口琴酒（酒精濃度41.6%）——以杏仁粉、檸檬與橙皮、甘草根和肉桂皮作為主要風味成分，還有額外添加檸檬馬鞭草和香草莢來增添明亮風味的檸檬細雨琴酒（Lemon Drizzle Gin，酒精濃度40.4%），以及黑刺李琴酒（Sloe Gin，酒精濃度29%）和倫敦盃（London Cup，酒精濃度29.5%）。然而他們最有趣的產品可能是V.J.O.P.——非常杜松過烈琴酒（Very Junipery Overproof Gin）——他們形容這款琴酒是取出「管弦樂團中的主要樂器（杜松）並在合奏中擴大它的存在感，然後經由增加酒精濃度來提高分貝」。由於酒精濃度高達57.7%，它能調製出極度出色的馬丁尼。

他們的季節限量版商品值得留意，例如耶誕節發售的甜餡餅琴酒（Mince Pie Gin，酒精濃度40%）與玫瑰、萊姆或草莓奶油等口味的夏季糖漿。

sipsmith.com

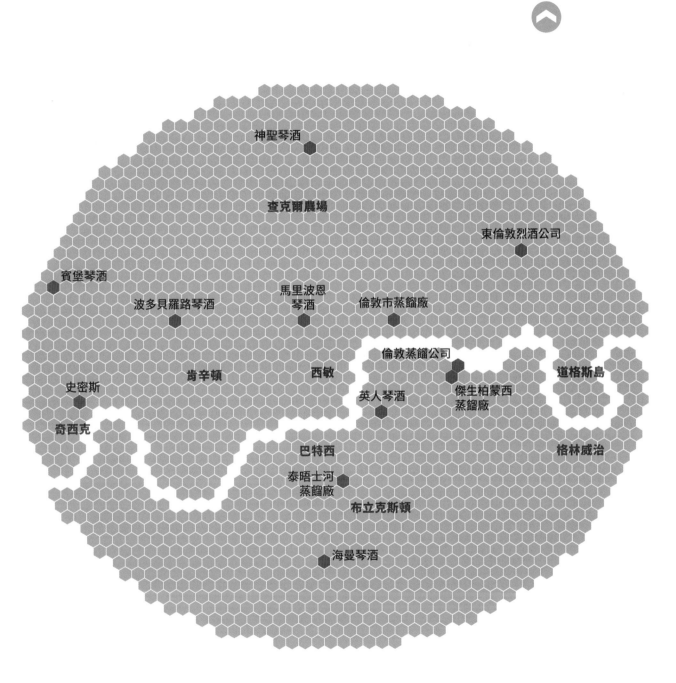

神聖琴酒

查克爾農場

東倫敦烈酒公司

賓堡琴酒

波多貝羅路琴酒

馬里波恩琴酒

倫敦市蒸餾廠

倫敦蒸餾公司

道格斯島

史密斯

肯辛頓

西敏

英人琴酒

傑生柏蒙西蒸餾廠

奇西克

格林威治

巴特西

泰晤士河蒸餾廠

布立克斯頓

海曼琴酒

東倫敦烈酒公司
（East London Liquor Company）

倫敦東區有一段相當火熱的琴酒歷史。18世紀，販售琴酒的店鋪很多，大幅縮短了當地市民的預期壽命，但在新一代年輕蒸餾商的巧思與努力之下，今日這個區的發展狀況非常健全。其中的東倫敦烈酒公司擁有30多人的團隊，位於維多利亞公園附近，是該區百年來第一間成立的新蒸餾廠。它隱藏在一家健身旁旁邊的小型工業區內，創辦人艾力克斯·沃伯（Alex Wolper）、前任首席蒸餾師傑米·巴克斯特（Jamie Baxter）與現任首席蒸餾師湯姆·西爾斯（Tom Hills），他們協力打造了一個蒸餾遊樂園，生產琴酒、伏特加和黑麥威士忌——事實上，當你造訪現場的酒吧時，你會透過位於德國著名蒸餾專家阿諾·霍爾斯坦（Arnold Holstein）打造的耀眼銅製蒸餾器後方的巨大窗戶看見一座真的遊樂場。

東倫敦烈酒公司目前生產兩款琴酒，包括以40％酒精濃度裝瓶發行的「標準」（standard）招牌版本，以及酒精濃度稍高（45％）的批次生產琴酒「頂級」（premium）版本，兩款都採用小麥製成的基底烈酒。招牌版本混用蒸氣注入和直接浸泡的方式製作，使用植物包括新鮮檸檬皮和葡萄柚皮、芫荽、歐白芷根、杜松，畢澄茄和小荳蔻，首先會呈現出的是來自歐白芷的特別泥土味與香辛料味。高級版本為植物均衡風格，採用直接浸泡法（見第22頁）製作，它的風味更廣闊，來自包括大吉嶺茶、桂皮和粉紅葡萄柚皮等原料，以及包括百里香、鼠尾草、月桂葉和薰衣草等植物的獨特香草花園調。基本上，他們給了沃伯與西爾斯一塊空白的畫布恣意發揮，因此可以預期未來產出的批次還會有不同的變化。

這家蒸餾廠最令人興奮的地方

> 蒸餾廠現已經增添了雪莉桶、波本桶、夏多內葡萄酒桶、蘋果酒桶與薑汁啤酒桶的產品。

之一是他們於2016年1月展開桶陳計畫，探索橡木桶能為琴酒風味帶入的細微差異。第一款為採用法國橡木進行14週的桶陳，這個程序為琴酒帶入了辛香料與乾燥水果的元素。蒸餾廠現已經在這個系列中增加了雪莉桶、波本桶、夏多內葡萄酒桶、蘋果酒桶與薑汁啤酒桶的產品，同時還有使用獨特重泥煤味威士忌桶進行47周桶陳的版本，產出的琴酒在極佳的泥土煙燻味中依然能以杜松味為主導。

除了蒸餾廠和酒吧之外，他們還有一家新的微型啤酒廠、工藝烈酒商店和一家義大利主題餐廳，這些都有助為東倫敦公司與英國的琴酒類別帶來獨特性。預料將來還有更多美好的事物持續發生。

eastlondonliquorcompany.com

🔺 東倫敦烈酒公司的系列產品

泰晤士河蒸餾廠 （Thames Distillers）

泰晤士河蒸餾廠由查爾斯・麥斯威爾（Charles Maxwell）帶領，這位來自蒸餾酒家族的第八代傳人過去20年間無疑在琴酒界造成極大的影響，且影響範圍並不止於倫敦，而是橫跨整個英國。在他居住的克拉凡（Clapham），他為想成立自己的品牌卻尚未擁有資金或空間購買蒸餾器的人進行契約琴酒生產。在泰晤士河蒸餾廠中誕生了許多今日已擁有自己蒸餾廠的琴酒品牌，例如傑生（Jensen，現設立於南倫敦的柏蒙西）、波多貝羅（Portobello，現在他們設廠在諾丁希爾波多貝羅路上的「琴酒研究院」）、達利（Darnley's，現於蘇格蘭的聖安德魯斯進行蒸餾）以及其他更多的品牌。

thamesdistillers.co.uk

多德琴酒／倫敦蒸餾公司 （Dodd's Gin/The London Distillery Company）

倫敦琴酒蒸餾公司的總部原本設在巴特西，現在則於柏蒙西的鐵道拱門下有了新家。這家蒸餾廠生產使用中性穀物基底烈酒添加上倫敦蜂蜜當作主要原料製成的多德琴酒（Dodd's Gin，以49.9%酒精濃度裝瓶），及與邱園（Kew Garden）合作的各式琴酒，其中包括一款有機琴酒（酒精濃度46%）。這款琴酒含有20多種植物，例如西番蓮、薰衣草、檸檬、萊姆、葡萄柚、橙皮和佛手柑皮、野生莓果和桉樹。這些植物都在名為克莉絲汀娜（Christina）的140公升傳統銅製葫蘆型蒸餾器中進行蒸餾，其他更精緻的植物則在他們命名為「小布列顛」（Little Albion）的蒸餾器

中進行冷真空蒸餾。（見第22-23頁）

londondistillery.com

倫敦市蒸餾廠 （City Of London Distillery）

倫敦市蒸餾廠位在艦隊街（Fleet Street），擁有兩座德國卡爾蒸餾器。在這裡你可以製作自己的琴酒，或試喝他們自製的產品，例如倫敦市道地辛口琴酒（City of London Authentic Dry Gin），這款添加粉紅葡萄柚的經典配方以41.3%酒精濃度裝瓶。也可嘗試他們的克里斯多佛・雷恩（Christopher Wren）琴酒，這款琴酒的名稱是向蒸餾廠附近的聖保羅大教堂的設計建築師致敬，具有甜橙風味並以45.3%的強勁酒精濃度裝瓶。

cityoflondondistillery.com

神聖琴酒 （Sacred Gin）

伊恩・哈特從2009年起就使用玻璃真空蒸餾器（見第28頁）在北倫敦的自家客廳（也就是現在的神聖烈酒蒸餾廠）製作琴酒。他生產的主要琴酒款，風味取自

西班牙和義大利的粉紅葡萄柚、甜橙、檸檬和萊姆以及肉桂和乳香，並以40%酒精濃度裝瓶。

sacredgin.com

賓堡琴酒（Bimber Gin）

賓堡蒸餾廠位於皇家公園（Park Royal）對面，生產以琴酒為主的各種烈酒。他們採用自製的四次蒸餾小麥伏特加做為基底烈酒，將十種植物（例如溫暖的肉桂）放在裡面浸泡一夜後，放入名為阿斯特雷烏斯（Astraeus）的600公升的銅製壺式蒸餾器中進行蒸餾，再以42%酒精濃度裝瓶。

bimberdistillery.co.uk

三號琴酒（No.3 Gin）

中倫敦有兩區跟琴酒的歷史有關：聖詹姆斯區（St James's）和馬里波恩區（Marylebone）。聖詹姆斯是貝瑞兄弟與魯德（Berry Bros. & Rudd）這家世界上最古老的葡萄酒和烈酒商的所在地。他們的三號倫敦辛口琴酒（No.3 London Dry Gin）在對街的公爵酒店（Dukes Hotel，見第54頁）內有供應，但實際上生產於荷蘭，是一款調製馬丁尼的絕佳琴酒（以46%酒精濃度裝

瓶），只使用六種植物：杜松子、橙皮和葡萄柚皮這三種水果，搭配歐白芷根、芫荽籽和小荳蔻這三種香料取得平衡。

no3gin.com

馬里波恩琴酒 （Marylebone Gin）

強尼・尼爾（Johnny Neill，惠特尼爾琴酒的創造者）是另一位蒸餾家族的第八代傳人，他在馬里波恩巷中生產出馬里波恩琴酒，使用檸檬薄荷和萊姆花等13種植物混合，以及一個由美國銅匠設計、透過牆壁電源插座運轉的奇特蒸餾器。尼爾將他的琴酒以相當高的50.2%酒精濃度裝瓶。

marylebonegin.com

海曼琴酒 （Hayman's Gin）

泰晤士河南岸除了英人和泰晤士河蒸餾廠外，也是海曼琴酒的所在地。這家蒸餾廠使用兩天的製作程序生產出這款可追溯到150多年前家族配方的琴酒，並使用百分之百英國小麥蒸餾製成。他們經典的倫敦辛口琴酒（London Dry，酒精濃度41.2%）使用十種植物，清新、明亮且均衡，另一款溫柔靜置琴酒（Gently Rested Gin，41.3%酒精濃度）則在舊蘇格蘭威士忌桶中桶陳三週，汲取風味。

haymansgin.com

英格蘭其他地區

無論是在琴酒的消耗史上，還是在近代工藝琴酒蒸餾的熱潮中，倫敦都造成了無法抹滅的影響，而這也在全英國促成了新蒸餾廠的爆炸性成長。和精釀啤酒一樣，幾乎每個縣或地區都有一款委託大型契約蒸餾廠製作的專屬琴酒，或是由當地蒸餾廠創作出來的產品，期望能呈現各種植物為琴酒帶來的多變性及獨特性。

龐貝藍鑽琴酒（Bombay Sapphire）
漢普夏（Hampshire）

當琴酒處於發展的低潮時期，幾乎所有的琴酒品牌都不再於這個看似即將消逝的領域中進行創新。琴酒當時被視為過時的的產品，一點也不時髦，全世界都在喝調味伏特加、香氛葡萄酒與拉格啤酒。調酒都是甜而色彩鮮豔的，而且絕對不含琴酒。

在這樣的情況下，國際蒸餾廠和葡萄酒商（International Distillers and Vintners）公司於 1987 年開發龐貝藍鑽琴酒這個品牌的的舉動顯得非常勇敢，這家公司現在是擁有高登琴酒（Gordon's）與坦奎瑞琴酒（Tanqueray Gin）這兩個品牌的帝亞吉歐集團（Diageo）的主要事業單位。自 1997 年起，龐貝藍鑽琴酒就歸百加得酒廠（Bacardi）所有，它一直位於新琴酒革命的最前線，憑藉著獨特的藍色瓶身和輕盈且平易近人的風味改變了大眾對這個酒款類型的看法，並且成為琴酒演變過程的一部分。

龐貝藍鑽琴酒真正的獨特之處，以及它最出名的輕盈植物風味，是得自它蒸餾時率先採用的蒸氣式注入法（見第 20 頁）。這個技術是湯瑪士·戴金（Thomas Dakin）與他的家人在 1800 年代初，用馬車頭（Carter-

◔ 拉佛斯托克磨坊的溫室

Head）蒸餾器發展出來的（見第26頁）。這個蒸餾器的設計讓裝有植物的籃子得以被置放在蒸餾器的頂端，讓烈酒的蒸氣能夠通過此處，而不是將植物直接加入蒸餾器底部沸騰的酒精之中。產出的成品是經過單一程序（見第29頁）製成的細緻烈酒，是一款偏向花與香氛風格的琴酒。

儘管龐貝藍鑽琴酒曾短暫屬於兩家大型飲料公司，但它之前一直在格林納爾斯蒸餾廠（Greenall's distillery，見第75頁）生產，直到2014年才在漢普夏一間造紙廠的舊址設立了專屬的品牌之家。這裡過去曾為英國與印度印製鈔票，歷史記錄甚至可以追溯到1086年的《末日審判書》。在這間人稱「拉佛斯托克磨坊」（Laverstoke Mill）的蒸餾廠中，不但有製作龐貝藍鑽琴酒的蒸餾器（此處也生產奧斯利琴酒 Oxley Gin，該琴酒採用罕見的真空蒸餾程序製成——見第28頁），還有建築師湯瑪斯・海澤維克（Thomas Heatherwick）設計的兩間小號樂器造型的溫室，一涼一暖，種植一些用於琴酒生產的主要植物。這是蒸餾廠製程中的現代化特色（相對於他們採用的蒸餾法），溫室甚至以回收設備運行中產生的熱氣作為暖氣空調。

龐貝藍鑽琴酒的招牌版本（酒精濃度40%）均衡混合了十種植物，包括檸檬皮、西非荳蔻、畢澄茄和杏仁。若想在酒杯中增添更多個性，可嘗試使用龐貝之星琴酒（酒精濃度47.5%），這款琴酒採用12種植物原料，包括主要源自厄瓜多的麝香梨籽和在卡拉布里亞（Calabria）手工採摘的乾燥佛手柑橘皮。

bombaysapphire.com

華納蒸餾廠（Warner's Distillery）
北安普敦郡（Northamptonshire）

英國琴酒始終注重產區，最早能將獨特的地區風味呈現在琴酒中的蒸餾廠之一就是華納蒸餾廠。它坐落在哈靈頓（Harrington）村福爾斯農場（Falls Farm）有200年歷史的穀倉中，採用當地天然泉水、穀物烈酒與自家種植的原料，打造出一系列能突顯風味的小批量手工生產琴酒。

這個琴酒事業是在農業大學認識的湯姆・華納（Tom Warner）和席昂・愛德華斯（Sion Edwards）的創意結晶。他們最初始的目標是使用當地、農場種植與灌木樹籬採集的植物中蒸餾出精油，但這個概念很快便轉為生產琴酒的想法，並且於2012年12月產出他們的第一款商品。

經典的辛口琴酒（Dry）是在一個500公升容量、名為「好奇」（Curiostity）的蒸餾器中製作，這個名字源自穀倉水泥地上所發現的貓爪印記，製作方式採用單一程序（見第29頁）並透過銅進行催化。華納蒸餾廠說，這個過程「能高速除

⬆ 始終受歡迎的華納琴酒

去基底烈酒與植物配方中的雜質，讓我們得到更純、更乾淨的烈酒」。在2016年11月，一座命名為「滿足」（Satisfaction）的50公升銅製壺式蒸餾器送達農場。「滿足」的功能除了減輕「好奇」的工作量，也讓華納蒸餾廠能實驗創造新風味，包括他們2017年上市、採用農場蜂巢作為原料的蜜蜂琴酒（Honeybee Gin，酒精濃度43%）。巧妙的是，這款琴酒的瓶頸上還綁著一小包對蜜蜂友好的野生花卉種子。

華納蒸餾廠的琴酒採用的基底中性穀物烈酒來自蘭利蒸餾廠（Langley Distillery，見第75頁），一旦他們生產的一系列琴酒個別完成蒸餾後，會加入來自當地農場的泉水稀釋後裝瓶。

哈靈頓辛口琴酒（Harrington Dry Gin，酒精濃度44%）原料中包括杜松、芫荽和小荳蔻，非常適合調製馬丁尼或加入通寧水，且有兩種不同口味的延伸版本。接骨木花版本（elderflower，酒精濃度40%）使用以標準辛口琴酒為基底，加入農場手工摘採的接骨木花浸泡，成品是一款較甜且具有更多花香的琴酒。而維多利亞大黃琴酒（Victoria's Rhubarb Gin，酒精濃度40%）則是一款截然不同的產品，採用多款維多利亞女王統治時期種植於白金漢宮菜園裡的大黃製成，使用傳統的水果榨汁機提取大黃汁後與經典辛口琴酒調和。成品是一款帶有淡粉紅色相與甜美中帶有橙酸風味的琴酒，非常適合純飲、加入冰塊或與薑汁汽水混合。

warnersdistillery.com

英格蘭其他地區

摩爾之地烈酒公司

雷克斯湖區琴酒

曼森辛口
約克夏琴酒

布林德爾蒸餾廠

曼徹斯特琴酒

G&J蒸餾廠

真實北方蒸餾廠

蘭利蒸餾廠

雙鳥琴酒

華納蒸餾廠

亞德曼，紹斯沃德

蔡斯蒸餾廠

科茲窩蒸餾廠

劍橋蒸餾廠

TOAD牛津職人蒸餾廠

巴斯琴酒公司

龐貝藍鑽琴酒

寂靜之池琴酒

蘭利琴酒

布來頓琴酒

七葉樹果琴酒

外特島蒸餾廠
美人魚琴酒

達特木蒸餾廠

西南蒸餾廠

普利茅斯琴酒

索爾科姆琴酒

古玩烈酒公司

三根手指蒸餾廠　　惠登琴酒

普利茅斯琴酒（Plymouth Gin）
得文（Devon）

西南區是英國蒸餾琴酒蓬勃發展的中心，也是探索各種本地植物最令人興奮的地點之一。他們強調偏向海岸與礦物的風味，例如海茴香、海藻、香楊梅和繖形花等植物，幾乎賦予該地區一種具有辨識度的獨特風土，許多新蒸餾廠都運用當地採集的沿海原料搭配出獨特的組合，打造他們琴酒配方的骨架。

1793 年創立的普利茅斯琴酒蒸餾廠，又名黑色修道士蒸餾廠（Black Friars Distillery），在歷史上一直是這個區域的領導者，可說是英國最古老且持續經營的琴酒蒸餾廠之一。直到近期，普利茅斯也都還是唯一具有地理標示保護制度（PGI）資格的英國琴酒，這代表根據歐盟法規，沒有其他蒸餾廠能生產「普利茅斯」類型的琴酒或在普利茅斯鎮進行琴酒蒸餾。然而，品牌目前隸屬的保樂力加（Pernod Ricard）已經放棄了這個資格。

所幸普利茅斯依然是市場上最受尊敬、最有價值的琴酒品牌之一，它的蒸餾方式在過去 20 年間都沒有大幅變化，如今由勤奮且經驗老到的蒸餾大師尚恩·哈里森（Sean Harrison）管理。琴酒採用一種明確簡單且經典的方式生產，使用一座已有 150 多年歷史、配置蒸汽式加熱線圈（見第 29 頁）的單一銅製壺式蒸餾器，在蒸餾器中裝入穀物基底烈酒與七種植物，也就是杜松、芫荽籽、小荳蔻、鳶尾花根和歐白芷根以產生明顯的泥土調，再加上甜橙皮和乾燥檸檬皮。杜松調很柔和，但背後有非常平衡的香辛料和根部／大地味道支撐，並有香甜的小荳蔻前調，以較強烈的方式展開。採用單一程序製作（見第 29 頁），每批次可生產約 5000 公升產

⊙ 歷史悠久的普利茅斯琴酒蒸餾廠

量的琴酒，產出的烈酒隨後以達特木（Dartmoor）的純水稀釋成各種不同的酒精濃度：原味款（Original）酒精濃度為 41.2%，而海軍強度則是強烈但口味十分高雅的 57% 酒精濃度。有趣的是，儘管當今許多蒸餾廠都生產海軍強度版本的琴酒，但與英國海軍艦隊合作一直是普利茅斯琴酒 DNA 的一部分。普利茅斯不僅是英國皇家海軍使用的主要港口之一，也是商業貿易港，因此為了航海設計的高酒精濃度琴酒在過去十分重要。普利茅斯黑刺李琴酒（Plymouth Sloe Gin，酒精濃度 26%）的配方可以追溯到 1883 年，將黑刺李和糖在琴酒中浸泡長達約四個月的時間。

這家蒸餾廠最近成立了最早設立的蒸餾學校之一，訪客在這裡可以學習琴酒製作的過程，並為自己創作量身定製的普利茅斯琴酒。這個公認的英國經典品牌無疑在順境和逆境中都協助強化與維繫了英國與琴酒之間的關係。

plymouthgin.com

塔昆康瓦耳琴酒
(Tarquin's Cornish Gin)
康瓦耳（Cornwall）

隨著英國對工藝琴酒蒸餾的著迷於 2012 年開始為人們注入信心，曾接受經典訓練的前藍帶主廚塔昆·利得貝特（Tarquin Leadbetter）開始思索一種可能性：在威德布里治（Wadebridge）成立百年來的第一間康瓦耳蒸餾廠。他利用一座 0.7 公升的蒸餾器，開始打造一個植物蒸餾液的資料庫，並組合出大約 100 種不同的配方，直到一款由 12 種蒸餾液組成的配方打動了他。2013 年，他用一座 250 公升、採直火加熱（見第 29 頁）、名為塔瑪拉（Tamara，以得文郡和康瓦耳郡交界處的塔瑪河命名）的葡萄牙銅製蒸餾器，以傳統方式用製作麵包的麵團密封火爐進行蒸餾，產出了第一瓶塔昆康瓦耳琴酒，並銷售到一家當地酒店。到了 2017 年，塔昆的海狗海軍強度琴酒（SeaDog Navy Strength Gin，酒精濃度 57%）在舊金山世界烈酒大賽中獲得了世界最佳琴酒獎。如今，西南蒸餾廠（Southwestern Distillery）有三座傳統的麵團密封壺式蒸餾器同時運作（除了塔瑪拉之外還有姐妹號塞納拉 Senara 和德蕾莎 Tressa），以及名為費拉拉（Ferarra）的義大利製壺式蒸餾器。所有植物——例如義大利的杜松（海軍強度琴酒使用科索沃杜松）、保加利亞芫荽籽、烏茲別克甘草根、波蘭歐白芷、摩洛哥鳶尾根、瓜地馬拉綠小荳蔻、馬達加斯加肉桂，摩洛哥的苦杏仁和新鮮橙皮、檸檬皮和葡萄柚皮——都先在小麥製成的基底烈酒中浸泡 12 小時後，再加入當地種植的紫羅蘭。蒸餾完成後，酒心會以 78% 的酒精濃度提取，隨後加入軟化過的康瓦耳泉水稀釋，並以 42% 酒精濃度裝瓶。

塔昆生產不少限量版的水果琴酒，包括黑莓琴酒以及大黃與覆盆子琴酒（兩款酒精濃度都是 38%），以及與夏普啤酒廠（Sharp's Brewery）合作發行的啤酒花人辛口琴酒（Hopster Dry Gin，酒精濃度 42%），其中添加了飛行員（Pilot）、小瀑布（Cascade）、水晶（Crystal）這三種啤酒花，為這款琴酒帶來獨特的花香草本調性。

tarquinsgin.com

◉ 檢測塔昆的葫蘆形銅製蒸餾器

古玩烈酒公司（Curio Spirits Company）
康瓦耳（Cornwall）

古玩雖然是成長迅速的西南區新進品牌，但絕對是一間在短時間引起市場注意的蒸餾廠，由夫妻檔威廉與魯賓娜·泰勒·史崔特（William and Rubina Tyler-Street）於2014年底成立，設立在利康瓦爾郡利澤德半島上（Lizard peninsula）的慕里昂鎮（Mullion）。古玩野生海岸琴酒（Curio Wild Coast Gin，酒精濃度41%）從他們所在地海岸線獨特的溫和氣候與豐富亞熱帶植物中汲取靈感，結合15種植物，包括手工採集的海茴香、康瓦耳海藻、萊姆花茶、歐白芷、萊姆皮和檸檬皮及肉桂，以各式不同的蒸餾器進行蒸餾，包括60公升的銅製壺式蒸餾器以及玻璃旋轉式真空蒸餾器（見第28頁）等。野生海岸琴酒的風味跟啟發它的海岸線一樣具有張力：均衡的花香前調與獨特的海水噴霧的鹹味交錯，所有風味都深植於新鮮的杜松香氣與大量的柑橘皮香之中。在近期新增的藍莓琴酒（酒精濃度41%）中，這對夫婦從一個本是修道院的地方取得果實，這座修道院種植藍莓的歷史可以追溯到12世紀。

curiospiritscompany.co.uk

索爾科姆琴酒（Salcombe Gin）
得文（Devon）

這個故事可能聽起來很熟悉——兩個朋友因為對琴酒的共同熱愛而相識。但索爾科姆琴酒起源於得文夏（Devonshire）的索爾科姆這個小港口過去繁忙的水果貿易，當時人們建造快速帆船，將易腐壞的水果從遠方的亞述群島（Azores）和地中海運送到倫敦、利物浦、布里斯托（Bristol）與赫爾（Hull）等港口。蒸餾廠的創辦人霍華·戴維斯（Howard Davies）與安格斯·路格斯汀（Angus Lugsdin）謹記這段歷史，於2016年推出了他們的第一款重柑橘配方的琴酒，使用新鮮萊姆、檸檬和紅寶石葡萄柚，以44%酒精濃度裝瓶。

salcombegin.com

達特木蒸餾廠（Dartmoor Distillery）
得文（Devon）

和索爾科姆的同業一樣，達特木蒸餾廠也將獨特的當地元素融入旗下的兩款琴酒當中：黑狗琴酒（Black Dog Gin，酒精濃度46%）和海軍強度的達特木野獸琴酒（Dartmoor Beast Gin，酒精濃度57%）。兩款琴酒都使用達特木的水與當地高沼地手工採集的植物。蒸餾師兼創辦人約翰·洛頓（John Lowton）和擁有並經營洛頓銅管公司（Lawton Tube Co.）超過百年的表親合作，打造出獨特的銅製蒸餾器，並幽默地將它命名為「高尚乙醇」（Ethyl Ethel）。

dartmoordistilleryltd.com

七葉樹果琴酒（Conker Gin）
多塞特（Dorset）

七葉樹果烈酒蒸餾廠的創辦人魯伯特·哈勒維（Rupert Holloway）原本可以成為特許測量師，或者說，務實地展開一段不太需要熱情的職業生涯，但他卻選擇走上另一條有創意的路：接受蒸餾師的訓練，並在波恩茅斯（Bournemouth）建立多塞特郡的第一家琴酒蒸餾廠。七葉樹果琴酒使用十款經典植物（值得注意的是：當中不含七葉樹果），同樣具有精緻的花香，這有一部分是因為當中添加了來自新福雷斯（New Forest）的刺金雀花、接骨木莓和海蓬子。以40%酒精濃度裝瓶。

conkerspirit.co.uk

巴斯琴酒公司（The Bath Gin Company）
薩莫塞特（Somerset）

巴斯琴酒公司是巴斯市250年來的第一家蒸餾廠，已在他們位於小鎮中心的卡納力琴酒吧（Canary Gin Bar）的酒窖中發展出三款截然不同的琴酒：經典版本（Classic）使用壺式蒸餾器製作，使用包括苦橙、麻瘋柑葉和英國芫荽等11種植物作為原料，另外兩款為啤酒花大黃版本（Hopped Rhubarb）以及橙香黑刺李琴酒（Orange Sloe Gin），全部以40%酒精濃度裝瓶。

thebathgincompany.co.uk

黑波琴酒（Hepple Gin）
諾森伯蘭（Northumberland）

摩爾之地烈酒公司是一個野心勃勃的事業計畫，總部位在英國最後的荒地之一，由三位業界極具天賦的專業人士共同創立：廚師和覓食者瓦倫汀·華納（Valentine Warner）、知名調酒家尼克·史傳威（Nick Strangeway），以及黑波莊園（Hepple Estate）的居民與維護者華特·瑞得（Walter Riddell），這片莊園中有大量被採集與手工嚴選的植物。這家蒸餾廠透過

獨特的「三重技術」，經由三個程序生產黑波琴酒：第一個是超臨界二氧化碳萃取，這個技術通常在香水業界用於收集濃縮和複雜的香氣。第二個是銅製壺式蒸餾，用來創造烈酒中較傳統的柔順風味。最後是採用玻璃真空蒸餾（見第28頁）為植物風味注入更多活力。它還與諾森伯蘭國家公園（Northumberland National Park）合作發展了杜松再生計畫，每年栽種200多株杜松幼苗。黑波琴酒以45%酒精濃度裝瓶，是一款明確以杜松味主導、具有濃烈松樹香氣和新鮮果味的琴酒。

moorlandspirit.co

雷克斯湖區琴酒（The Lakes Gin）
昆布利亞（Cumbria）

雷克斯蒸餾廠的產品包括威士忌、琴酒和伏特加，也許因為規模太大，無法歸類為工藝生產者。儘管如此，他們還是專注於生產精緻烈酒的每一個關鍵面向。他們的主要琴酒商品是量產的倫敦辛口琴酒（London Dry），於1200公升的銅製壺式蒸餾器中批次蒸餾，並以43.7%酒精濃度裝瓶。這款琴酒匯集14種植物，其中六種採集自湖區絕美的鄉村，包括當地杜松、灌木、山楂和薄荷，搭配另一種較常見的杜松、歐白芷、甘草、鳶尾花及橙皮和檸檬皮。

lakesdistillery.com

曼徹斯特琴酒（Manchester Gin）

曼徹斯特（Manchester）

受到過去形容勤奮的曼徹斯特工人就像「工蜂」一樣的說法啟發，這間由詹·威金斯（Jen Wiggins）和塞伯·希利（Seb Heeley）合伙經營的蒸餾廠，使用三座分別名為溫蒂、維多利亞和艾美琳（Wendy, Victoria and Emmeline）的小型蒸餾器，生產每批次僅500瓶的琴酒，每個瓶身都印有一隻蜜蜂，酒精濃度依照不同款式分別介於40-42%之間。原料中的蒲公英和牛蒡根於城市近郊以手工採集，杏仁粉和甘草則讓這款琴酒帶有柔順香甜的泥土味。

manchestergin.co.uk

杜鵑鳥琴酒（Cuckoo Gin）

蘭開夏（Lancashire）

杜鵑鳥琴酒的故鄉位於布林德爾（Brindle）近郊的霍姆斯農場（Holmes Farm），這個品牌的生產過程注重可持續性和符合道德交易的植物來源。招牌版本琴酒以43%酒精濃度裝瓶，原料包括杜松、芫荽、葡萄柚皮與橙皮、燕麥、杏仁、小荳蔻、洋甘菊和肉桂。另外一款香辛料版本則添加丁香、薑、肉桂、茴香、香茅和辛辣的特利奇里黑胡椒（Tellicherry black pepper）來呈現溫暖、圓潤、適合加入冰塊飲用的琴酒，以42%酒精濃度裝瓶。

brindledistillery.co.uk/cuckoogin/

曼森辛口約克夏琴酒（Masons Dry Yorkshire Gin）

約克夏（Yorkshire）

夫妻檔卡爾與凱西·曼森（Karl and Cathy Mason）自2013年6月19日——精準來說就是世界琴酒日——開始，就在哈洛蓋特（Harrogate）使用200公升的銅製葫蘆型蒸餾器（見第22頁）生產務實認真、慢速蒸餾的杜松／柑橘／小荳蔻風味導向的琴酒。除了具有花香、清淡香氛的薰衣草版本（Lavender Edition）外，這對夫妻也秉持道地的約克夏精神，發行了約克夏茶版本（Yorkshire Tea Edition），這款濃烈厚實的琴酒帶有單寧調、蘊含草地的清新氣息。所有琴酒都以42%酒精濃度裝瓶。

masonsyorkshiregin.com

雪非耳辛口琴酒（Sheffied Dry Gin）

雪非耳（Sheffield）

這款琴酒由首席蒸餾師班·舒爾茨（Ben Schulze）主理的真實北方啤酒釀造公司（True North Brewing Co.）精心打造，是這座城市100多年來蒸餾和裝瓶的第一瓶琴酒。除了選用包括芫荽、歐白芷和小荳蔻等經典植物外，還因為添加了龍膽根而帶來強烈的泥土調與乾澀的香氣，這個風味入口後隨即與甜的蜂蜜調達成平衡，且尾韻中帶有一點雪非耳琴酒完全原創的材料——亨德森風味醬（Henderson's Relish）的味道，它是一種自19世紀末起產自雪非耳的當地香料風味醬。這款琴酒以42%酒精濃度裝瓶。

truenorthbrewco.uk/

G&J蒸餾廠（G&J Distillers）

赤夏（Cheshire）

G&J的前身是格林諾酒廠（Greenall's），無疑是英國琴酒蒸餾界的大廠之一，以世界上最古老且持續營運的琴酒蒸餾廠身分享有崇高的聲譽，於1761年在沃陵頓（Warrington）開業，當時25歲的湯瑪士·戴金（Thomas Dakin）在橋街（Bridge Street）開設了自己的蒸餾廠。當時只有七位蒸餾大師在這間公司服務，現任蒸餾師喬安·摩爾（Joanne Moore）在這間公司工作了20多年，並參與了多款琴酒的創作，包括布魯琴酒（Bloom）、所羅門大象香辛料琴酒（Opihr）和湯瑪士戴金琴酒（Thomas Dakin），同時也繼續發展格林諾酒廠的琴酒品牌。事實上，在母公司百加得（Bacardi）於2013年將生產線移到拉佛斯托克磨坊的現址前，龐貝藍鑽琴酒也曾由摩爾負責蒸餾。百加得在新廠複製打造了格林諾酒廠在沃陵頓使用的馬車頭式蒸餾器（見第69頁）。如今G&J蒸餾廠已成為國內最主要的契約琴酒生產商之一，也是許多有抱負的初創公司實現概念及配方的首選。

gjdistillers.com

蘭利蒸餾廠（Langley Distillery）

西密德蘭（West Midlands）

蘭利製酒廠（Langley facility）總部位於伯明罕市郊，是另一家地位在英國琴酒編年史中不可小覷的傳奇公司。它的名氣或許不及英人琴酒（見第63頁）或相對年輕的龐貝藍鑽琴酒（見第69頁），但它維多利亞式的磚砌建築後卻蘊藏了豐富的歷史。這間酒廠坐落在歷史悠久的克羅威爾斯啤酒廠（Crosswells Brewery）舊址，這座建於古老的地下水源之上的廠房，歷史可追溯到1800年代初期。蘭利蒸餾廠自1920年就開始進行琴酒蒸餾，至今仍每天在生產線運作的蒸餾器包括安琪拉（Angela），這座1000公升容量的「祖母」級蒸餾器（也是蒸餾大師羅柏·多塞特Rob Dorsett對它的暱稱）歷史可追溯到1903年，此外還有1950年製造、體積較大、3000公升的康絲坦斯（Constance），1994年加入、圓潤豐滿、容量達1萬2000公升的珍妮（Jenny），以及麥凱（McKay）這個小巧的200公升壺式蒸餾器——它是同款蒸餾器中最古老的一座，由班奈特父子與西爾斯（Bennett, Sons & Shears）於1865年打造。另外還有兩座相當古老、現已退役的蒸餾器：3號和5號（No. 3 and No. 5），它們的製造年分實際上早於其他蒸餾器，據估計最早的製造時間在1700年代後期。蘭利蒸餾廠每年蒸餾約300種不同的契約琴酒，產量約7000萬瓶，運送到包括斐濟、南非和菲律賓等世界各地。但該廠的焦點作品之一絕對是帕瑪斯蒸餾師切割琴酒（Palmers Distillers Cut）：一款風味絕妙、濃烈厚實的經典倫敦辛口琴酒，以44%酒精濃度裝瓶，其中的15種植物包括百合、鳶尾根、西非小荳蔻和葡萄柚皮，由多塞特設計，僅於蒸餾廠官網販售。

langleydistillery.co.uk
palmersgin.com

雙鳥琴酒（Two Birds Gin）
列斯特夏（Leicestershire）

雙鳥琴酒於2013年在哈波羅市集（Market Harborough）成立，原本是工程師與琴酒愛好者馬克·甘柏（Mark Gamble）在自家工作室的一個計畫。創作出他的第一瓶琴酒後，他迅速贏得工藝蒸餾商聯盟（Craft Distillers Alliance）的金牌獎，甘柏也因此看見了品牌的實際潛力。現在雙鳥琴酒在一個專門打造的廠房中生產，經典倫敦辛口琴酒（London Dry Gin）仍然以每批次100瓶的產量產出，在名為「傑瑞德」（Gerard）這座由甘柏親自設計與製造的30公升蒸餾器、以及他尚未命名的雙胞胎蒸餾器中共同生產。他僅用五種植物——杜松、鳶尾根、芫荽、新鮮檸檬皮和一個未公開的祕密成分——製作出這款非常乾澀、杜松風味導向的琴酒，並以40%酒精濃度裝瓶。除此之外，雙鳥還創作了一款老湯姆（Old Tom，酒精濃度也是40%）和一款桶陳變化版（酒精濃度47.3%），這個版本的琴酒在橡木桶新桶中加入額外的山核桃木條，進行三個月桶陳。品牌的最新發展是添購了兩座300公升容量的中國製柱式／壺式蒸餾器，新設備將能讓雙鳥更大的母公司——聯合烈酒公司（Union Distillers）——為契約顧客開發和蒸餾出更多種類的烈酒。

twobirdsspirits.co.uk

科茲窩辛口琴酒（Cotswolds Dry Gin）
沃里克夏（Warwickshire）

從2014年起，丹尼爾·索爾（Daniel Szor）和他的團隊就把連連獲獎的琴酒以及近期生產的單一麥芽威士忌帶進了位於北科茲窩（North Cotswolds）史多爾頓鎮上的科茲窩蒸餾廠。這座酒廠環境幽美，琴酒是採單一程序製作（見第29頁）的倫敦辛口琴酒（酒精濃度46%），使用比一般所需量多出十倍的新鮮植物，配方結合了馬其頓杜松、波蘭歐白芷、本地種植的薰衣草和埃及月桂葉，以及新鮮萊姆皮和葡萄柚皮。這款琴酒出奇地油，且使用非冷凝過濾，因此在加入通寧水或冰塊時會有點渾濁。

cotswoldsdistillery.com

牛津職人蒸餾廠（TOAD）
牛津（Oxford）

牛津職人蒸餾廠（The Oxford Artisan Distillery，簡稱TOAD）距離科茲窩蒸餾廠不遠。TOAD的使命是復興古老的穀物品種作為烈酒蒸餾之用。TOAD創立於2017年7月，聘請植物考古學家約翰·萊茨（John Letts），他花了25年研究、種植和取得古老的穀物品種，蒸餾廠使用的穀物全部採收自蒸餾廠方圓80公里的範圍內（在外觀非常特別的柱式蒸餾器中蒸餾）。除了經典的牛津辛口琴酒（Oxford Dry Gin，酒精濃度46%），TOAD最近還與牛津大學聯名創造了物理琴酒（Physic Gin，酒精濃度40%），原料包括栽種於校區內17世紀植物園中的植物。

spiritoftoad.com

蔡斯蒸餾廠（Chase Distillery）
赫瑞福夏（Herefordshire）

從很多角度而言，蔡斯蒸餾廠都可說是因為一個碰巧的需求而發展出來的，當時創辦人威廉·蔡斯（William Chase，也就是創了泰勒洋芋片這個成功品牌的馬鈴薯農夫）決定把從超市退回、沒用過也沒有人要的馬鈴薯拿來蒸餾。蔡斯馬鈴薯伏特加最早於2008年問世。緊接著是第一款琴酒，採用相同的馬鈴薯基底烈酒，帶有些許的鮮奶油與奶油風味，使用十種植物，部分採用蒸氣注入，部分直接浸泡的方式（見第22頁），於名為金妮（Ginny）這座蔡斯專門用來製作琴酒的壺式琴酒蒸餾器中蒸餾。除了原始版的GB 特級辛口琴酒（GB Extra Dry Gin，酒精濃度40%）外，蒸餾廠還生產其他四款琴酒，包括威廉優雅48（Williams Elegant 48，酒精濃度48%）——這款烈酒非常與眾不同，採用來自有200年歷史的果園中的蘋果，並加入啤酒花、接骨木花和鄰近鄉村生長的其他植物混合製成。

chasedistillery.co.uk/

劍橋蒸餾廠（Cambridge Distillery）
劍橋（Cambridge）

雖然出身英國最傳統的城市之一，但威廉·洛威（William Lowe）還是成為全國最創新的琴酒蒸餾商之一。威廉與伴侶露西（Lucy）共同創立了或許是全球第一家的琴酒「量身訂製」服務，個人或企業都可以在這裡取得真正專屬的訂製小批次琴酒，客戶可從品項眾多的單一植物烈酒資料庫中選擇並構思配方。此外，洛威還創作了其他（可能有人會覺得古怪）的琴酒，包括與北歐食品實驗室合作的螞蟻琴酒（Anty Gin，酒精濃度42%），這款琴酒採用了紅木螞蟻作為原料。

cambridgedistillery.co.uk

亞德曼（Adnams）
薩弗克（Suffolk）

紹斯沃德的亞德曼（Adnams of Southwold）是英格蘭東海岸最著名的啤酒釀造商之一，於2010年開始跨足蒸餾界，以他們近150年的釀造傳統為基礎，建立起烈酒事業。每款烈酒的蒸餾都使用當地種植的東英吉利麥芽穀物（黑麥、小麥、大麥、燕麥）搭配「蒸餾液」（distillery wash）——基本上就是沒有加入啤酒花的啤酒，透過70多年歷史的傳統程序，於獨特的雙重過濾釀造酵母中發酵。紹斯沃德用上述方式生產的穀物烈酒製作兩款主要琴酒：第一款是銅屋辛口琴酒（Copper House Dry Gin，酒精濃度40%），結合杜松、鳶尾花、芫荽、小荳蔻，木槿和甜橙皮製成。另一款是一流三重麥芽（First Rate Triple Malt，酒精濃度45%），額外添加檸檬皮、桂皮、香草莢、歐白芷根、葛縷籽、茴香籽、百里香和甘草根，具有濃郁的泥土味與強烈的香氣及口味。

adnams.co.uk

寂靜之池琴酒（Rest Of England）
薩里（Surrey）

位於薩里（Surrey）的寂靜之池蒸餾廠（Silent Pool Distillers），是以諾森伯蘭公爵（Duke of Northumberland）擁有的宏偉亞伯里莊園（Albury Estate）中

的寂靜之池命名，琴酒的製作方式同時兼具歷史性和前瞻性。在翻新了原有的柴燒加熱鍋爐後，廠內設置了一台全新訂製的德國製阿諾・霍爾斯坦蒸餾器，並同時建立起一套四個階段的流程，用來生產含有24種植物原料的琴酒。製作程序一開始先將較傳統的植物——波斯尼亞杜松子、甘草根、肉桂皮、鳶尾花、佛手柑——搗碎後加入烈酒中浸泡，再送入蒸餾器。之後將一些比較新鮮、較具有柑橘味的植物——橙皮、萊姆皮、乾燥的梨子、馬其頓杜松、波蘭歐白芷——加到蒸餾器頸部的蒸汽注入籃中（見第20頁），隨後分別將玫瑰花瓣、麻瘋柑葉、菩提樹和接骨木花以直接浸泡的方式製成「調和琴酒茶」（gin tea infusion），最後在柱式蒸餾器中緩慢進行分餾（見第24頁）。成品是一款相當輕盈並帶有花香味、同時富含柑橘香氣的琴酒，以43%酒精濃度裝瓶。

silentpooldistillers.com

布來頓琴酒（Brighton Gin）
索塞克斯（Sussex）

布來頓琴酒有個貼切的稱號叫「在海邊蒸餾的」，這個品牌的旅程起始於英國工藝琴酒狂潮的高峰前夕，也幾乎肯定協助啟發了南岸蒸餾業的廣泛成功。布來頓琴酒配方十分簡單但結構出色，使用杜松、新鮮橙皮、萊姆皮、當地種植的芫荽籽和奶薊，奶薊是南當斯（South Downs）的當地特產，且長期被視為具有幫助肝臟修復的價值。這款琴酒以40%酒精濃度裝瓶。

brightongin.com

外特島蒸餾廠（Isle Of Wight Distillery）
外特島（Isle Of Wight）

外特島蒸餾廠是島上成立的第一間（也是目前唯一的一間）蒸餾廠，於2014年由哈維爾・貝克

（Xavier Baker）和康納・龔列特（Conrad Gauntlett）這兩個好友共同創立，兩人集結了啤酒與葡萄酒釀造的專業知識。在2015年做出第一桶預計於2019年完成桶陳的威士忌後，他們又希望以在地特色為靈感製作琴酒，結果這份強烈的熱忱也很快就獲得實現。美人魚琴酒（Mermaid Gin，酒精濃度42%）採用現代的壺式和柱式蒸餾器組合（見第24頁）蒸餾，具有獨特的海岸調風味，植物配方包括手工採集的的海茴香和接骨木花、博阿迪西亞啤酒花（Boadicea hops）、索塞克斯種植的芫荽籽、西非小荳蔻，以及為琴酒帶來泥土味的甘草、歐白芷和鳶尾根，最後再加上有機檸檬皮。除了主力商品外，他們還有HMS維多利亞海軍強度琴酒（HMS Victoria Navy Strength Gin，酒精濃度57%），以及每年發行的橡木葡萄酒桶桶陳變化版，讓風味原本就已經層次豐富的基本烈酒擁有更開闊的調性。

isleofwightdistillery.com

惠登琴酒（Wheadon'S Gin）
根息島與澤西島（Guernsey And Jersey）

根息島是海峽群島（Channel Islands）最西邊的島嶼，具有獨特的微氣候，且幾乎可以肯定這種氣候有助蒸餾廠挑選出以地方特色為啟發的琴酒原料。自1865年以來，惠登家族就不斷以啤酒釀造者的身分生產各種類型的酒精飲料。2015年，聖馬丁教區的貝拉路思酒店（Bella Luce Hotel）擁有人路克・惠登（Luke Wheadon）決定在酒店內的酒窖中生產小批量、海岸風味導向的琴酒。自此之後，這家蒸餾廠就已從2-3公升的小型壺式蒸餾器擴展到20公升的葡萄牙製葫蘆型蒸餾器、再到今日的250公升德國製慕勒蒸餾器（Müller still）。惠登在2016年底發行的第一款琴酒以杜松、海茴香和粉紅葡萄柚為風味主軸，其後發行的版本則帶有異國風概念的風味（椪柑、萊姆和木槿，以及其中一款主打特色為採用日本香橙、香茅和綠茶），所有琴酒都以46%酒精濃度裝瓶，蒸餾師會依

照風味中主導的前調進行植物比重的調整。現在惠登在澤西島（Jersey）上開設了一家新的蒸餾廠，使用包括澤西島皇家馬鈴薯在內等令人興奮的本地植物原料，讓這個島嶼首度有機會跨足烈酒的世界。

wheadonsgin.co.uk

藍瓶琴酒（Blue Bottle Gin）
根息島（Guernsey）

根息島有另一款受歡迎的當地蒸餾琴酒：藍瓶琴酒，由三根手指蒸餾廠在聖桑普森（St Sampson）教區生產，並以47%酒精濃度裝瓶。

bluebottlegin.gg

蘇格蘭

和不列顛群島其他地區的蒸餾廠一樣，蘇格蘭的蒸餾廠在高登琴酒和坦奎瑞等極為成功的品牌帶領下，為英國琴酒市場的多元性和豐富性帶來了極大的貢獻。這兩個歷史悠久的品牌起源時間可以分別追溯到 1700 年代中期與 1800 年代，他們的生產線於 1995 年移至蘇格蘭。今日，有超過 70 間蒸餾廠在蘇格蘭本島或周圍地區生產琴酒，同時還延伸至西海岸與北海岸外的諸多島嶼。

⬆ 亨利爵士，改變市場遊戲規則的琴酒

亨利爵士琴酒（Hendrick's Gin）
南亞爾夏（South Ayrshire）

亨利爵士琴酒堪稱跟龐貝藍鑽琴酒（見第 69 頁）一起發揮了巨大的影響力，把消費者的目光從伏特加之類的其他白色烈酒身上重新拉回了琴酒之上。

亨利爵士創立於 1999 年，並於 2000 年在美國上市，從風味的角度而言可說是一場革新，以風格獨特的瓶身包裝呈現，並透過強力的訴求，賦予了它傳統與創新兼具的形象。在美國上市之後不久，亨利爵士在它的故鄉英國也有了市場，並且成為銷量最佳、最受喜愛的品牌之一。

產品傑出的風味特色是品牌母公司格蘭父子（William Grant & Sons，以他們出品的格蘭菲迪與百富等蒸餾蘇格蘭威士忌以及格蘭調和威士忌聞名）蒸餾師的心血結晶，並於上個世紀末由蒸餾專業團隊進行修改精製，協助公司發展出一款帶有玫瑰與黃瓜（見第 20 頁）這兩種精緻植物尾韻的琴酒。也因為這個原因，這款琴酒並不被歸類為倫敦辛口琴酒，但這款摩登的作品在復古行銷的大肆宣傳下，以創新與創意打開了琴酒市場，特別是在亨利爵士琴通寧中以黃瓜條取代傳統的檸檬或萊姆角，樹立了獨特形象。

位於蘇格蘭西南部的格文蒸餾廠（Girvan distillery）是一間多用途的廠房，負責威廉格蘭蘇格蘭威士忌的主要產量以及中性穀物酒精的生產，當然同時也負責製作亨利爵士琴酒。蒸餾大師萊斯利・格雷西（Lesley Gracie）已負責製作這款琴酒長達 20 年，同時於 2018 年在於格文廠房中啟用了一組專門生產亨利爵士琴酒的新設備。新設備共有兩間新的蒸餾室，其中共有六座蒸餾器：四座班奈特蒸餾器（見第 29 頁）中，有一座是 1860 年製造的原版骨董銅製壺式蒸餾器，其他三座則是完全相同的複製版。另外兩座為馬車頭式蒸餾器（見第 26 頁），其中一台製作於 1948 年，另一台則為複製版。

還有一座亨利爵士琴酒宮（Hendrick's Gin Palace），內有圍牆環繞的花園和維多利亞式的棕櫚屋，兩側還有兩座溫室，用來培育世界各地的植物和花卉。宮殿中還有實驗室、演講廳和酒吧。

亨利爵士的產品線包括兩款主要產品。傳統琴酒（酒精濃度 41.4%）採用杜松與其他十種植物製成，包括橙皮、洋蓍草和葛縷籽。但真正讓風味獨特的關鍵，是琴酒蒸餾後會添加黃瓜和保加利亞玫瑰，讓琴酒呈現輕盈與細緻的風味。另一款是圓球琴酒（Orbium，酒精濃度 43.4%），以經典亨利爵士琴酒為基底，加入包括奎寧、苦艾、藍蓮花的萃取物，讓這款琴酒帶有鹹味與紮實的風味。
hendricksgin.com

植物學家（The Botanist）
艾雷島，內赫布里底群島（Islay, Inner Hebrides）

任何對單一純麥威士忌有一點興趣的人，可能都已經很熟悉艾雷島以及當地獨特、帶香氣、煙燻風格的威士忌，它的味道可說是獨一無二。這個距離本島港口肯納奎格（Kennacraig）半小時渡輪航程的西岸小島，居民不超過 4000，但卻是世界上幾個最知名且備受推崇的威士忌蒸餾廠的故鄉。

在這些蒸餾廠中，位在小島東北方夏洛特港（Port Charlotte）的布萊迪蒸餾廠（Bruichladdich distillery），除了獨特威的士忌之外，也自 2011 年起開始生產植物學家琴酒，它也是最早投入英國工藝琴酒革命的英國蒸餾廠之一。植物學家的製程與植物選擇讓這款琴酒的品牌故事引人入勝。如同品牌的名稱給人的印象，植物學家擁有令人沉醉的風味組合，使用九種核心植物，包括桂皮、芫荽籽、肉桂、歐白芷、鳶尾根、甘草、檸檬皮與橙皮，這些核心元素為其他於全島各地依季節採集的 22 種當地植物共構的多變風味奠定了基礎。刺金雀花、接骨木、山楂樹、洋甘菊和石楠花呈現出花香調，而紅三葉草、絲路薊、薄荷、野生百里香和木鼠尾草則讓烈酒的風味明亮卻依然均衡。這些植物與傳統收成的杜松以及少量當地生長的伏生刺柏一起在烈酒中浸泡一晚才送進名為「醜貝蒂」（Ugly Betty）這台少數仍在運作中的傳統羅門式蒸餾器（見第 29 頁）進行蒸氣式蒸餾（見第 20 頁）。這台蒸餾器是它在本島的伊凡利文蒸餾廠（Inverleven）被銷毀之前，由布萊迪蒸餾廠的老闆搶救下來的。它經由海運運回（據說運送過程中還因為蒸餾器形狀不尋常而被美國聯邦調查局衛星追蹤），再經過些許調整之後，蒸餾器測試運作，並於 2010 年生產

⬤ 生產植物學家琴酒、外型奇特的蒸餾器

出早期版本的烈酒，隔年琴酒配方才完成，並於世界各地發行。

他們每年生產八批次酒精濃度高達 80% 的超級濃縮烈酒，蒸餾程序歷時 17 小時，是一般製作琴酒平均所需時間的四倍。這款琴酒以 46% 酒精濃度裝瓶。

儘管這款琴酒的配方採用了眾多植物，但杜松仍然十分鮮明突出，並帶有精緻的花香調以及潛藏而平衡的柑橘味。

bruichladdich.com/the-botanist

伊登磨坊琴酒（Eden Mill Gin）
伐夫（Fife）

聖安德魯斯（St Andrews）是一個以高爾夫球和於 1413 年成立的大學聞名的地點，但對伊登磨坊蒸餾廠的創辦人保羅·米勒（Paul Mller）而言，他希望在不久的將來，這裡能充滿一切與烈酒相關的事物。

成立於 2012 年的伊登磨坊是蘇格蘭第一家既能釀啤酒也能蒸餾烈酒的遊樂場。基於對精釀啤酒的強烈熱忱，團隊投資了幾座西班牙製的小型霍家（Hoga）壺式蒸餾器，並自此開始實驗性地製造以啤酒花為基底的獨特琴酒。雖然他們接著於 2018 年推出了威士忌，但這家蒸餾廠對琴酒的著迷始終是第一位。

廠區內興建的全新蒸餾廠（前身是維多利亞時代的造紙坊），將產量提升到目前的每年 8 萬公升烈酒（威士忌和琴酒）。其中有 1000 公升的產出用於製作琴酒，酒廠混合採用蒸注入法和直接裝填法（見第 22 頁），每種植物都單獨蒸餾而非同時進行，因此能產生極大差異。原味（The Original，酒精濃度 42%）以帶有酸味元素的野生採集的沙棘、檸檬油脂和柑橘皮為主要特色，而愛之琴酒（Love Gin，酒精濃度 46%）則因為製程中加入了木槿和玫瑰花瓣浸泡而帶有淡淡的粉紅色澤。啤酒花琴酒（The Hop Gin，酒精濃度 46%）呈現的濃烈香氣與柑橘調來自原料中的澳洲星際啤酒花（Australian Galaxy hop），另一款橡木桶陳的琴酒（42% 酒精濃度）則帶有香辛料的風味。其他還有季節限定版產品，例如拐杖糖耶誕節琴酒（Candy Cane Christmas Gin，酒精濃度 40%）。這款琴酒由首席蒸餾師史考特·弗格森（Scott Ferguson）透過不斷實驗製成，採用包括香楊梅、繡線菊、松針、咖啡和可可在內的植物。

edenmill.com

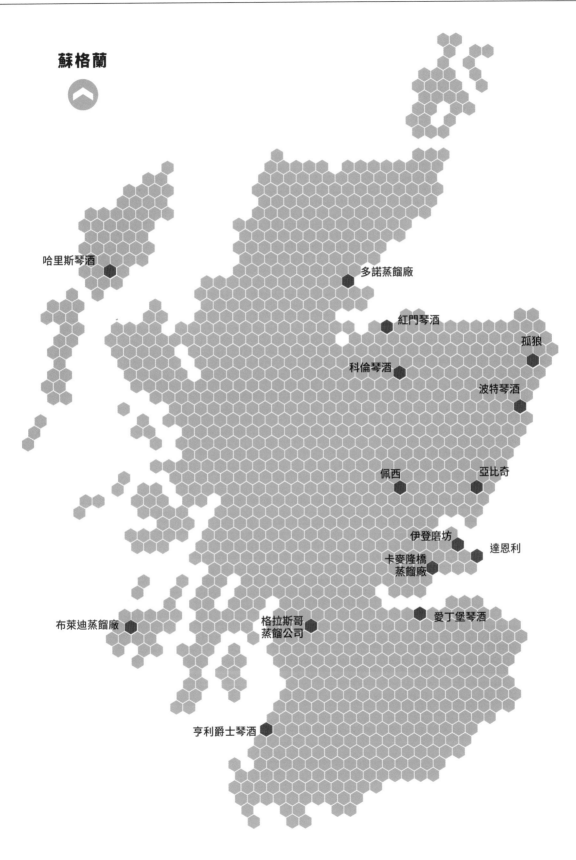

蘇格蘭

哈里斯琴酒

多諾蒸餾廠

紅門琴酒

孤狼

科倫琴酒

波特琴酒

亞比奇

佩西

伊登磨坊

達恩利

卡麥隆橋
蒸餾廠

布萊迪蒸餾廠

格拉斯哥
蒸餾公司

愛丁堡琴酒

亨利爵士琴酒

愛丁堡琴酒（Edinburgh Gin）
愛丁堡（Edinburgh）

和倫敦一樣，1700年代的愛丁堡到處都是琴酒蒸餾廠。到了1777年，除了八間合法的蒸餾廠外，還有大約400間非法琴酒蒸餾廠在營業，生產來路不明的烈酒。今日當地共有九間營運中的蒸餾廠，並由2010年成立、隸屬於史考登酒廠（Ian McLeod）的愛丁堡琴酒公司領頭。這家公司共有兩個地址，一個位於愛丁堡的西區，另一個則位於利斯（Leith）。他們發行的第一款琴酒是經典倫敦辛口琴酒（London Dry，酒精濃度43%），使用14種植物，包括薰衣草、松芽、桑椹和榛子，帶有來自橘皮、萊姆皮和香茅的強烈柑橘風味。其他版本包括高度原創的海邊琴酒（Seaside Gin，酒精濃度43%）──這款與赫瑞瓦特大學（Heriot-Watt University）共同合作的琴酒使用少見的海洋植物，例如抗壞血病草、連錢草、黑角藻，創造出一款具有獨特礦物風味的琴酒。

edinburghgin.com

哈里斯島琴酒（Isle Of Harris Gin）
外赫布里底群島（Outer Hebrides）

儘管土地貧瘠、沿海氣候多變，西北海岸線外的島嶼卻群擁有豐富的野生動植物。其中哈里斯島也不例外，且自2015年的秋天起，在塔伯特（Tarbert）還誕生了這間倚賴當地強大社區資源的琴酒專門蒸餾廠。哈里斯之島琴酒採用一些常見的經典植物為基底：芫荽、肉桂皮、苦橙和葡萄柚皮，加上肉桂、歐白芷、甘草根和鳶尾。但真正讓這款琴酒變得有趣的是糖藻。蒸餾廠聘請當地潛水夫，在春夏月分採集這種野生海洋植物，乾燥處理後加入植物原料混合物中。這款琴酒以45%酒精濃度裝瓶。

harrisdistillery.com

卡麥隆橋蒸餾廠（Cameronbridge Distillery）
伐夫（Fife）

如果這本地圖集沒有用可觀的篇幅來介紹這個位於利芬（Leven）附近、由跨國酒精飲料公司帝亞吉歐所擁有的巨型蒸餾集團，那將是一個不可思議的疏失。它不僅號稱是歐洲最大的穀物蒸餾廠，自1830年開始生產穀物威士忌以來，也是歐洲維持最久的公司之一。今日它是全球眾多蘇格蘭威士忌品牌（例如約翰走路與金鈴）以及近期與足球員大衛·貝克漢合作的翰格藍爵威士忌背後的超級推手。自1990年代中期開始，卡麥隆橋也成為高登琴酒和坦奎瑞琴酒這兩個無須介紹的品牌的生產地。儘管這兩個品牌分別位居世界銷量第一名與第三名，但他們依然持續尋找靈感、進行創新，尤其是坦奎瑞持續在調酒社群中維持著巨大的影響力。坦奎瑞十號琴酒（Tanqueray No. Ten，酒精濃度47.3%）至今依然在一個小型壺式蒸餾器（名為十號）中製作，採用杜松、芫荽、歐白芷和甘草為核心；朗浦（Rangpur，酒精濃度41.3%）則以萊姆和柑橘主導；馬六甲（Malacca）琴酒回頭採用查理士·坦奎瑞（Charles Tanqueray）於1830年創作的老式甜味配方，會讓人聯想起老湯姆型態的琴酒。另外賽維亞之花（Flor de Sevilla，酒精濃度同樣是41.3%）則是該廠近期嘗試踏入橙香琴酒市場之作。

gordonsgin.com
tanquery.com

紅門高地琴酒（Red Door Highland Gin）
摩瑞（Moray）

知名威士忌公司高登麥克菲爾（Gordon & MacPhail）雖是琴酒界的新人，但他們家族早從1895年開始就已經在艾爾金（Elgin）經營烈酒蒸餾與裝瓶事業了。紅門的名稱與它的背景有關：名為佩姬（Peggy）的小型蒸餾器，就設在位於福勒斯（Forres）郊區的班洛馬蒸餾廠（Benromach Distillery）獨特的紅色倉庫門後。產品類型為倫敦辛口琴酒（酒精濃度45%），是一款濃烈、杜松風味直接的烈酒，首先呈現是苦橙味的爆發，帶著木質調的杜松味、帝石楠的花香調，隨後味覺上出現的是沙棘的橙酸以及來自花楸漿果的細膩香辛料巧克力味。

reddoorgin.com

科倫琴酒（Caorunn Gin）
摩瑞（Moray）

就像紅門琴酒與班洛馬蒸餾廠的關係，柯倫是另一個由威士忌蒸餾廠生產的琴酒特例──這款琴酒由巴爾美納蒸餾廠（Balmenach Distillery）生產。這家蒸餾廠位於肯哥姆國家公園（Cairngorm National Park），歷史可追朔到1824年。科倫或許無法聲稱自己擁有相同的悠久歷史，但它仍然是蘇格蘭成立最久的工藝琴酒品牌之一，並於2019年慶祝品牌成立十週年。它之所以特別，有三個重要因素。第一個是琴酒大師賽門·布雷（Simon Buley）對細節的嚴謹監控（以及他靈敏的嗅覺）。每一批次生產所需的代表性植物，都有一部分是他親自採集的。第二個是野生採集得來的植物本身，由六種經典植物混合而成：花楸漿果帶來酸味的刺激、香楊梅貢獻出泥土中帶有清甜的風味，加上當地的帝石楠、考爾粉紅蘋果（Coul Blush apples）以及蒲公英葉。第三個元素是蒸餾過程中多了一道稱作「銅製莓果室」的特別程序：一個於1920年代製作的水平銅製容器，將四個多孔托盤並排其中，在托盤上將植物平鋪以進行蒸氣注入（見第20頁）。目前為止，科倫已經發行兩款琴酒：分別是以41.8%酒精濃度裝瓶的標準版與48%、酒精濃度較高的大師切割版（Master's Cut edition）。

caorunngin.com

湯普森兄弟有機高地琴酒（Thompson Bros Organic Highland Gin）
高地（Highland）

湯普森兄弟在高地多諾灣（Dornoch Firth）的多諾城堡酒店（Dornoch Castle Hotel）中進行琴酒與威士忌的蒸餾。他們的高地有機琴酒（Highland Organic Gin，酒精濃度45.7%）含有10%採用Plumage Archer品種的大麥、在蒸餾廠中製作而成的傳統地板發芽烈酒（大麥在傳統石製的發芽地板上進行發芽──見第246頁的基本術語），它賦予成品奶油般的質地，而其他九成則使用有機穀物烈酒。琴酒於2000公升的荷蘭蒸餾器中製作，每批次生產3000瓶500毫升容量的產品，原料包括杜松、歐白芷根、小荳蔻、茴香籽、橙皮和檸檬皮、芫荽籽、繡線菊、接骨木花、黑胡椒粒和冷凍乾燥的覆盆莓。

thompsonbrosdistillers.com

波特琴酒（Porter's Gin）
亞伯丁（Aberdeen）

波特琴酒是班（Ben）、賈許（Josh）和艾力克斯（Alex）三個朋友共同的心血結晶，他們三人正好都是調酒師與琴酒愛好者。他們本在亞伯丁市（Aberdeen）經營一家名叫「蘭花」（Orchid）的酒吧，闖出名聲後，他們就再也無法抵擋誘惑，想要在酒吧的地窖中開發出一款自家的琴酒。他們用一個旋轉式真空蒸餾器（見第28頁）開發出一個配方，採用較少見的佛手柑，佛手柑通常酸與苦的程度不如檸檬，但卻能為產品帶入更多香氣與花朵柑橘調。即使這款琴酒並非全程於當地自行生產（烈酒主體

是由位在沃陵頓的G&J蒸餾廠製作,見第75頁),但它還是用團隊自製的蒸餾液進行調和後,才以41.5%酒精濃度裝瓶。這是一款適合調製強力馬丁尼的琴酒,帶著有趣的花香調。

portersgin.co.uk

孤狼琴酒(Lonewolf Gin)
亞伯丁夏(Aberdeenshire)

內當一家像釀酒狗(BrewDog)這樣的公司決定要進軍烈酒界時,你可以預期看見精采的火花。時間回溯到2016年,當孤狼烈酒開始在他們位於亞伯丁夏(Aberdeenshire)總部所在地艾倫(Ellon)進行生產時,他們標榜所有的製作都是從零開始:他們用來製作威士忌、伏特加和琴酒的基底酒精是在啤酒廠中採用麥芽與小麥各半的啤酒漿製成。然後,將混合物置入一個極度少見的三重球狀銅製特製蒸餾器中蒸餾,這個蒸餾器能讓材料與銅有更多的接觸,藉此生產更有層次的烈酒(類似班奈特或佛羅倫丁蒸餾器,見第29頁),之後再進行精餾(見第24頁)成為純烈酒。由首席蒸餾師史提芬·克斯利(Steven Kersley)所製作的琴酒,以釀酒狗的標準來說相對傳統,但都具有層次、個性鮮明。招牌版(The signature release,酒精濃度44%)的原料中含有香茅、粉紅胡椒粒、肉荳蔻和些許帚石楠的花香調,同時混合蘇格蘭松針以帶入清新的香氣。火藥琴酒(Gunpowder Gin,酒精濃度57%)則是截然不同的作品:由不同種類胡椒共同構成三個面向的風味(紅胡椒、黑胡椒、四川花椒),這款琴酒以有活力的柑橘皮味與溫暖的茴香籽香辛料味衝擊味覺。

lonewolfspirits.com

亞比奇(Arbikie)
阿布洛斯(Arbroath)

亞比奇是一間真正符合單一莊園蒸餾廠的定義的蒸餾廠,由史塔林(Sterling)家族擁有,在占地810公頃的亞比奇莊園中經營,自2013年成立以來就從原料開始生產出自己的琴酒。他們第一款主力琴酒是克斯提琴酒(Kirsty's Gin,酒精濃度43%),以蒸餾大師克斯提·布萊克(Kirsty Black)命名,使用馬利斯吹笛手(Maris Piper)、艾德華國王(King Edward)、庫查(Maris Piper, King Edward, Cultra)這三個自家種植的不同品種的馬鈴薯作為基底烈酒原料,在蒸餾前將主要植物料如海藻、銀薊和蘇格蘭覆盆子浸泡後在一座2400公升的銅製蒸餾器中(蒸餾廠中也有另一座具有40層托盤的柱式蒸餾器,用來製作高酒精濃度的基底烈酒,見第24頁)。第二款是以亞歷山大·科克伍德史塔林(Alexander Kirkwood Sterling)的名字縮寫命名的AK琴酒(AK's Gin,酒精濃度43%),這是一款全然不同的作品,採用農場種植的子爵小麥(Viscount wheat)蒸餾成烈酒,之後烈酒中加入不同的植物原料——來自農場的蜂蜜、小荳蔻、黑胡椒和小荳蔻皮。同時,值得一提的是,這座農場經慢食運動(Slow Food movement)認可,並於最近展開種植杜松與許多其他目前被野生採集的植物的計畫,這項計畫長期來說將會是更永續的琴酒生產方式。亞比奇是蘇格蘭琴酒中的指標性蒸餾廠。

arbikie.com

詩人琴酒(Makar Gin)
格拉斯哥(Glasgow)

和愛丁堡一樣,格拉斯哥正經歷蒸餾業的復興,而格拉斯哥蒸餾公司(Glasgow Distillery Co.)所在的旦達希爾(Dundashill),過去曾經是一間可以追朔到1770年的格拉斯哥最早蒸餾廠之一。格拉斯哥蒸餾公司生產威士忌與琴酒,其中詩人(Makar)琴酒採用450公升的德國製蒸餾器生產。這款琴酒有許多變化版:詩人原味辛口琴酒(Makar Original Dry Gin)是一款杜松風味主導的琴酒,主要植物另外添加迷迭香、肉桂皮、歐白芷和黑胡椒,另外還有詩人老湯姆琴酒(Makar Old Tom Gin)、詩人橡木桶陳琴酒(Makar Oak Aged Gin),以及最值得注意的詩人桑椹木桶桶陳琴酒(Makar Mulberry Aged Gin)。這款琴酒將原味琴酒於訂製的50公升新桑椹木新桶中桶陳。所有琴酒都以43%酒精濃度裝瓶。

glasgowdistillery.com

伯斯琴酒(Persie Gin)
伯斯郡(Perthshire Gin)

賽門·費克拉夫(Simon Fairclough)是伯斯郡凱利橋(Bridge of Cally)一座名叫「伯斯之家」的鄉村莊園主人,他將原本的幾個附屬建築改建成一間230公升的小型蒸餾廠。伯斯琴酒的焦點是三款不同的植物風味型態琴酒,目的是讓每一個琴酒愛好者都能找到吸引自己的特色。三款產品分別為:柑橘皮香(Zesty Citrus,酒精濃度42%)、草本芬芳(Herby & Aromatic,酒精濃度42%),以及甜味堅果老湯姆(Sweet & Nutty Old Tom,酒精濃度43%)。

persiedistillery.com

威爾斯

威爾斯有綿延的山丘和國家公園，是採集少見野生植物的完美地點。同時，這裡也有少數蒸餾廠正在全力探索當地的潛力。

史諾多尼亞蒸餾廠（Snowdonia Distillery）
康維（Conwy）

史諾多尼亞蒸餾廠四周的風景如此瑰麗，要生產出一款與當地環境直接相關聯的琴酒顯然不需要經過太多思考。這間酒廠由馬歇爾家族（Marshall family）於 2015 年成立，每次僅發行 5000 瓶，蒸餾程序著重在長時間的初步浸泡。覓食者琴酒（Forager's Gin）是酒廠的核心產品，依照使用的植物類型與一年之中不同的採集時間生產出不同的批次：第一款是黃標（Yellow Label）版本，以 44% 酒精濃度裝瓶，且是一款較以花香為導向的烈酒，成分中有刺金雀花和帚石楠。而以 46% 酒精濃度裝瓶的黑標（Black Label）版本則是較溫暖、香料調導向的類型，採用沙棘作為主要植物原料。

snowdoniadistillery.co.uk

德非蒸餾廠（The Dyfi Distillery）
波伊斯（Powys）

德非蒸餾廠位在威爾斯唯一被聯合國教科文組織（UNESCO）認列的世界生物圈保留區，著重以酒廠周圍毫無爭議的極致美景為創作靈感生產琴酒。它由兄弟檔彼特與丹尼·卡麥隆（Pete and Danny Cameron）在科里斯（Corris）一個古老的石板礦村成立，強調地方特色、野生採集和小批次生產流程，採用兩座來自美國科羅拉多州的 100 公升蒸餾器製作。這種小規模的生產目前每週只能產出一個批次的琴酒，每一瓶皆會標示製作日期，並以 45% 酒精濃度裝瓶。德非出產三款截然不同的琴酒：原始琴酒（Original）集合均衡的野生採集植物，包括香楊梅、蘇格蘭松芽以及杜松、芫荽和磨碎的檸檬皮；授粉琴酒（Pollination）是一款季節性琴酒，使用野生花卉與其他於生物圈保留區內野生採集的植物製作而成，生物圈範圍涵蓋史諾多尼亞山麓，穿越德非森林一直到河口沼澤地；蟄伏（Hibernation）則呈現以水果為主的野生採集植物的均衡風味，並於來自葡萄牙杜羅河谷（Douro Valley）的涅布特酒莊（Niepoort Winery）的白波特酒桶中桶陳。

dyfidistillery.com

威爾斯

史諾多尼亞蒸餾廠（覓食者琴酒）

德非蒸餾廠

潘迪恩蒸餾廠

布雷肯琴酒（Brecon Gin）
格拉摩干（Glamorgan）

潘迪恩蒸餾廠主要是一家威士忌酒廠，但也已首次嘗試跨足琴酒領域，並發行了不同的布雷肯琴酒：布雷肯特別典藏琴酒（Brecon Special Reserve Gin，酒精濃度 40%），這款琴酒遵循相對經典的模式，使用十種植物混合，包括肉桂皮、鳶尾根、芫荽籽和檸檬皮與橙皮。另一款以香辛料為導向的布雷肯植物琴酒（Brecon Botanicals Gin，酒精濃度 43%），則較著重在泥土與香辛料調的呈現。雖然他們的威士忌是在自己的蒸餾廠生產，但琴酒卻是委託泰晤士河蒸餾廠（見第 67 頁）進行蒸餾。由於威士忌在國際間十分受歡迎，加上有許多人前來蒸餾廠的參觀，這似乎是一樁前景看好的事業。

penderyn.wales

> 威爾斯是
> 採集少見野生植物的
> 完美地點

◐ 威爾斯鄉間有豐富的野生植物

愛爾蘭

愛爾蘭（包括北愛爾蘭）與英國十分相似，也經由眾多蒸餾廠創作出的工藝烈酒與受矚目的琴酒歷經了一場徹底的轉型。歷史上，都柏林曾經是繁榮興旺的威士忌蒸餾之城，尤其是在利伯提斯（Liberties）地區。但隨著時光流轉，基於經濟上的挑戰與全球性整合，只剩下少數的大型蒸餾廠仍留在市場上，生產各種不同的自有品牌或契約製造產品。然而，今日已有超過 30 款不同的愛爾蘭琴酒在生產中，愛爾蘭烈酒協會（Irish Spirits Association）預測，到 2022 年，愛爾蘭琴酒在全球的銷量就能達到大約 500 萬瓶的目標數字。可以肯定的是，只要與工藝烈酒有關，這座翡翠島確實都能散發耀眼光芒。

丁格爾琴酒（Dingle Gin）
克立郡（County Kerry）

丁格爾琴酒背後的故事是一股熱情以及一個想要把歐洲最美麗的地點之一加入烈酒地圖中的渴望。奧利佛・休斯（Oliver Hughes）、連恩・勒哈（Liam LaHart）和彼得・莫斯里（Peter Mosley）三人經營波特之家集團（Porterhouse Group）的酒吧連鎖店事業，從家鄉愛爾蘭一路擴展到紐約和倫敦，因此嘗過了酒飲事業的成功滋味。在他們對獨立精釀啤酒感到興趣的同時，他們也將目光投向琴酒與威士忌，並於 2012 年在鄰近丁格爾港口（Dingle Marina）的老鋸木廠所在地建造了蒸餾廠。丁格爾是歐洲最西邊的小鎮（如果你選擇排除雷克雅維克的話），因此飽受大西洋海風的吹拂，這幾乎肯定影響了蒸餾廠的溼度與溫度。在發展初期，愛爾蘭工藝烈酒運動還不成熟，且幾乎都由四大爭餾廠商主宰。雖然當時在這個地區設立百年來第一家工藝蒸餾廠是很大膽的舉動，但這個嘗試絕對值得。七年多後的今天，這家蒸餾廠生產的烈酒已受到業界與消費者的高度喜愛，並於 2017 年紐約國際烈酒競賽中贏得了愛爾蘭年度最佳蒸餾廠的獎項以及多面金牌。

丁格爾原味琴酒（Dingle Original）是一款採用蒸氣注入法製作的琴酒（見第 20 頁），以每批次 500 公升的產量於一個銅製壺式蒸餾器中緩緩

◉ 丁格爾的獲獎琴酒

進行，在 24 小的浸泡過程中，匯集了花楸漿果、吊鐘花、香楊梅、帚石楠、細葉香芹、山楂、歐白芷和芫荽等植物，賦予琴酒直接的花香調，且能與杜松完美地平衡。使用單一程序（見第 29 頁）製作，將蒸餾出來的 70% 左右的烈酒，用取自蒸餾廠地底 73 公尺深的井水稀釋到 42.5% 酒精濃度。這家蒸餾廠目前只有一個版本

的琴酒產品，但因為廠內同時也生產威士忌，預計將來會持續發展出更多創新的產品。

dingledistillery.ie

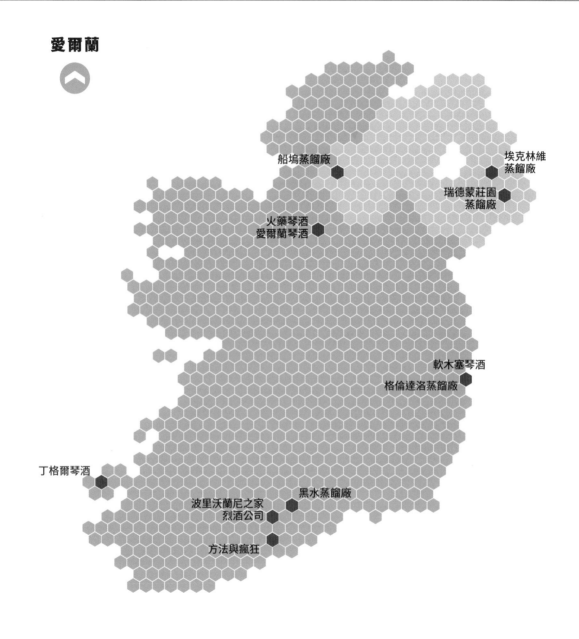

愛爾蘭

船塢蒸餾廠

埃克林維蒸餾廠

瑞德蒙莊園蒸餾廠

火藥琴酒
愛爾蘭琴酒

軟木塞琴酒
格倫達洛蒸餾廠

丁格爾琴酒

黑水蒸餾廠

波里沃蘭尼之家
烈酒公司

方法與瘋狂

埃克林維蒸餾廠（The Echlinville Distillery）

唐郡（County Down）

位於魯巴納村（Rubane）的埃克林維莊園（Echlinville Estate），自 1700 年代初被查理士・埃克林（Charles Echlin）收購後，在當地就一直很有影響力。如今這棟雄偉的建築矗立在同名蒸餾廠的背景中，在 2013 年酒廠開始蒸餾生產威士忌、琴酒和伏特加時，它是北愛爾蘭超過 125 年來第一間取得執照的的蒸餾廠。和船塢蒸餾廠（Boatyard，見第 90 頁）一樣，埃克林維堅守從農場到酒瓶的信念，從使用鄰近蒸餾廠生長的大麥在酒廠內進行地板發芽（見第 82 頁）後製成基底烈酒。這間蒸餾廠是歷史悠久的唐威爾（Dunville's）威士忌的故鄉，但較近期也生產了兩款琴酒：話匣子琴酒（Jawbox Gin），以及他們的「當家」琴酒埃克林維愛爾蘭壺式蒸餾琴酒（Echlinville Irish Pot Still Gin，酒精濃度 46%）——這是一款具有獨特花香但層次豐富的琴酒，使用愛爾蘭刺金雀花與斯特朗福湖藻（Strangford Lough seaweed）兩種在地植物。話匣子琴酒的名稱源自伯發斯特（Belfast）一帶多數住家都有的典型陶瓷方形水槽的俗稱，廚房裡活絡的對話很多都是發生在這水槽周圍。

話匣子琴酒（酒精濃度 43%）與埃克林維的風格不同，它比較偏向草本、帶有鹹味的倫敦辛口琴酒，使用的 11 種植物原料大多直接加入壺式蒸餾器中，另外的三種植物則採用蒸氣注入法（見第 20 頁）。傳統的桂皮、鳶尾根、芫荽籽和甘草根提供了泥土味的基礎，而畢澄茄、西非小荳蔻和黑色山帚石楠則帶出香辛料味的前調。

echlinville.com/echlinville-irish-potstill-gin/jawboxgin.com

⬢ 埃克林維蒸餾廠的柱式蒸餾器

船塢琴酒（Boatyard Gin）
非曼納（Fermanagh）

激勵人心的船塢蒸餾廠坐落在非納曼爾恩湖（Lough Erne）岸邊的舊船塢，是喬伊・麥格（Joe McGirr）的夢想，他過去曾擔任蘇格蘭麥芽威士忌協會的經理，並且是位於巴特錫（Battersea）的倫敦蒸餾公司（London Distillery Company）的合伙人與蒸餾廠經理。從倫敦返回愛爾蘭後，他得以在這個更寧靜、壓力可能也較小的地方運用他的專業知識經營蒸餾廠，並採用真正從農場到酒瓶的方法進行生產。

將本地栽種的有機小麥經過發芽、發酵，然後在 500 公升容量的部分壺式、部分柱式的蒸餾器（見第 25 頁）中蒸餾成高達 96% 酒精濃度的酒精，並適切地命名為「調和先生」（Mr Fusion）之後，就準備製作兩款主要琴酒了。因為製程中還會加入其他有機烈酒調和，船塢蒸餾出的基底酒精只占實際使用烈酒的一小部分，但它對琴酒整體的特性和風味產生了明確的影響。

將麥格這個人、琴酒和產地三者串連在一起的關鍵植物，是每年在家族農場收成一次的香楊梅（sweet gale，又名 bog myrtle），這種野生的植物長在沼澤中，家族也會在這裡蒐集泥煤作為燃料。植物經過 18 小時的浸泡後，送入一座名為布朗博士（Doc Brown）的 250 公升的壺式／柱式混合蒸餾器中進行蒸餾，這也是故事另一個轉折點的開始。他們依照荷蘭琴酒生產步驟，在蒸餾器頸部的中央托盤裝滿額外的杜松，用來增加更多的蒸氣接觸面積，進而強調植物中最直接的松樹／樹脂風味的特性，也因此這款琴酒取名為船塢雙倍琴酒（Boatyard Double Gin，以 46% 酒精濃度裝瓶）。這款琴酒非常濃烈、風味飽滿，帶有強烈的油脂感與附著於

> 將麥格、琴酒和產地三者串連在一起的關鍵植物是每年在家族農場收成一次的香楊梅。

口腔中的杜松調，同時爆發檸檬柑橘味、溫暖的香辛料柑橘味（來自芫荽），杜松調開始退去時還會出現清淡的花香味。

另一個特別之處是：麥格毫不猶豫地在每一瓶酒的酒標上公布這款琴酒的確切配方：86% 的杜松、11% 的芫荽、加上少量的乾草根、歐白芷、鳶尾根、未上蠟的檸檬、西非小荳蔻，以及最後一項原料——香楊梅。

雙倍琴酒還有一個姐妹款是船塢老湯姆琴酒（Boatyard Old Tom Gin，酒精濃度同為 46%），採用同樣的主要植物原料比例，但以蜂蜜取代鳶尾和甘草。較甜的烈酒產出後會裝進佩德羅希梅內斯雪莉酒桶新桶中（Pedro Ximenez sherry cask）進行四個月的桶陳，且不添加其他成分或顏色，讓琴酒飽滿有力。

boatyarddistillery.com

◉ 船塢蒸餾廠外如畫般的風景

其他值得嘗試的愛爾蘭琴酒

短十字琴酒 (Shortcross Gin)
唐郡 (County Down)

短十字是北愛爾蘭最著名的工藝蒸餾廠之一，位在當帕垂克 (Downpatrick) 的瑞德蒙莊園 (Rademon Estate)。短十字琴酒獨特的花香與果香味配方取材自莊園周圍繁盛的花園與林地，原料包括三葉草、接骨木花和各種莓果以及青蘋果，製成的烈酒取用莊園內的井水進行稀釋，以46%酒精濃度裝瓶。

shortcrossgin.com

軟木塞琴酒 (Cork Gin)
都柏林 (Dublin)

如同英國的高登琴酒（見第82頁）、西班牙的拉里歐琴酒 (Larios，見第116頁)、或更近期的美國的施格蘭琴酒 (Seagram's)，某些琴酒品牌已經定義了一個國家或一個飲酒文化。軟木塞琴酒可能被視為愛爾蘭最歷久不衰的經典琴酒，這個品牌可追溯至1793年，當時由現已停業的水道蒸餾廠首度進行蒸餾。如今這種酒由位在都柏林的愛爾蘭蒸餾廠 (Irish Distillers) 生產，這家蒸餾廠在科特郡 (Cork) 的米德勒頓 (Midleton) 也有一個大型的蒸餾園區，負責生產尊美醇調和愛爾蘭威士忌 (Jameson blended Irish whiskey) 和多款單一壺式蒸餾威士忌。米德勒頓蒸餾廠如今是一款名為「方法與瘋狂」(Method and Madness) 的全新工藝琴酒品牌的故鄉，這款琴酒以43%酒精濃度裝瓶。並在名為「米奇的肚子」(Mickey's Belly) 的蒸餾器中製作，據說它是愛爾蘭的第一台蒸餾器，並以米德勒頓酒廠中一個叫麥可·赫利 (Michael Hurley) 的工人命名。主要採用的植物為黑檸檬和愛爾蘭風鈴花，賦予琴酒輕盈、花朵和柑橘皮香的氣味。

愛爾蘭工藝琴酒的復興並沒有減損軟木塞琴酒身為愛爾蘭銷量第一琴酒的地位。軟木塞琴酒並不是蒸餾琴酒，它採用冷泡合成方式製造，這代表植物精華的風味是於基底烈酒完成後才被加入調味的。這款琴酒的杜松味較淡，風格上較偏向花香調，並帶有少許柑橘皮味和芫荽籽的橙酸味，以37.5%酒精濃度裝瓶。

irishdistillers.ie

貝莎的復仇琴酒 (Bertha's Revenge Gin)
科克郡 (County Cork)

波里沃蘭之家烈酒公司 (Ballyvolane House Spirits Company) 是安東尼·傑克森 (Antony Jackson) 及賈斯汀·葛林 (Justin Green) 充滿熱忱的合作專案，一切始於賈斯汀於2004年接管了他的家產——波里沃蘭之家。兩人都對琴酒有濃厚的興趣，並且在與偉大的查爾斯·麥斯威爾（見第67頁）討論後，讓他們開始考慮使用乳清做為製造琴酒基底烈酒的原料。這個雙人組以科克當地牛奶酪農生產的原料、多種不同植物以及一個1公升容量的蒸餾器進行乳清烈酒創作實驗，一直到完成最終的配方，該款配方如今已經在一個更大的訂製壺式蒸餾器中進行生產。貝莎的復仇小批次生產愛爾蘭牛奶琴酒 (Bertha's Revenge Small Batch Irish Milk Gin，以42%酒精濃度裝瓶) 主要的植物成分包括杜松、芫荽、苦橙、葡萄柚、橙子、檸檬、萊姆、甘草、鳶尾根、歐白芷、肉桂、小荳蔻、丁香、小茴香、杏仁、接骨木花和香車葉草。琴酒名稱的靈感來自活到49歲的乳牛貝莎，牠也因此成為健力士金氏世界紀錄大全中世界上活得最久的乳牛。

ballyvolanespirits.ie

杜拉姆香波火藥愛爾蘭琴酒 (Drumshambo Gunpowder Irish Gin)
利特林郡 (County Leitrim)

火藥愛爾蘭琴酒 (Gunpowder Irish Gin，酒精濃度43%) 由小屋蒸餾廠 (The Shed Distillery) 生產，該廠於2015年由資深酒飲界人士派特·瑞尼 (Pat Rigney) 在德藍善波 (Drumshanbo) 創立，名稱中的火藥兩字並不像其他多款海軍強度琴酒代表該酒款的可燃性（見第21頁），而是因為原料中包括了中國火藥茶的成分，這也是這款獨特琴酒的關鍵。集合當地生長的繡線菊、葛縷籽、八角和兩款中國的柑橘（檸檬和葡萄柚），加上麻瘋柑葉和五種經典植物。小屋蒸餾廠有三座用來生產愛爾蘭威士忌、伏特加和琴酒的阿諾霍恩斯坦蒸餾器，每一座都結合壺式與柱式蒸餾器（見第22頁）。

drumshanbogunpowder-irishgin.com

格倫達洛蒸餾廠 (Glendalough Distillery)
威克洛郡 (County Wicklow)

格倫達洛是新世代工藝蒸餾廠中最早為自己樹立名聲的的蒸餾廠之一，構想成形於2012年，但直到2015年才實際開始進行蒸餾。他們採用一台500公升的德國阿諾霍爾斯坦蒸餾器，將一些於威克洛地區野生採集的植物，加上一些其他經典植物，在蒸餾器中以直接煮沸與蒸氣注入法兩種方式（見第20頁）提取植物風味。這家蒸餾廠目前的產品包括野生植物琴酒 (Wild Botanical Gin)、一套四季琴酒和黑刺李琴酒，全部的琴酒都以41%酒精濃度裝瓶。

glendalough.ie

黑水琴酒 (Blackwater Gin)
沃特福郡 (County Waterford)

黑水蒸餾廠的彼得·穆里安 (Peter Mulryan) 和基朗·寇廷 (Kieran Curtin) 對待他們琴酒的方式，與其他重度仰賴野生採集原料的生產者不同。如他們所說，他們不是在當地的樹籬中找尋原料，而是仔細搜索當地的資料庫，結果發現，過去曾是愛爾蘭最大香料進口商之一的「沃特福郡的懷特斯」(White's of Waterford) 就在距離蒸餾廠不到1公里的地方，因此兩人開始尋找各種不尋常、被忽視的植物來進行蒸餾實驗。黑水五號 (Blackwater No.5，酒精濃度41.5%) 是一款經典的倫敦辛口琴酒，使用12種植物：包括十種經典款和桃金孃胡椒和苦杏仁這兩種較少見的選擇，這兩款原料為琴酒帶來鮮明的冬季香辛料／杏仁蛋白餅的調性。兩人也嘗試將琴酒於50公升容量的杜松木桶內桶陳，讓酒體更加圓潤，並增添松樹味特質、添加些許顏色。

blackwaterdistillery.ie

西歐

西歐可以說是琴酒文化真正的發源地，因為琴酒的基礎是在荷蘭奠定的：人們對荷蘭琴酒的喜愛與品味當年就是從這裡開始蔓延，並終於跨越了英吉利海峽。今日，荷蘭持續以荷蘭琴酒及琴酒生產著的身分茁壯，德國與奧地利類似，既偏好以傳統方式製成的德式琴酒（Wacholder），也居於新世代工藝導向摩登風格琴酒的先鋒地位。而在西班牙，一場真正的「琴酒文藝復興」（ginaissance）正席捲全國，這股熱潮也有助讓法國、義大利、葡萄牙及最近的希臘新興的工藝烈酒運動受到關注。

荷蘭與比利時

儘管許多人提到琴酒都會聯想到倫敦，但就歷史與精神層面而言，琴酒的根源都深植於荷蘭，且至今對全球琴酒的生產依然有深厚的影響。隨著琴酒在各大洲（除了南極洲）地區化程度愈來愈高，各式各樣的基底烈酒原料與大量的在地植物紛紛被運用，消費者也許會因為產品缺少複雜性而輕易摒棄一些經典的、通常配方較為單純的荷蘭或比利時琴酒。除了荷蘭琴酒（見第 18 頁）與現代倫敦辛口琴酒在製作方式上的差異之外，現代的琴酒飲用者可能會忽視的還有荷蘭琴酒在歷史上的重要性，以及當中的傳統麥芽酒風味。幸運的是，琴酒的流行也開始帶動這些獨特產品的復興，讓焦點再次回到一些小鎮上，例如鹿特丹的斯希丹（Schiedam）。這裡是赫爾曼・詹森（Herman Jansen）和德・庫柏（De Kuyper）蒸餾廠的所在地，也曾是 1880 年代的荷蘭琴酒鼎盛時期 392 間蒸餾廠的大本營。荷蘭南部的多德雷赫（Dordrecht）有魯特酒廠（Rutte distillery）；比利時的代恩哲（Deinze）自 1800 年代起就有菲利爾斯（Filliers）家族在這裡生產荷蘭琴酒和琴酒。當然還有阿姆斯特丹，波士公司（Bols）自 1575 年起就開始在這裡營運。

波士荷蘭琴酒（Bols Genever）
荷蘭阿姆斯特丹（Amsterdam）

寫琴酒的歷史時，你不可能不談到波士（見第 15 頁）。波士是琴酒中的創世紀、世界上最古老的烈酒品牌，整個烈酒類別都需要感謝波士與成立這個品牌的家族。除此之外，波士在蒸餾界的創新，也讓它成為世界上最重要且風格不設限的風味利口酒生產商之一。

波士於 1575 年由博爾斯（Bulsius）家族在阿姆斯特丹成立，並進行杜松風味的荷蘭琴酒生產。在 1600 年代，透過如東印度公司與荷蘭本地的同類型公司 VOC（Vereenigde Oostindische Compagnie）的進出口貿易，許多來自世界各地的異國香草、香辛料、水果和其他植物被帶進荷蘭，在阿姆斯特丹之類的港口進行交易。

波士以這些有趣的原料為素材，不僅以杜松風味烈酒受歡迎，也憑藉它全系列的各式植物風味利口酒出名。有如此萬花筒般多變的口味，到 1600 年代中期，波士的記錄中已經有 200 多種不同的利口酒配方，並透過 VOC 出口到 100 多個不同的國家。

波士擁有豐富的歷史，且在全球蒸餾商之間地位非凡，因此得以在阿姆斯特丹成立自己的專屬博物館：波士之家調酒與荷蘭琴酒體驗（The House of Bols Cocktail and Genever Experience）。在這裡你可以探索這家公司與荷蘭琴酒的歷史，以及幾款讓波士成為備受喜愛的烈酒的主要雞尾酒。今日，盧卡斯・波士（Lucas Bols）集團仍為荷蘭私人企業，且持續將最主要的焦點放在他們出口至全球的荷蘭琴酒與其他風味利口酒。公司的荷蘭琴酒以他們的經典配方麥芽酒為基礎，這款餾出液使用小麥、黑麥和玉米加上一點促成發酵的發芽大麥為原料，經過三重蒸餾至 47% 的低酒精濃度，以儘可能保有原料中最多的風味——這正是波士荷蘭琴酒的招牌風味。之後再把包括芫荽、八角茴香和茴香籽等原料製成的植物餾出

○ 經典的老牌波士廣告

液加入麥芽酒中，最後加入以杜松浸泡的麥芽酒。這些個別成分一旦混合完成，就會於橡木桶中進行桶陳。

目前荷蘭琴酒系列來自波士古老的配方書籍，其中一款未經桶陳的荷蘭琴酒採用了源自 1820 年的配方，這款酒在 19 世紀被使用於多款調酒中。使用的原料和麥芽酒的基底賦予這款酒麥芽味與厚實的口感。波士荷蘭琴酒桶陳版本（Bols Genever Barrel Aged）則於法國橡木桶中進行 18 個月的桶陳，味道比起未經桶陳的版本更加濃郁。橡木賦予這款酒帶有額外木質香辛料風味的香草元素，兩款荷蘭琴酒都以 42% 酒精濃度裝瓶。

lucasbols.com

**荷蘭對
全球的琴酒生產
有深厚的影響力。**

荷蘭與比利時

阿姆斯特丹工藝琴酒公司

波士

荷蘭

赫爾曼詹森

迪凱　諾利

魯特

贊德

菲利爾斯

魯本斯蒸餾廠

比利時

荷蘭琴酒

荷蘭鹿特丹大都會區的斯希丹市（Schiedam）永遠會在荷蘭琴酒的生產史上保有特殊地位，主要是因為當地於1800年代曾是蒸餾廠活躍的溫床，其中維持最久的幾間蒸餾廠包括凱迪蒸餾廠（De Kuyper）、赫爾曼詹森蒸餾廠（Herman Jansen）和諾利蒸餾廠（Nolet）。這些蒸餾廠分別自行創作與發行許多知名和國際性的品牌，同時也持續與想要創作出未來經典產品的公司密切合作。

德庫柏（De Kuyper）
荷蘭，斯希丹（Schiedam）

德庫柏家族從事蒸餾業的歷史可以追溯到1695年，今日品牌旗下擁有多種利口酒以及數款以德庫柏為品牌名稱裝瓶的荷蘭琴酒，其中包括年輕穀物荷蘭琴酒（Jonge Graanjenever），這款單純的杜松植物烈酒以35%酒精濃度裝瓶。然而，他們也為其他幾家簽約品牌蒸餾，例如貝瑞兄弟與魯得三號倫敦辛口琴酒（Berry Bros. & Rudd's No.3 London Dry Gin）。

dekuyper.com

諾利蒸餾廠（Nolet Distillery）
荷蘭，斯希丹（Schiedam）

諾利家族是另一家歷史悠久的蒸餾廠，近期剛慶祝他們生產烈酒325週年。這家蒸餾廠以生產肯特一號（Ketel One）伏特加酒聞名，但除此之外也生產肯特一號荷蘭琴酒（Ketel One Jenever，酒精濃度35%）以及諾利銀標（Nolet's Silver，酒精濃度47.6%）和典藏辛口琴酒（Reserve Dry Gin，酒精濃度52.3%）——這是一款特別摩登、花果香味的琴酒，使用水蜜桃、土耳其玫瑰和覆盆子為主要植物原料。

noletdistillery.com/en/our-brands
noletsgin.com

魯本斯蒸餾廠（Rubbens Distillery）
比利時，維赫倫，（Wichelen）

魯本斯蒸餾廠的歷史可以追溯到1817年，是

比利時最古老的荷蘭琴酒家族生產商之一。他們最近以罌粟琴酒（Poppies Gin，酒精濃度40%）進軍琴酒市場，這款琴酒用來向第一次世界大戰期間參與法蘭德斯一役的軍人致敬。

rubbens.be

赫爾曼詹森（Herman Jansen）
荷蘭，斯希丹（Schiedam,）

赫爾曼詹森公司由皮特・詹森（Pieter Jansen）於1777年成立，然後由他的曾孫赫爾曼（Herman）發展成分銷全球的公司，是鹿特丹少數仍然從原料開始製作麥芽酒荷蘭琴酒的公司之一，使用100%麥芽酒，不添加任何穀物中性烈酒（GNS）。也因此，在這一代的經營者迪克・詹森（Dick Jansen）管理期間，它是僅有的兩家被允許持有斯希丹封印（The Seal of Schiedam）的蒸餾廠之一（另一家是斯希丹荷蘭琴酒博物館的加冕燃燒鍋爐蒸餾廠De Gekroonde Branderssketel distillery），這個封印可追朔至1902年，是一個希斯丹壺式蒸餾器蒸餾廠生產百分之百麥芽酒荷蘭琴酒的自主性認證。赫爾曼詹森生產一個名為公證人（Notaris）的荷蘭琴酒自有品牌，這是一款單純杜松風味主導的荷蘭琴酒，以35%酒精濃度裝瓶。

hermanjansen.com

這家蒸餾廠最近也與居住於美國的調酒與烈酒專家菲利普・達夫（Philip Duff）合作生產了老達夫單一麥芽荷蘭琴酒（Old Duff Single Malt Genever，酒精濃度45%）。這是一款以傳統方式製作的全新產品，使用經過五天發酵的百分之百麥芽酒（三分之二的黑麥以及三分之一的發芽大麥），之後進行三次蒸餾再加入杜松和布拉姆林啤酒花（Bramling hops）進行蒸餾。

oldduffgenever.com

這家蒸餾廠還跟琴酒品牌琴酒1689（Gin 1689，酒精濃度42%）合作，發展出一個有350年歷史的配方，是品牌老闆亞歷山大・詹森（Alexander Janssens）在大英圖書館研究了18個月才找出來的。

gin1689.com

菲利爾斯辛口琴酒28（Filliers Dry Gin 28）
比利時，代恩哲（Deinze）

自 1800 年代初以來，菲利爾斯家族就一直位居荷蘭琴酒生產的前線（家族後來也投入琴酒生產），當時由卡瑞爾‧洛德維克‧菲利爾斯（Karel Lodewijk Filliers）開始探索使用家族農場中的穀物進行蒸餾的概念。這個企業在他的兒子卡米爾（Kamiel）手中充分實現，他在 1800 年代末將蒸汽動力導入到當時仍然以農耕為主的事業，徹底改變了家族的麥芽酒荷蘭琴酒的生產方式。家族第三代的弗明‧菲利爾斯（Firmin Filliers）則於 1928 年將公司推向蒸餾辛口琴酒這個更現代的生產事業，最初的配方中含有 28 種植物。雖然這以今日的標準來看十分普通，但在當年卻非常具有革命性。

2012 年，公司決定重新發行他們的辛口琴酒 28（Dry Gin 28），

◉ 比利時的菲利爾斯蒸餾廠

◉ 菲利爾斯辛口琴酒

這款琴酒主要的風味來自杜松、比利時啤酒花、歐白芷根、眾香子和新鮮橙子，但配方的進一步細節依然是機密，只有現任經營蒸餾廠的家族成員知道。蒸餾程序採用一組小型的葫蘆型壺式／柱式混合的蒸餾器進行（見第 25 頁），產量約為 1000 公升，其中一座蒸餾器主要用來蒸餾琴酒中的果香元素，而另一座則分不同的批次蒸餾香草、香辛料類的原料，之後才進行混合並以 46% 的酒精濃度裝瓶。除了標準版琴酒之外，還有採用來自西班牙瓦倫西亞水果的紅橘版（酒精濃度 43.7%）、採用歐洲赤松花的松之花版本（酒精濃度 42.6%）、將辛口琴酒 28 於 300 公升的干邑利木森橡木桶老桶中進行四個月桶陳的桶陳版

（酒精濃度 43.7%），以及與菲利爾斯第一款琴酒相似，突顯原始配方中包括麥芽、啤酒花、歐白芷根和薰衣草等主要植物原料的致敬限量版。

filliersdrygin28.com

2012年，他們決定重新發行他們的辛口琴酒28，主要的風味來自杜松、比利時啤酒花、歐白芷根、眾香子和新鮮橙子。

其他值得嘗試的荷蘭琴酒

魯特（Rutte）
荷蘭，多德雷赫（Dordrecht）

魯特的故事與菲利爾斯相似，也是一個家族的熱忱讓蒸餾技術得以世代傳承下去。故事起源於1872年，當時賽門・魯特（Simon Rutte）開了一間家庭式咖啡酒館。他抓住荷蘭琴酒受歡迎的時機，運用他在荷蘭東方印度公司從事香料與植物進出口的人脈，在咖啡館後面的小房間中自行研發配方。隨著魯特荷蘭琴酒與琴酒受歡迎程度日漸增加，生產作業也持續擴張，並占據了整間店面。

所有的知識與技術在家族中持續傳承了五代，直到2003年魯特家族的最後傳人約翰去世為止。儘管公司自2012年起由德庫柏（另一個知名的荷蘭家族經營的蒸餾事業，見第97頁）接手，這家蒸餾廠的舊址仍是熱門景點。過去商店中的起居室已被改成魯特系列產品的博物館與試飲室，蒸餾廠則沒有進行太多現代化的變更，蒸餾大師米朗・亨垂克（Myriam Hendrick）仍在此用魯特的高科技銅製壺式蒸餾器4號火山（Vulkaan 4）進行小批次的蒸餾。

現在的魯特系列產品，製作手法既經典又罕見。它的標準版琴酒（Dry Gin，酒精濃度43%）是依照西蒙・魯特（Simon Rutte）原始配方之一製作的重新創作版，由蒸餾師透過研究原始文獻中的筆記本，找出蒸餾風格和植物配方的線索，採用的原料包括杜松、芫荽、歐白芷、鳶尾根、桂皮、苦橙皮、甜橙皮和茴香。魯特的芹菜琴酒（Rutte's Celery Gin，酒精濃度43%）被許多鑑賞家和調酒師認為是蒸餾廠的最高成就，獨特鹹味配方包括杜松、芹菜、芫荽、歐白芷、甜橙皮和小荳蔻。此外還有黑刺李琴酒（酒精濃度30%），依據1970年代約翰・魯特

（John Rutte）的黑刺李利口酒（Sleedoorn Likeur）配方製作，特色為將黑刺李浸泡於琴酒中及加入少許麥芽酒，同時注入了南薑、龍膽、黑醋栗和櫻桃的風味，另一款老賽門荷蘭琴酒（Old Simon Genever，酒精濃度35%）則匯集了烘烤過的胡桃和榛果、肉荳蔻皮、芹菜、刺槐，甘草和新鮮水果。
rutte.com

贊德蒸餾廠
（Zuidam Distillers）
荷蘭，巴勒納紹
（Baarle-Nassau）

范贊德（van Zuidam）家族從1975年起開始蒸餾事業，生產多款傳統類型的利口酒、荷蘭琴酒、琴酒和伏特加，隨後於1998年起由父親佛列德（Fred）與兒子派

崔克（Patrick）共同研發配方，發展深色烈酒領域事業並製造出獲得多項獎牌的黑麥威士忌和單一麥芽威士忌。這座蒸餾廠從最初只有一座小型銅製壺式蒸餾器、面積300平方公尺的廠房，擴展為具有四座蒸餾器、占地3600平方公尺的蒸餾廠。

贊德荷蘭琴酒以其混合麥芽酒風味與陳年的特徵廣受注目，包括旗艦款玉米酒（Korenwijn）類型。這款酒採用玉米、黑麥、發芽大麥各三分之一的混合漿於銅製壺式蒸餾器中進行四次蒸餾，然後將部分蒸餾酒加入杜松、甘草和茴香籽這三種植物再度蒸餾，隨後與原始的麥芽烈酒混合並稀釋到45%酒精濃度。這款荷蘭琴酒會於美國橡木桶中進行三種不同年分的桶陳，分別為一年、三年和五年，每一種年分最終都以38%酒精濃度裝瓶。

桶陳時間愈長，就會發展出愈多的太妃糖、香草和堅果的甜味，同時也會具有果香烈酒的特徵與植物原料的草本屬性。另外還有一款五年桶陳的百分之百黑麥基底年輕類型荷蘭琴酒（jonge-style genever），這款酒將相同的麥芽酒配方蒸餾三次，然後將部分烈酒與相同的三種植物重新蒸餾，最後以35%酒精濃度裝瓶。

贊德還生產了三款命名為荷蘭勇氣（Dutch Courage）的琴酒。原始版配方使用九種植物：來自義大利的杜松子和產鳶尾根，來自摩洛哥的芫荽，來自西班牙的歐白芷、甜橙和新鮮的整顆檸檬，來自印度的甘草根，以及來自馬達加斯加的小荳蔻和完整香草豆莢。每種植物都分別在經過三次蒸餾的穀物烈酒中蒸餾，混合在一起之後以44.5%酒精濃度裝瓶。此外還有一款於美國橡木新桶進行桶陳的桶陳版（酒精濃度44%）加上老湯姆版（Old Tom，酒精濃度40%）共同組成完整系列。
zuidam.eu

德國

在過去的三、四年間,德國琴酒受歡迎的程度大幅成長,這主要是因為一直有愈來愈多生產者沿用過去主要用來生產水果白蘭地與烈酒的蒸餾器,並套用新的重杜松風味配方進行生產。

● 生產猴子47使用的柱式蒸餾器

猴子47琴酒(Monkey 47 Gin)
巴登－符騰堡邦
(Baden-Württemberg)

猴子47的發展與成功,背後的故事絕對是琴酒史上最令人著迷的之一。故事從黑森林開始,這個地區在蒸餾水果酒與烈酒方面有數百年的專業經驗。且令人意外的是,故事始於1951年的一位英國人,他名叫蒙哥馬利・柯林斯(Montgomery Collins),是個中校,自英國皇家空軍退役後就開啟了全新的人生旅程。他在柏林動物園認養了一隻名叫麥斯的猴子,之後就在黑森林開了一家民宿,並以他的猴子朋友為靈感,將旅館命名為野猴子(Zum wilden Affen)。隨後,「蒙提」(Monty)就開始著手進行蒸餾,使用當地盛產的杜松(已是知名的黑森林火腿製作時採用的原料之一)以及其他植物創造出獨特的琴酒配方,並將此配方取名為「猴子麥斯──黑林山辛口琴酒」(Max the Monkey -- Schwarzwald Dry Gin),成為旅館往後20年間的招牌烈酒。

時光快轉到2006年。在蒸餾界有著深厚家學淵源的亞歷山大・斯坦(Alexander Stein)一心想要重新找出蒙哥馬利・柯林斯的故事以及他的黑森林琴酒,因此決定辭職,試圖重新製作出這個被遺忘已久的配方。探訪了一些柯林斯的舊識、研究了旅館附近的地景後,他與一位聲譽卓著的蒸餾師克里斯多・凱勒(Christoph Keller)合作,進一步發展這個概念。過了兩年、嘗試蒸餾了120次後,猴子47的配方完成了,名稱中的「47」代表製作這款琴酒所使用的47種不同的植物。

直到2015年蒸餾廠搬遷到位在洛斯堡(Lossburg)南方的沙巴霍夫(Schaberhof)之前,蒸餾的工作一直使用位於黑高(Hegau)的施德雷穆勒(Stählemühle)蒸餾廠中的老阿諾霍爾斯坦蒸餾器進行。團隊沒有選擇使用更大容量的蒸餾器來增加產量,而是委託阿諾霍爾斯坦生產了四座100公升的蒸餾器──路易國王(King Louie)、獵豹(Cheetah)、尼爾森先生(Herr Nilsson)和貝克小姐(Miss Baker),以便根據不同產品對植物進行直接壺式蒸餾與蒸氣注入兩種不同的處理方式(見第20頁)。

對蒸餾師而言,47種植物之間的平衡顯然是個巨大的挑戰,但核心的構成風味來自於越橘和蔓越莓,以及雲杉、接骨木花、黑刺李、樹莓葉與托斯卡尼和克羅埃西亞的杜松。沒有採用黑森林杜松的原因是陽光更充足的氣候能讓漿果完全成熟。蒸餾前,偏向草本味的植物會先在以糖漿為基底的酒精中浸泡36個小時,而較細膩的花卉元素則準備以蒸汽注入法蒸餾。烈酒蒸餾程序完成後,各批次的成品會混合置於陶製容器中三個月,讓整體風味成形。

◎ 猴子47的獨特瓶身

猴子 47 以不令人意外但明顯受
到品牌名稱啟發的 47% 酒精濃度裝
瓶，因此口味十分的厚實。一開始
杜松的味道感覺較為受限，呈現出
的是一種帶有酸及輕微藥草味的調
性，但接著發展出較多柑橘、香辛料
與果香元素，之後湧上的是胡椒／
松樹與杜松調的味道。除了常規版
的產品之外，伴隨黑森林黑刺李琴
酒（Schwarzwald Sloe Gin，酒精濃
度 29%）的還有自 2011 年起每年度
限量發行的蒸餾師切割版（Distiller's
Cut，酒精濃度 47%），這款酒每次
採用不同的主要植物，包括繖形花
籽、麝香蓍草以及最近的紅芥菜苗。
monkey47.com

德國

大象琴酒（Elephant Gin）
薩克森－安哈特
（Saxony-Anhalt）

大象琴酒有一個引人入勝的故事：德國蒸餾的精湛工藝透過對瀕臨滅絕的物種的資助而與非洲風味相遇，並於2013年9月成立品牌，獲得顯著的成功。

大象琴酒是夫妻檔羅賓與泰瑞莎·傑拉齊（Robin and Tessa Gerlach）的創意結晶，這對在夫妻投注許多的時間與熱情支持非洲野生動物後，決定創作一款以非洲為靈感的琴酒，以此作為下一步的募款行動，將15%的銷售利潤捐贈給兩個致力於打擊肯亞和南非非法盜獵的慈善基金會。他們在漢堡以東80公里的維滕堡（Wittenburg）遇見一位蘋果果農，這位果農恰巧也擁有一座蒸餾廠，這個機緣成為他們建立共同夢想的完美基礎。

大象倫敦辛口琴酒每批次600瓶的產量是採用一座阿諾霍爾斯坦壺式蒸餾器蒸餾而成，使用以黑麥為基底的烈酒和具有14種植物的配方，其中包括了來自農場的蘋果、松針、眾香子和幾款獨特的非洲植物，例如讓琴酒增添泥土苦味的猴麵包、魔鬼爪和非洲苦艾。在這方面，這是一款與眾不同的單一程序琴酒（見第29頁），它結合了經典倫敦辛口型態的蒸餾，並同時在傳統風味中帶有一些非常少見的元素。這款琴酒以45%酒精濃度裝瓶。

除了海軍強度（酒精濃度57%）版本外，大象桶陳琴酒（Elephant Aged Gin，酒精濃度52%）也是限量版本。另外還有一款黑刺李琴酒（酒精濃度35%），厚實的黑刺李會先被浸泡在原味琴酒中數月之後才增加甜味及裝瓶。成品是一款具有強烈果香味、酸味、濃郁的烈酒，不像市場上其他幾款黑刺李琴酒一般過度甜膩。

elephant-gin.com

> ## 15%的利潤捐給兩個打擊非法盜獵的慈善基金會。

○ 蘋果：大象琴酒的關鍵原料之一

GINSTR斯圖加特辛口琴酒
（GINSTR Stuttgart Dry Gin）
斯圖加特（Stuttgart）

GINSTR 是馬可仕·埃舍爾（Markus Escher）和亞歷山大·法蘭克（Alexander Franke）努力兩年的成果。馬可仕是德國瑞絲玲葡萄酒廠埃舍爾之家（Escher Haus）最年輕的一代，亞歷山大則是知名廣播電台主持人、DJ 與電視主持人。他們計畫生產一款自認最能代表他們喜愛的風格以及斯圖加特這個城市的琴酒。他們完全不知道他們所生產的第一款烈性酒，後來會在全球公認的葡萄酒和烈酒比賽中獲得最高獎項之一。

GINSTR 斯圖加特辛口琴酒（"STR" 是斯圖加特的機場代號）於 2016 年 12 月推出，每批次設定的產量僅 711 瓶（這是雙人組另一個這他們對所熱愛的城市致意所設計的巧思，採取城市的電話區域碼 0711）。這款琴酒是竭盡所能取得當地植物來源並經過深思熟慮的過程產出的成果，原料包括從城市郊區雷姆斯塔爾（Remstal）的埃舍爾之家葡萄園收成的杜松子，以及在當地苗圃種植的柑橘類水果和迷迭香。其他植物則是在斯圖加特市場大廳（Stuttgart Market Hall）向當地商人採購，例如甘草根、麻瘋柑葉、木槿、石榴籽、小荳蔻和芫荽籽，總計共有 46 種不同植物原料。這對雙人組應該會對他們的表現感到欣慰，因為司圖加特琴酒在 2018 年獲得了兩項眾人夢寐以求的獎項：國際葡萄酒與烈酒競賽（International Wine & Spirit Competition）的琴通寧獎以及世界烈酒獎（World Spirits Award）的金牌獎。

蒸餾的程序是在埃舍爾之家莊園內一個有 25 年歷史的壺式／柱式混合蒸餾器（見第 25 頁）中進行，蒸餾器以馬可仕祖父的名字取為奧圖（Otto），過去曾用來製作水果烈酒

與蘋果白蘭地，而且不可思議的是，它採用莊園內的木柴直火加熱——這在現代琴酒製作過程中相對罕見，因為整體溫度相對於蒸氣式加熱的蒸餾器更難控制，這也意味著一整個批次的生產會讓這對雙人組花費一個星期的時間進行蒸餾。斯圖加特琴酒的氣味充滿活力，首先散發出強烈的柑橘香氣，其次是些許樹脂味／松柏杜松味和寬闊的植物根部的泥土味。這款琴酒以 44% 酒精濃度裝瓶。

en.stuttgartgin.com

⊙ 斯圖加特的木柴直火加熱蒸餾器「奧圖」產出的新鮮烈酒

其他值得嘗試的德國琴酒

柏林人辛口琴酒（Berliner Dry Gin）
柏林（Berlin）

文森・漢諾（Vincent Honrodt）出身一個可追溯至1930年代的蒸餾家族，並於2013年成創作出柏林人辛口琴酒。他的琴酒結合了種植於柏林史拜茲古德（SpeiseGut）農場中的植物，以及使用百分之百德國栽種小麥製成的超優質穀物蒸餾液。蒸餾師估計需使用超過1萬5000顆穀物才能生產出一瓶70厘升的烈酒，琴酒以43.3%酒精濃度裝瓶。
berlinerbrandstifter.com

南方琴酒（Gin Sul）
漢堡（Hamburg）

南方琴酒是一瓶帶有旅行欲望元素的琴酒，由史蒂芬・蓋比（Stephan Garbe）採用一座100公升的阿諾霍斯坦蒸餾器於漢堡市中心蒸餾而成。琴酒中使用的幾種主要植物都從葡萄牙的海岸，特別是阿加夫（Algarve）取得，包括新鮮檸檬、杜松、芫荽籽、迷迭香、眾香子、薰衣草、肉桂和少見的岩薔薇（Cistus ladanifer or gum rockrose flowers），這個成分散發出一種介於蜂蜜與桉樹之間的香味。成品是一款具有強烈柑橘味但卻帶著細膩清新的調性的琴酒，這個特質歸功對花卉植物採用的蒸氣注入法（見第20頁）。這款琴酒以43%酒精濃度裝瓶。
gin-sul.de

多恩卡德國辛口琴酒（Doornkaat German Dry Gin）
下薩克森（Lower Saxony）

由位在哈塞呂內（Haselünne）的貝韓森（Berentzen）集團生產，這間成立於1758年的蒸餾公司主要生產蒸餾烈酒（schnapps），多恩卡的品牌可以被追溯到1806年。以44%酒精濃度裝瓶，這款重杜松味、以百分之百小麥基底烈酒製作的琴酒簡單卻有豐富的香辛料味，同時帶有酸和乾澀的柑橘調口味。
berentzengruppe.de

斐迪南薩爾琴酒（Ferdinand's Saar Gin）
萊茵蘭-伐爾茲（Rhineland-Palatinate）

費迪南德薩爾琴酒（酒精濃度44%）產於德國、法國和盧森堡交界處，可說是德國最不尋常的烈酒之一，且是一款真的很獨特的琴酒。它由備受尊敬的安德烈斯・瓦倫達（Andreas Vallendar）在他位於溫歇林根（Wincheringen-Bilzingen）的莊園中蒸餾而成，這座莊園的歷史可以追溯到1824年，琴酒使用於莊園內大部分為自行種植的30款植物，並以手工摘採，其中包括楄樗、薰衣草和百里香，之後與黑刺李、玫瑰果、歐白芷、啤酒花和玫瑰混合，再加入為琴酒帶來前調的杏仁殼、芫荽籽和薑。

它真正的不同點在於：琴酒製作完成後會加入由釀酒師桃樂絲・齊利肯（Dorothee Zilliken）在席勒根酒莊（Forstmeister Geltz-Zilliken estate）生產的高品質瑞絲玲葡萄酒，這會讓琴酒於植物風味之外帶有絲緞般的質感和芬芳均衡的香氣。除了辛口琴酒外，費迪南薩爾也生產楄悖琴酒（酒精濃度30%）──如瓦倫達所說的是為了「向英國黑刺李琴酒致敬」──使用的是來自蒸餾廠旁兩個楄悖果園的水果。另外還有一款年度發行的限量金蓋版琴酒（Goldcap edition gin，酒精濃度49%），採用瑞絲玲葡萄、相思樹芽、米拉別李和可可豆作為植物原料，是一款色澤更深、更多層次與質感的烈酒。
saar-gin.com

齊格飛琴酒（Siegfried Gin）
萊萊茵蘭-伐爾茲（Rhineland-Palatinate）

成立於2014年的齊格飛琴酒的靈感取自德國神話中的屠龍者齊格飛，這個角色在尼伯龍根（Nibelungen）傳奇故事裡，某次他正以龍血沐浴時，一片椴樹的葉子掉到了他的浴池中。雖然齊飛格萊茵蘭辛口琴酒（Siegfried Rheinland Dry Gin，酒精濃度41%）並不含有龍血，但椴樹花卻是它18種植物清單上的關鍵植物。蒸餾師傑哈・柯南（Gerald Koenen）與拉斐爾・菲瑪（Raphael Vollmar）也生產了神奇樹葉（Wonderleaf）這款無酒精版本的琴酒，它其實起源於2016年4月愚人節的一個玩笑，但引起的廣大正面回響卻讓這個雙人組費時好幾個月，研發了出這個配方。
siegfriedgin.com

奧地利與瑞士

奧地利正發展著自己的小風潮，有幾間採用當地原料創作琴酒的蒸餾廠。而瑞士則透過幾個國內主要的水果烈酒蒸餾廠，開始將注意力轉向杜松與植物蒸餾酒，企圖在琴酒界留下印記。

瑞克琴酒（Rick Gin）
奧地利，維也納（Vienna）

瑞克琴酒成立於維也納，目標是要製作一款讓蒸餾師自用的奧地利琴酒。以主要的植物原料如杜松子、芫荽、歐白芷根與檸檬皮和橙皮等，跟包括薑、甘草、香茅、麻瘋柑和茉莉花在內等眾多其他原料混合，產出該蒸餾廠三款主要的產品。「豐富」（RICH）以43%酒精濃度裝瓶，使用產自國內柑橘園的有機檸檬，園內以超過280種柑橘為傲；「勇敢」（BRAVE）以47%酒精濃度裝瓶，特色是胡椒和薑；「感覺」（FEEL）酒精濃度為41%，是一款呈現以地中海為靈感的琴酒，採用克羅埃西亞的百里香、義大利的迷迭香、西班牙的橄欖、以及自家種植的羅勒與手工採收的橙花。

rick-gin.at

5020琴酒（5020 Gin）
奧地利，薩爾茲堡（Salzburg）

5020琴酒的名稱取自史提芬‧庫德卡（Stephan Koudelka）製作這款琴酒時所在地的郵遞區號，採用22種植物，除了杜松之外還包括薰衣草、藥蜀葵、鳶尾根、麝香花和玫瑰，所有植物都來自有機農場。他採用100公升的小型銅製蒸餾器及蒸氣注入式法見第20頁），藉由一個直接懸掛在蒸餾器內部的香氣籃製作。一旦完成蒸餾程序，產出的烈酒會存放在一個玻璃球形容器內，四週後才以43%酒精濃度裝瓶。

5020-gin.at

奧地利與瑞士

瑞克琴酒

5020琴酒

奧地利

出色琴酒

瑞士

出色琴酒（Xellent Gin）
維利紹，瑞士（Willisau, Switzerland）

出色瑞士雪絨花琴酒（Xellent Swiss Edelweiss Gin）由位於維利紹（Willisau）的迪維沙蒸餾廠（DIWISA Distillerie）生產，採用瑞士黑麥穀物（向 18 名農夫購得）烈酒作為基底。這款基底烈酒也被當成伏特加販售，結合 25 種植物原料，包括雪絨花、接骨木花，檸檬香脂和薰衣草，其中最後兩項原料由蒸餾大弗師朗茲・胡伯（Franz Huber）種植。在蒸餾前所有原料都先在基底伏特加（採壺式蒸餾器及柱式蒸餾器製作，見第 25 頁）中浸泡數小時。之後用來自瑞士中央的純冰河水稀釋至 40% 酒精濃度。這家蒸餾廠也有蒸餾教學課程。

xellent.com

法國

法國以自己迷人的風格與魅力擁抱了琴酒革命，有幾款琴酒是以葡萄為烈酒基底（法國北部也有少數人使用蘋果），因此成品比較接近法式白蘭地家族，例如干邑、雅馬邑（Armagnac）、卡爾瓦多蘋果白蘭地（Calvados）等。一個比較不同的特例是被稱為 Flanders Genever Artois 的法國琴酒：這是一款杜松風味、荷蘭琴酒型態的烈酒，限定以黑麥，大麥，小麥和燕麥等穀物為基底製作。它與德國的 Steinhäger（見第 103 頁）、斯洛伐克的 Borovička（見第 143 頁）或 Mahón 琴酒（見第 118 頁）相似，是一款受歐盟農產品地理標示制度（GI）保護的烈酒，僅限於在法國北部的兩個地區內由現有的兩間蒸餾廠生產：位在距敦克爾克約 40 公里鄉村地區的烏勒蒸餾廠（Houlle，genievredehoulle.com），以及成立於 1817 年的瓦克萊森布勒希蒸餾廠（Claeyssens Wambrechies，distilleriedewambrechies.com），這家蒸餾廠同時也為路斯荷蘭琴酒（Loos Genever）進行蒸餾和裝瓶。

絲塔朵琴酒（Citadelle Gin）
夏宏特（Charente）

內絲塔朵琴酒是在 1996 年 6 月在伯伯內城堡（Château de Bonbonnet）一個最法式的情境中——在陽光下的露臺上吃午餐時——構思而來的。席間的話題最初是在城堡生產葡萄酒，後來又變成在城堡生產琴酒，而對創辦人亞歷山大・加布里爾（Alexandre Gabriel）來說，具備在皮埃爾・費朗（Pierre Ferrand）蒸餾廠生產干邑時得到的烈酒相關經驗，琴酒是一個絕佳的機會。

法定產區命名控制（AOC）中嚴格的規則與條例，代表任何干邑生產商都只能在每年五個月的干邑生產

△ 絲塔朵的裝飾藝術風格瓶身

季期間使用銅製蒸餾器，因此加布里爾向 AOC 申請許可，讓他在其他月分使用蒸餾器生產琴酒。經過五年的談判，他終於獲准在 4 月至 10 月間進行蒸餾，並奠定了絲塔朵琴酒的基礎。

下一個階段是要找出一個可行的配方，因此他著手研究琴酒的傳統型態，並發現了一個源自 18 世紀、由敦克爾克的一間蒸餾廠於 1771 年研發的配方。這間蒸餾廠設在一個港口小鎮的堡壘中，後來經由路易十六授權為皇室生產。

如今絲塔朵琴酒在一間歷史悠久的法國干邑蒸餾廠中借鑑 1771 年的配方生產，目前甚至採用莊園內種植的杜松，搭配其他 18 種植物製成原味版本（Original edition），包括芫荽、小荳蔻、歐白芷、小茴香、肉豆蔻、杏仁、西非小荳蔻、甘草、畢澄茄、歐洲薄荷、肉桂、八角茴香、黑醋栗、鳶尾根、紫羅蘭、茴香、橙皮和檸檬。由於生產過程獨特，它擁有自己的專利（第 17 58092 號，01/06/2018），每一種植物都於法國小麥製成的中性酒精中浸泡，經由不同的時間（三至四天）和酒精濃度來獲取植物香氣和風味的特徵。

浸泡程序一旦完成，就會採用以直火加熱的 2500 公升蒸餾器進行蒸餾。直火加熱的方式會讓烈酒強力受熱，進而產生天然的甜味。最後琴酒以 44% 酒精濃度裝瓶。

絲塔朵除了經典款之外，其他

⊙ 伯伯內城堡

產品還有經過桶陳的斯塔朵典藏版（Citadelle Réserve），這款酒中除了和上面一樣的植物外，還添加了香橙、苦蒿、矢車菊，之後將製成的琴酒存放在五種不同的木桶中——相思樹、桑樹、櫻桃、栗子和法國橡木——五個月的時間。這段期間結束後，所有的琴酒會被混合，並在一個 2.45 公尺高的蛋形橡木桶中進行精製，最後以 45.2% 酒精濃度裝瓶。絲塔朵還以這款琴酒為基礎，發展出一款老湯姆（Old Tom）的變化版，將黑糖加入大銅鍋中烘烤至焦糖化的第一階段，然後將其稍微稀釋後與烈酒混合，之後進入桶中進行三至四個月的桶陳。這些桶陳過的糖會慢慢增添斯塔朵典藏版的風味，完成的琴酒會存放於木桶中幾個月繼續成熟，最後以 46% 酒精濃度裝瓶。自 2016 年起，斯塔朵也發行了一系列命名為極致（Extrêmes）的限量版琴酒，特色是強化琴酒中個別的植物成分，例如野櫻花（酒精濃度 42.6%）。

citadellegin.com

紀凡琴酒（G'Vine Gin）
夏宏特（Charente）

蒸餾大師尚・沙巴斯欽・羅比凱特（Jean-Sébastien Robicquet）運用位在法國波爾多北部法夏宏特（Charente）區幾世紀以來的葡萄種植與葡萄蒸餾專業技術，於 2007 年創立了紀凡，並用當地葡萄製作基底烈酒。

紀凡琴酒在韋爾之家（Maison Villevert）的土地上生產，這個家族莊園可以追溯到 16 世紀，使用獨特的白玉霓（Ugni Blanc）品種葡萄，該品種被法國白蘭地製造商大量使用。根據生長季節的天氣情況，多半在每年 9 月收成。每年的收成都會先用來生產葡萄酒，之後才會採用柱式蒸餾器蒸餾成紀凡基底烈酒（見第 24 頁）。

有了口味中性但底韻柔順的葡萄烈酒，紀凡的下一個生產階段就是添加九種植物。這些植物會分成三類，分別蒸餾，以保存它們的香氣特質：杜松子、薑根、苦木、綠小荳蔻、甘草和萊姆，以及芫荽籽、畢澄茄和肉

⊙ 紀凡的蒸餾器「百合花」

荳蔻。最後是單獨蒸餾的招牌植物：葡萄花。這種花僅在每年 6 月結成葡萄漿果前開花幾天，所以一旦出現就會立即以手工摘採。為了捕捉它的香氣及風味，蒸餾前會先將它浸泡在葡萄烈酒中，然後在一個小型銅製壺式蒸餾器（從前用來生產香水）中蒸餾。之後將所有餾出液混合於一個名為百合花（Lily Fleur）的較大型銅製壺式蒸餾器中再次蒸餾。

紀凡生產兩款主要風格的琴酒：開花（Floraison）以 40% 酒精濃度裝瓶，結果（Nouaison）以較高的 45% 酒精濃度裝瓶，額外添加了檀香木、佛手柑、李子、爪哇胡椒和香根草等植物。

2015 年紀凡也重現了一款 1409 年的琴酒配方，這個配方在荷蘭一本以荷蘭文撰寫、關於荷蘭琴酒歷史的絕版書中被發現。這本書被認為是一名商人企畫的，配方中包括極高比例的植物，包括肉荳蔻、肉桂、小荳蔻、薑、丁香和鼠尾草。紀凡以這個配方生產了兩個版本的琴酒：採用原始配方的「琴酒 1495 逐字版」（Gin 1495 Verbatim，酒精濃度 42%），以及現代版本的「琴酒 1495 詮釋版」（Gin 1495 Interpretatio，酒精濃度 45%），使用更高濃度的杜松和柑橘調。琴酒 1495 逐字版產量僅 100 瓶，搭配原版配方及琴酒 1495 詮釋版組合成套裝。

g-vine.com

法國

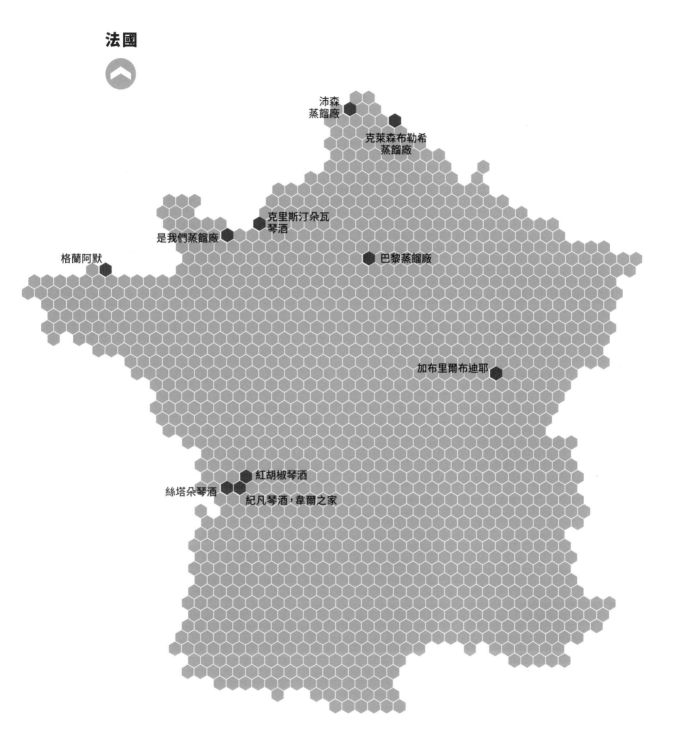

沛森
蒸餾廠

克萊森布勒希
蒸餾廠

克里斯汀朵瓦
琴酒

是我們蒸餾廠

格蘭阿默

巴黎蒸餾廠

加布里爾布迪耶

紅胡椒琴酒

絲塔朵琴酒

紀凡琴酒，韋爾之家

紅胡椒琴酒（Pink Pepper Gin）
夏宏特（Charente）

紅胡椒琴酒於 2013 年由任職於法國干邑區歐德姆烈·阿布阿夫（Miko Abouaf）與伊恩·史賓克（Ian Spink）創立。阿布阿夫最初移居干邑區擔任為馬爹利與拿破崙干邑蒸餾的工作，但他隨後設立了自己的公司製作琴酒、利口酒與生命之水法國烈酒（eau-de-vie）。他的目標是希望用他擁有的設備與資源，幫助其他人創造出有趣的烈酒，該酒廠最成功的產品是蒸餾師自行創作的紅胡椒琴酒。

阿布阿夫捨棄傳統法式蒸餾方式，最初採用現代的旋轉式蒸餾器（見第 28 頁），但隨著琴酒受歡迎程度日漸升高，他必須尋找能超越這種小產量的生產方式。公司目前使用 25 公升的真空蒸餾器，將每個植物元素個別浸泡，並分別於中性小麥基底列酒中蒸餾。蒸餾完成後進行混合、稀釋並以 44% 酒精濃度裝瓶。紅胡椒琴酒中的植物包括杜松心，搭配黑小荳蔻、本地蜂蜜、香草、零陵香豆以及必不可少的紅胡椒。

除了紅胡椒琴酒，這個雙人組也生產一系列限量版琴酒。第一款

> **包括杜松心，搭配黑小荳蔻、在地蜂蜜、香草、零陵香豆，以及必不可少的紅胡椒。**

直接命名為潛水酒吧（Dive Bar，酒精濃度 44%），具有濃厚杜松調，伴隨著由正山小種茶（lapsang souchong tea）與畢澄茄帶出的煙燻味，以及「兩種祕密植物，因為它們具有性感、芳香的亮點而採用」。此外也有波特酒桶陳版本老媽的酒（Old Ma's，酒精濃度 47.5%）和以啤酒花為基底的版本啤酒花香（Hoppy，酒精濃度 41%），這款琴酒將法國德克與唐努（Deck & Donohue）啤酒廠出品的靛藍印度淡啤酒（IPA）蒸餾後加入杜松、歐白芷和兩種祕密植物浸泡製成。

audemus-spirits.com

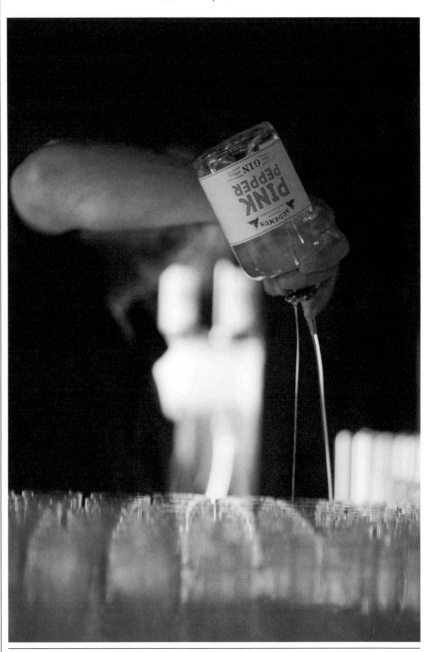

◔ 注入酒杯的紅胡椒琴酒

其他值得嘗試的法國琴酒

巴黎蒸餾廠（Distillerie De Paris）
巴黎（Paris）

尼可拉斯與薩巴斯汀·朱爾（Nicolas and Sébastien Julhès）這對兄弟於2015年成立了巴黎蒸餾廠，他們的家族經營麵包、雜貨與酒類的零售事業，尼可拉斯也曾在烈酒業擔任顧問長達約15年的時間。這是巴黎第一間蒸餾廠，採用400公升的德國製阿諾霍爾斯坦蒸餾器生產琴酒及其他各式烈酒。他們首次發行的產品（第一批次琴酒，Gin Batch 1）採用葡萄基底烈酒與各式植物為原料，例如新鮮芫荽和佛手柑以及杜松、茉莉和薰衣草，另一款美麗空氣琴酒（Gin Bel Air）則使用來自法國島嶼留尼旺（Réunion）的植物。兩款琴酒都以43%酒精濃度裝瓶。

distilleriedeparis.com

克里斯汀朵瓦琴酒（Le Gin De Christian Drouin）
諾曼第（Normandy）

在法國北部，蘋果白蘭地（Calvados）的生產者克里斯汀·朵瓦（Christian Drouin）巧妙地選用30個品種的蘋果，製作基底烈酒創造出自己的琴酒。蘋果在秋天採收、磨碎並榨汁，完成後必須在寒冷的冬季月分緩慢發酵，再於隔年以小型銅製壺式蒸餾器進行兩次蒸餾。其中添加八種植物——杜松、薑、香草、檸檬、小荳蔻、肉桂、杏仁和玫瑰。他相信這些植物能反映出蘋果白蘭地的風味，採取個別蒸餾後才進行混合。這款琴酒以42%酒精濃度裝瓶。蒸餾廠也生產同款琴酒的限量版本，使用225公升的蘋果白蘭地酒桶進行六個月的桶陳，同樣以42%酒精濃度裝瓶。

le-gin-drouin.com

是我們琴酒（Le Gin C'est Nous）
諾曼第（Normandy）

是我們蒸餾廠（Distillerie C'est Nous）成立於2016年，使用法國小麥烈酒加上八種不同的植物，其中包括克羅埃西亞杜松、西班牙橙皮和義大利鳶尾根來製作是我們琴酒（40%酒精濃度）。採用小型的葫蘆形銅製壺式蒸餾器（見第22頁）進行蒸餾後加入諾曼第蘋果精華萃取物調味。

cestnous-gin.com

聖莫代琴酒（Saint Maudez Gin）
不列塔尼（Brittany）

格蘭亞莫（Glann ar Mor）蒸餾廠位在不列塔尼北海岸的泰格（Tregor）地區，生產聖莫代琴酒（酒精濃度44.7%）及威士忌，琴酒採用以小麥為基底的烈酒與包括杜松、芫荽、歐白芷根、柑橘皮和其他香草植物製作，經過浸泡程序後進行蒸餾。

glannarmor.com/

番紅花琴酒（Saffron Gin）
第戎（Dijon）

番紅花琴酒由法國加布里爾·布迪耶（Gabriel Boudier）蒸餾廠生產，這家酒廠位在勃艮第區的知名城市第戎，於1800年代晚期就開始製作烈酒。這款琴酒於2008年上市，靈感來自記載於一本19世紀舊書中的古老配方。採用於銅製壺式蒸餾器蒸餾的小麥烈酒，搭配九種植物，包括杜松、芫荽、檸檬、橙皮、歐白芷、鳶尾根、茴香以及必不可少的番紅花，這個原料賦予琴酒獨特的橘色，以40%酒精濃度裝瓶。

boudier.com

西班牙與葡萄牙

西班牙無疑是世界上最重要、最多元的琴酒市場之一，也被歐洲其他國家當成能夠反映市場口味的虛擬指標，持續受到關注。除了廣受歡迎的琴酒檸檬調酒，西班牙人對琴酒的喜愛也可以說是影響了大眾對曾經地位卑微的琴通寧的欣賞，並將它重新塑造成為一件兼具品味及冒險精神的事物，使用更大、球根形狀、帶有細長柄的酒杯來裝盛琴湯尼，並搭配各種裝飾物（通常與所選琴酒中的植物成分有關）。

根據統計，西班牙在 2018 年是世界第三大琴酒消費市場（僅次於菲律賓和美國），西班牙的人均消耗量達 1.07 公升，超越歐洲其他國家——比法國，德國和英國加總的消耗量還多。琴酒飲用量的增加可歸因知名品牌如英人（見第 63 頁）、高登（見第 82 頁）和國內巨頭拉里歐（Larios，見第 116 頁）持續的強勁表現，以及不斷加入市場的眾多風味琴酒。而在工藝琴酒的領域，近年也在瑪芮琴酒（Gin Mare，右）的成功帶領下讓活躍度激增，新品牌持續維持興奮感和喜悅，擁抱傳統倫敦辛口經典類型以外的多樣化植物選擇，並探索不同的基底酒精原料，例如以葡萄酒、黑麥和小麥進行混合。

葡萄牙不僅與西班牙有共享實體邊界，在當今工藝琴酒的潮流中，兩國也在精神上緊密結合。儘管知名品牌數量不及西班牙，但葡萄牙對於使用各種當地植物生產獨特的琴酒，仍具有明顯的熱情。

▲ 瑪芮琴酒：鹹味琴酒的先鋒

瑪芮琴酒（Gin Mare）
西班牙，加泰隆尼亞（Catalonia）

在許多方面，瑪芮琴酒都可以被視為西班牙最具開創性的琴酒。當它於 2007 年被發展出來時，全世界對工藝琴酒的興趣才剛起步，當時市場上只有屈指可數的品牌能定義這場當時根本還不存在的工藝琴酒運動。

瑪芮琴酒的創造人曼努埃爾二世和馬可‧基羅（Manuel Jr and Mark Giro）是一家可追溯到 1830 年代中期的西班牙蒸餾王朝的第四代，他們繼承了祖父老曼努埃爾（Manuel Sr）傳承的知識。老曼努埃爾在 1940 年代成功推出了 MG 琴酒（Gin MG）這個品牌，並成為西班牙最暢銷的琴酒之一。然而，雖然這款偏向經典風格的的倫敦辛口琴酒（厚實、杜松味主導的調性以及強烈爆發的檸檬柑橘風味）是兄弟倆的事業出發點，但它絕不是一個標竿性的配方。

事實上，瑪芮琴酒已經走上了截然不同的風味之路，它可說是最早以獨特的「鹹味」打進市場的琴酒品牌其中之一（如果不是第一個）。這對兄弟使用一系列單一的植物餾出液，並混合阿爾貝吉納品種的橄欖（Arbequina olive），這種橄欖在當地種植與收割後送到維拉諾瓦（Vilanova，一個擁有自己的小教堂和蒸餾器的美麗鄉村莊園），並以羅勒、百里香和迷迭香來強化草本味的核心。添加瓦倫西亞橙皮、來自塞維

爾的檸檬皮、芫荽、小荳蔻以及當然不可或缺的杜松，共同展現了這款極具層次的配方。事實證明，使用阿爾貝吉納橄欖本身就是一大挑戰，因為這個品種的體積偏小，因此每批次琴酒大約需要 15 公斤的用量，同時橄欖的酸度也會因每年收成的成功與否而有差異。

除了柑橘類元素的植物外，所有其他植物都會單獨浸泡 36 到 40 小時，隨後將所有浸泡植物混合於烈酒中存放一年後才進行最後一次蒸餾，蒸餾的程序在一座 250 公升的佛羅倫丁壺式蒸餾器（見第 29 頁）中進行。這款形狀非常不尋常的蒸餾器有一個獨特的銅製沸騰球，能幫助烈酒回流進壺中（法國的紀凡琴酒也使用這款蒸餾器——見第 110 頁）。一旦完成蒸餾，製成的琴酒會以中性烈酒稀釋（採多重程序方式——見第 29 頁）並以 42.7% 酒精濃度裝瓶。

瑪芮琴酒無論在嗅覺或味覺上都無可挑剔：柑橘類植物浸泡的時間雖然開始較晚，但柑橘味令人驚訝的居於主導，檸檬酸味的清澈和橘皮中的甜味及新鮮花香調鮮明地呈現在其他風味之前。接下來出現的是鹹味元素，一開始感覺幾乎像是鹽的味道，但帶著木質／森林調。杜松味依然明顯，但較偏向松樹／薄荷的風味。這是一款真正原創和獨特的琴酒。

ginmare.com

拉里歐琴酒（Larios Gin）
馬拉加，西班牙（Málaga, Spain）

「真正的國民烈酒」這個概念始終適用於拉里歐琴酒，它無疑是西班牙最持久且最受歡迎的琴酒品牌。拉里歐的歷史可以追溯到 1866 年，當時法國葡萄園創業家查理士・拉莫特（Charles Lamothe）和他的西班牙合夥人費南度・希門尼斯（Fernando Jiménez）共同創立了希門尼斯拉莫特公司。他們在馬拉加（Malaga）和曼札納雷斯（Manzanares）的蒸餾廠展開西班牙烈酒型態的革命。1916 年，為他倆提供金援的第三任侯爵荷西・奧雷里歐・拉里歐（José Aurelio Larios）最終接收了這間公司，將它改名為拉里歐與希亞（Larios & Cía），並於 1932 年以拉里歐辛口琴酒為主要品牌。

由於琴通寧在西班牙愈來愈受歡迎，這個品牌在 1980 年代崛起成名，並於 1990 年代後期轉手給法國酒飲界巨頭保樂力加（Pernod Ricard）公司，目前則為美日合資公司金賓三得利（Beam Suntory）所擁有。公司同時擁有吉爾伯（Gilbey）倫敦辛口琴酒、日本六（Roku）琴酒（見第 231 頁），以及最近收購的倫敦工藝琴酒先驅品牌史密斯琴酒（Sipsmith，見第 64 頁）。

自從西班牙琴酒文化興起之後，工藝琴酒也跟著在整個歐洲和當今北美更加受歡迎，結果原始的拉里歐倫敦辛口琴酒（Larios London Dry）在不斷成長的琴酒行家市場中反而不受青睞。這個族群主要受工藝與小批次蒸餾的透明化製程所吸引。然而，重新命名與包裝，成為拉里歐地中海琴酒（Larios Ginebra Mediterránea，37.5% 酒精濃度）之後，它依然是世界上最受歡迎的琴酒之一，且依然穩居西班牙最暢銷琴酒之位，這都必須歸功於它強調杜松、芫荽和橙皮風味的單純植物配方，以及容易搭配調酒的特性。

為了完成這場全新的琴酒革命，公司還發行了一款更當代（且口味更獨特）的版本：拉里歐 12（Larios 12，酒精濃度 40%）。這款琴酒經過五次蒸餾，且有更豐富的柑橘類主導的風味。產品名稱中的「12」與使用的植物種類數量有關，其中包括地中海檸檬、橙子、紅橘、椪柑、克萊門氏小柑橘、葡萄柚和萊姆，呈現了爆發性的柑橘風特徵。其他原料還有杜松、肉豆蔻、歐白芷根和芫荽。最後一項元素是在蒸餾最終階段才添加的橙花：這雖然是一個細微的添加成分，但它有助在厚實的風格中帶入一抹細緻的花香，讓整體風格更完整。一款草莓加味、酒體帶有粉紅色相的「玫瑰」（Rosé）與一款以地中海橙子調味的「柑橘」（Citrus）版本都已於近期上市，以回應市場對具有更多香氣的調味琴酒的需求。兩款都以 37.5% 酒精濃度裝瓶。

lariosgin.es

△ 西班牙歷史最悠久的琴酒品牌拉里歐

西班牙與葡萄牙

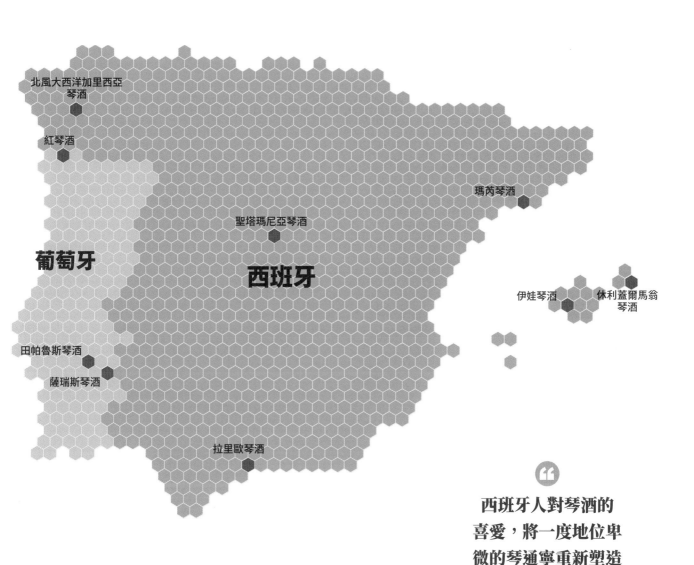

北風大西洋加里西亞
琴酒

紅琴酒

瑪芮琴酒

聖塔瑪尼亞琴酒

葡萄牙

西班牙

伊娃琴酒　休利蓋爾馬翁
琴酒

田帕魯斯琴酒

薩瑞斯琴酒

拉里歐琴酒

西班牙人對琴酒的
喜愛，將一度地位卑
微的琴通寧重新塑造
成了一件兼具品味與
冒險精神的事物。

休利蓋爾馬翁琴酒（Xoriguer Mahón Gin）
西班牙，美諾卡島（Menorca）

位在美諾卡島上的馬翁（Mahón）港，是巴里亞利群島（Balearic Islands）的最東端，幾世紀以來一直在許多方面與琴酒有強烈的關係。於 1802 年根據《亞眠和約》（Treaty of Amiens）被分配給西班牙前，此地曾斷斷續續被英國人占領，曾是充滿英國水手的重要海軍前哨。渴望琴酒的水手發現，他們除了進口的酒以外，並沒有可以立即取得的貨源。為因應這個狀況，島上的當地居民採取了行動，從地中海其他區域取得杜松子，並開始以葡萄酒製成的基底烈酒進行蒸餾。

幸運的是，這個作法在英國撤出多年後仍持續下去，且龐氏（Pons）家族仍是休利蓋爾琴酒驕傲的生產者。休利蓋爾的名稱是以這個家族曾經擁有的一座傳統老風車磨坊命名，品牌成立於 1930 年代後期。今日這款琴酒仍以相同的方式製造：使用木柴直火加熱的葫蘆形蒸餾器（見第 22 頁），並用當地水源將葡萄酒基底烈酒稀釋過後才加入蒸餾器，植物原料的蒸氣注入程序在蒸餾器頸部的銅籃中進行。除了已知的杜松，確切的配方仍然是一個被嚴格守護的祕密，只有龐氏家族中少數人知悉。令人意外的是，在蒸餾器中完成的餾出液，酒精濃度只有 38% 而不是更高強度的濃縮液，隨後成品也以相同的酒精濃度裝瓶。這是一款具有獨特果香、杜松味直接的琴酒。休利蓋爾目前具有歐盟地理標示保護制度（Protected Geographical Indication，PGI）資格，藉以認同和保護獨特的馬翁琴酒風格。

xoriguer.co.uk

其他值得嘗試的西班牙與葡萄牙琴酒

北風大西洋加里西亞琴酒（Nordés Atlantic Galician Gin）
西班牙，加里西亞（Galicia）

北風的故事始於三個朋友的相遇：一位擁有蒸餾經驗，另外兩位則是對葡萄酒非常了解，這兩人其中一位是得獎的侍酒師，另一人則是葡萄酒貿易商創業家。在距西班牙西北部的聖地牙哥康波斯特拉（Santiago de Compostela）約 20 公里處的聖佩德羅德薩蘭登（San Pedro de Sarandón）小鎮上，在距離西方約 60 公里的大西洋帶來的氣候與海風影響下，他們生產出那個地區的第一款琴酒。其中一個關鍵的獨特賣點是它所使用的基底烈酒，包括特定比例的加里西亞阿爾巴利諾（Albariño）葡萄酒，這種酒一旦經過蒸餾便會與穀物基底烈酒平衡。這款葡萄酒以香氣濃郁、接近格烏查曼尼（Gewürztraminer）的風格聞名，這個特質也被延伸到產出的琴酒中，使用 11 種獨特植物：其中六種野生長在加里西亞，包括鼠尾草、月桂樹、馬鞭草、桉樹、薄荷和沿海的繼龍鬚菜，此外就是杜松、紅茶、木槿、薑和小荳蔻。成品是一款具有高度香氣的琴酒，帶有葡萄酒的芬芳，草本植物的濃郁香氣前調環繞著杜松。以 40% 酒精濃度裝瓶。

nordesgin.com

聖塔瑪尼亞琴酒（Santamanía Gin）
西班牙，馬德里（Madrid）

聖塔瑪尼亞是哈維·多明戈斯（Javier Domínguez）、拉蒙·莫里洛（Ramón Morillo）和維克多·弗拉伊萊（Victor Fraile）加上他們的一對克里斯欽卡爾蒸餾器結合的計畫。這個三人組成立了自己的都市蒸餾廠（Destilería Urbana），生產少數幾種他們自己的工藝蒸餾烈酒，其中包括幾款琴酒，但除此之外他們也扮演煉金士的角色，想進行小批次實驗性生產的人也會找他們合作。目前為止，他們共生產四款琴酒，使用葡萄製成的基底烈酒，但植物原料卻是出奇地經典，例如杜松、鳶尾根、芫荽，以及較具異國情調的西班牙番紅花。此外還有用法國橡木桶進行桶陳的批次，以及與澳洲琴酒先驅四根柱子（Four Pillars，見第 217 頁）合作的版本，以 40% 酒精濃度裝瓶。

destileriaurbana.com

伊娃琴酒（Gin Eva）
西班牙，馬約卡島（Mallorca）

伊娃琴酒由德國裔的史蒂芬·溫特林（Stefan Winterling）和巴塞隆納出生的伊娃·邁耶（Eva Maier）這對夫妻檔在 2011 年成立，他們不僅熱愛蒸餾烈酒，還有製作葡萄酒和葡萄酒釀造法方面的背景。兩人在蓋森海姆（Geisenheim）的葡萄酒廠工作時相識，隨後移居馬約卡島，開始在葡萄園工作，並發展出將琴酒蒸餾帶到這座島上的概念。溫特林發現，馬約卡島上有很多生長於當地海灘沙丘周圍的野生杜松，因此他們以它為配方基礎開始實驗，加上茴香、迷迭香、薰衣草、芫荽、甘草、木槿、歐白芷、肉荳蔻、小荳蔻、薑和柑橘皮（橙子、葡萄柚和檸檬）。成品是一款出奇地富含脂肪、多油、杜松主導的辛口琴酒（以 45% 酒精濃度裝瓶），具有高度的複雜性。溫特林也一直持續開發小批次的實驗酒（酒精濃度均為 45%）：馬約卡女子（La Mallorquina）是一款讓人誤以為複雜且非常鹹的橄欖風味琴酒，但實際上只以杜松和芫荽來支持其風味，另一款佛手柑琴酒（Citrus Bergamia）以佛手柑為主要植物，另一款名為綠色香料（Green Spice），靈感來自全部為綠色的香草和植物，包括煎茶、月桂葉、青椒、無花果葉、橙葉，以及未成熟的杜松子和綠橙。

gin-eva.com

田帕魯斯琴酒（Gin Templus）
葡萄牙，阿倫德如（Alentejo）

艾弗拉（Évora）市位在里斯本東邊約110公里處，是阿倫德如區的首府，以包括戴安娜神廟在內的羅馬遺跡聞名。神廟中的石柱廢墟從公元1世紀的建築中存留至今，成為這個1986年被聯合國教科文組織列為世界遺產之地的中心焦點。田帕魯斯琴酒瓶身採用同樣的古老圓柱裝飾，這款產於這個歷史悠久城市的琴酒，可能是葡萄牙第一瓶經過有機認證的琴酒。所有採用的植物和穀物都屬於有機類型並經過生物認證，以37.5%酒精濃度裝瓶，展現令人意外的輕盈、柑橘導向的特色，帶有些微薄荷味，並伴隨著杜松的松樹調。

薩瑞斯琴酒（Sharish Gin）
葡萄牙，阿倫德如（Alentejo）

從教師改行當蒸餾師的安東尼奧・庫科（Antonio Cuco）在2013年推出了薩瑞斯琴酒。他在葡萄牙中南部美麗的阿倫德如區，用當地產出豐盛的植物生產琴酒，其中包括柑橘類水果和蘋果，特別是做為這款琴酒主要的植物原料之一、具有美妙的淺色果皮且香氣的艾斯摩爾弗（Bravo Esmolfe）品種蘋果，其他植物還包括杜松、檸檬、馬鞭草和香草。每種植物都個別浸泡於一款用糖蜜、小麥和少量米的混合物製成的酒精之中，隨後採用兩座300公升的銅製壺式蒸餾器進行蒸餾。薩瑞斯原味琴酒（Sharish Original）在杜松味出現之前會先嚐到獨特的花香水果味，除了這一款琴酒外，庫科還生產一款他所謂的「藍色魔法」（Blue Magic）琴酒。顧名思義，這款琴酒呈鮮明的藍色，加入通寧水後會變成淡粉紅色，這要歸功於琴酒中添加的藍色蝶豆花萃取物。兩種版本都以40%酒精濃度裝瓶。

sharishgin.com

紅琴酒（Tinto Gin）
葡萄牙，瓦連薩（Valença）

在某方面，紅琴酒可能是你能找到最接近邊界琴酒的選擇，因為生產這款酒的小鎮確實位在葡萄牙北部和西班牙南部交際的邊界。向北走大約半公里，就會抵達加里西亞（Galicia）。事實上，這款琴酒的靈感來自沿著米紐河（River Minho）的漫步，創作者若奧・古特雷斯（Joao Guterres）表示，這個河岸有豐富的野生花朵。古特雷斯使用以小麥和黑麥為基底製成的烈酒，浸泡罌粟、薰衣草、月桂樹、接骨木花、柳葉、迷迭香、桉樹和一些其他當地採集的香草植物，加上黑莓、檸檬皮和橙皮以及一個最終的獨特成分：一種類似梨子、名叫perico的水果，它賦予琴酒最終呈現的深紅色。植物經過90天的浸泡程序後，會進行混合以及三道式蒸餾。完成的琴酒（以40%酒精濃度裝瓶）無疑是一款果香之作，但在基底中仍具有一些獨特的草本調，同時帶著充滿個性的甜、酸與清新的味道。

gintinto.com

義大利

義大利是世界知名的葡萄蒸餾酒渣釀白蘭地（grappa）的故鄉，他們運用這個專業，經常以葡萄為基底，用當地的植物與水源生產多款出色的琴酒。義大利也是世界上高品質杜松子的主要供應國之一，主要收成於托斯卡尼周邊、翁布里亞（Umbria）、阿雷索（Arezzo），以及亞平寧山脈（Apennine Mountains）周圍的高海拔和微氣候區。

茉菲琴酒（Malfy Gin）
杜林（Turin）

維納諾（Vergnano）家族於 2016 年創立了茉菲，這個家族在杜林附近的蒙卡列里（Moncalieri）生產烈酒已有一個多世紀。如今，托里諾蒸餾廠（Torino Distillati）由卡洛·維納諾（Carlo Vergnano）、他的妻子皮耶拉（Piera）和他們的孩子——麗塔和瓦爾特——經營。杜林以葡萄酒（鄰近巴羅洛產區）和蒸餾廠聞名，兩者結合起來，生產當地著名的苦艾酒。這裡也是許多義大利領導品牌的所在地，例如飛雅特（Fiat）和 Lavazza 咖啡。

這款琴酒由曾於阿爾巴大學（Alba University）就讀、受過釀酒學訓練的蒸餾大師畢普·朗可（Beppe Ronco）以及工程師丹尼斯·慕尼（Denis Muni）共同製作，採用一款生產琴酒少見的獨特不銹鋼真空蒸餾器（見第 28 頁），這款蒸餾器讓當地植物的新鮮香氣得以保留，產出的琴酒能連結當地風土的本質。

除了高品質的本地杜松外，原味茉菲琴酒（Malfy Originale）還使用了五種植物，包括芫荽、歐白芷與桂皮。不論是當作植物原料還是馬丁尼調酒（見第 54 頁）的最後裝飾，義大利柑橘都高度受歡迎。因此茉菲琴酒以檸檬作為主要原料似乎是很自然的事，採用亞馬菲海岸（Amalfi Coast）檸檬與西西里檸檬，先於小麥基底的酒精中浸泡之後再從果皮中榨出油。產出的結果是濃郁的柑橘萃

🔊 茉菲琴酒的丹尼斯·慕尼

取物，隨後與杜松及另外兩款柑橘（葡萄柚與橙）等其他植物一起進行蒸餾。蒸餾完成後，會使用來自義大利最高的維索山（Monte Viso）山頂的泉水將烈酒稀釋，並以41%酒精濃度裝瓶。

　　酒廠還生產另外三款主要版本，全部使用義大利原料，且都以41%酒精濃度裝瓶。茉菲與檸檬（Malfy con Limone）使用亞馬菲海岸的Sfusato檸檬皮、經典義大利杜松和其他五種植物，加上義大利海岸的橙子和西西里葡萄柚一起蒸餾。茉菲與橙（Malfy con Arancia）的特色是11月收成的西西里血橙皮，除了義大利杜松之外，還使用其他四種不同的植物。粉紅茉菲琴酒（Malfy Gin Rosa）主要採用生長於地中海沿岸柑橘林中的西西里粉紅葡萄柚皮，以及大黃和包括當地杜松在內的五種植物。全系列的茉菲產品瓶身都印有G.Q.D.I.的標誌（義大利蒸餾的優質琴酒，gin di qualità distillato in Italia），象徵產品於義大利當地蒸餾。

malfygin.com

**義大利常以
葡萄為基底，運用
當地的植物與水源
生產多款出色的
琴酒。**

義大利

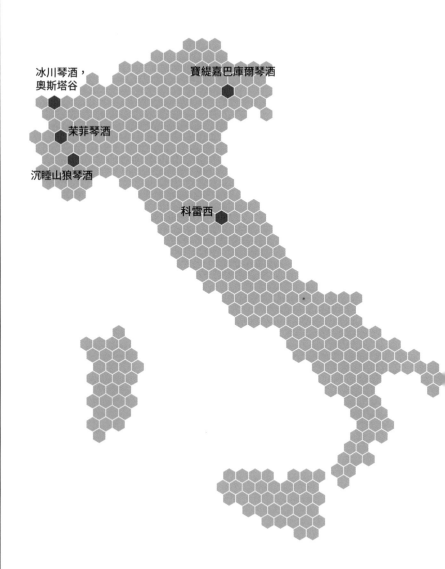

冰川琴酒，
奧斯塔谷

寶緹嘉巴庫爾琴酒

茉菲琴酒

沉睡山狼琴酒

科雷西

寶緹嘉巴庫爾琴酒（Bottega Bacûr Gin）

威尼托（Veneto）

家族經營的寶緹嘉，近百年來一直是頂級普羅塞克（Prosecco）的生產商，憑著自 1967 年以來經由製造渣釀白蘭地磨練出的另一項蒸餾專業技術，想要製作優良酒飲的自然直覺讓家族第三代選擇轉向琴酒。寶緹嘉最知名的產品是黃金普羅塞克（Gold Prosecco），以閃亮的金色瓶身和輕巧精緻的風味倍受讚譽。寶緹嘉在 2017 年推出了巴庫爾琴酒（Bacûr），採用當地的杜松子、鼠尾草葉和檸檬皮以及其他一系列植物浸泡於烈酒中，之後經過雙重蒸餾製作而成，每年僅生產 2 萬 4000 瓶。成品是一款跟普羅塞克酒一樣有如精巧新鮮花束般的琴酒，它被設計成一款只需簡單加入兩顆冰塊就能享用的琴酒（以 40% 酒精濃度裝瓶）。巴庫爾在古希臘語中是「銅」的意思，這款琴酒裝在引人注目的銅瓶中，可視為對公司鏡面包裝主題的延續。

bottegaspa.com

🔺 新鮮檸檬皮

其他值得嘗試的義大利琴酒

冰川琴酒（Gin Glacialis）

阿歐斯塔谷（Valle D'Aosta）

著名的渣釀白蘭地生產商之子古列爾莫・列維（Guglielmo Levi）搬到義大利西北邊白朗峰山腳下的阿歐斯塔谷（Valle d'Aosta），並在此成立了他的列維蒸餾廠。為了製作冰川琴酒，他使用生長於當地高山上的野生杜松浸泡，不添加任何其他植物，之後於葫蘆型壺式蒸餾器中進行蒸餾（見第22頁），並以42%酒精濃度裝瓶。

grappalevi.it

科萊西琴酒（Collesi Gin）

馬爾政（Marche）

朱塞佩・柯萊西（Giuseppe Collesi）於2001年底在阿佩秋（Apecchio，位於馬爾政和翁布里亞的交界處）成立了自己的釀酒廠生產渣釀白蘭地。這種酒傳統上是在夫里阿利（Friuli）、威尼托和特倫提諾（Trentino）生產，但他迅速而成功地將業務擴展到精釀啤酒釀造和其他烈酒蒸餾。科萊西琴酒用種植於柯萊西莊園中的大麥蒸餾成的基底烈酒製作，添加七種不同的植物：亞平寧山脈的杜松、馬爾政區的Visciole酸櫻桃、啤酒花、野生玫瑰、核桃殼、義大利橙皮和　檸檬皮。這些植物都以純穀物基底酒精浸泡後，再使用來自內羅納山（Monte Nerone）水庫中的純水進行稀釋，於攝氏零下15度中冷卻至少30個小時後過濾及裝瓶，然後置於黑暗中進行四個月的陳化。這款琴酒以42.8%裝瓶。

collesi.com

沉睡山狼琴酒（Wolfrest Gin）

皮德蒙特（Piedmont）

沉睡山狼位在朗格（Langhe）一個名為蒙特盧波阿爾貝塞（Montelupo Albese）的小村莊，靠近皮德蒙特（Piedmont）的巴羅洛葡萄酒產區的心臟地帶，這個地區也以生產榛子和香草植物聞名。創辦人瓦倫蒂娜（Valentina）和喬凡尼（Giovanni）使用利翁布里亞（Umbrian）杜松和珀南布科（Pernambuco）橙作為主要的風味驅動元素。其他五種本地取得的植物包括樹林中野生的接骨木、烘烤過的榛子、月桂葉、百里香和野生迷迭香。以43%酒精濃度裝瓶。

wolfrestgin.com

希臘

希臘這個國家擁有精緻酒飲的輝煌傳統：從來自外島的甜葡萄酒，到近期因調酒師流行從本土根源尋找靈感的風潮而愈來愈受歡迎的國飲琥珀烈酒（Metaxa）。現在，希臘也有一款本地生產的琴酒，如果這股對蒸餾琴酒的熱潮持續在歐洲蔓延，它無疑只會是未來眾多琴酒中的第一款。

美惠女神琴酒（Grace Gin）
艾維亞島（尤比亞島）
（Evia/ Euboea）

瓦西里歐斯・凱特索斯（Vassileios Katsos）和他的兄弟斯派羅斯（Spyros）於 1963 年在雅典以北約 80 公里的艾維亞島（又名尤比亞島）上的卡爾基德（Chalkida）成立了亞凡特（AVANTES）蒸餾廠，他們在此生產茴香酒（ouzo）、葡萄酒、白蘭地和苦艾酒，之後蒸餾廠搬遷到鎮外的德羅西亞（Drosia）。2005 年，蒸餾廠移交給凱索斯的女兒——釀酒學家卡拉・凱索（Chara Katsou）。美惠女神琴酒於 2016 年上市，由三個朋友——哈拉・凱索（Hara Katsou）、卡特琳娜・凱索（Katerina Katsou）和里拉・季莫普洛（Lila Dimopoulou）——構思而成，品牌名稱的靈感來自希臘神話中的美惠三女神：青春、美麗以及歡樂女神。這款琴酒的配方經過蒸餾方式和植物組成的考量，耗時一年多的時間才開發完成。團隊最終選擇 13 種不同的植物，包括海茴香、桃金孃、希臘杉木和橙花。這款琴酒採用中性穀物基底烈酒，以百分之百蒸餾方式製作，並以 45.7% 酒精濃度裝瓶。

avantesdistillery.gr
lkc-drinks.com

⌂ 美惠女神琴酒的創辦人

斯堪地那維亞

斯堪地那維亞因為生產獨特草本味的阿夸維特（akvavit）而擁有豐富的蒸餾傳統，這款酒以茴香、蒔蘿和葛縷的風味為基礎。除了大受歡迎的工藝單一麥芽和黑麥威士忌界正迅速擴展之外，整個斯堪地那維亞區的蒸餾商現在也開始將注意力轉向琴酒。

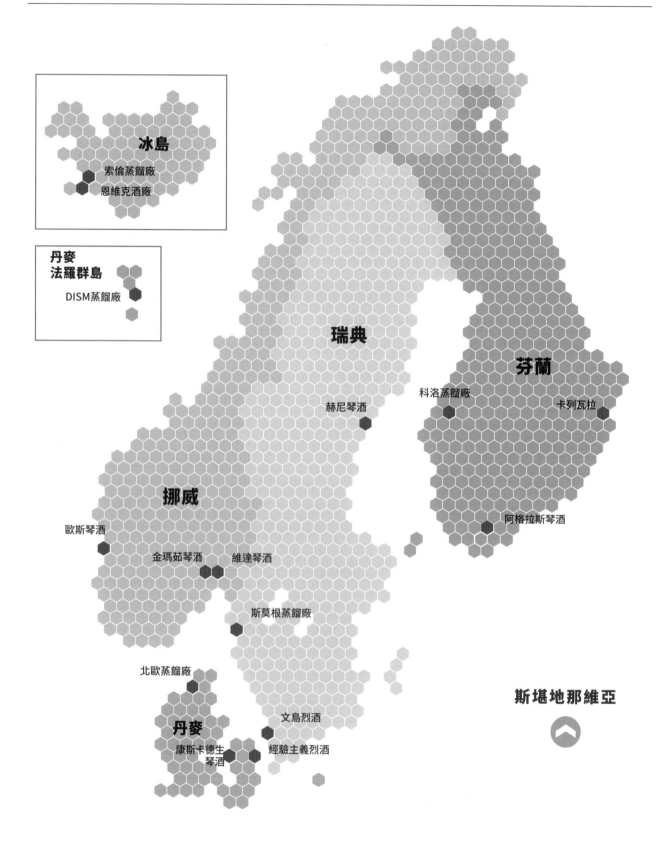

冰島

索倫蒸餾廠
恩維克酒廠

丹麥
法羅群島

DISM蒸餾廠

瑞典

芬蘭

挪威

科洛蒸餾廠

卡列瓦拉

赫尼琴酒

歐斯琴酒

阿格拉斯琴酒

金瑪茹琴酒　維達琴酒

斯莫根蒸餾廠

北歐蒸餾廠

文島烈酒

斯堪地那維亞

丹麥

康斯卡德生
琴酒

經驗主義烈酒

瑞典

一波新的蒸餾商出現，代表瑞典對烈酒出名的投入正從傳統上的伏特加和較近期的威士忌逐漸擴展到琴酒的世界。瑞典人偏好生產帶有鹹味、泥土味、香草植物調性的琴酒，以此作為主要的風土元素。

赫尼琴酒（Herno Gin）
達拉納（Dalarna）

強・希爾格倫（Jon Hillgren）在倫敦擔任調酒師時愛上了琴酒。他懷著成立瑞典第一間琴酒專門蒸餾廠的想法返回瑞典，並於任職於瑞典政府期間旅行世界各地尋求靈感和知識。2011年，希爾格倫和他的妻子在距離斯德哥爾摩北方 420 公里的達拉（Dala）買下了一座 19 世紀的農場，並創作出一款有機琴酒，全程只使用農場上的井水。

赫尼琴酒採用八種植物蒸餾而成，全都是有機植物，其中包括杜松、桂皮、檸檬皮、香草、芫荽、越橘，黑胡椒和繡線菊，生產過程全部採手工作業，且每瓶都有專屬編號。他們的兩座壺式蒸餾器，分別是名為基爾斯騰（Kierstin）的 250 公升的小批次德國版蒸餾器，以及更大的 1000 公升蒸餾器瑪麗特（Marit），蒸餾器中會先注滿以小麥為基底的烈酒並加入杜松和芫荽浸泡 18 個小時，之後才添加其他植物進行蒸餾。

核心系列組成產品包括經典倫敦辛口琴酒（London Dry），以 40.5% 酒精濃度裝瓶，以及一款海軍強度琴酒，以相同的蒸餾琴酒製成，但稀釋至 57% 酒精濃度。赫尼也生產一款創新的杜松桶琴酒（Juniper Cask Gin），是第一款在杜松木桶中進行桶陳的琴酒，採用相同的蒸餾琴酒，但稀釋至 47% 酒精濃度並桶陳 30 天，以增加強烈的杜松調。赫尼老湯姆琴酒（Hernö Old Tom Gin）則是提高繡線菊的用量並加入少許的糖，稀釋至 43% 酒精濃度。

赫尼還發行一款高海岸風土琴酒（High Coast Terroir Gin）年度限量版本，使用附近洛克比啤酒廠（Lockeby Brewery）的麥芽基底烈酒，蒸餾至 75% 酒精濃度，然後與 96% 酒精濃度的普通小麥基底酒精混合。2018 年版本採用蒸餾廠周圍的植物再次蒸餾，所有植物都由強的母親伊芳親自手工摘採：包括杜松子、雲杉芽、接骨木花和花楸漿果。赫尼啜飲琴酒（Hernö Sipping Gin）是一款年度限量版（酒精濃度不固定），這個版本會將經典倫敦辛口琴酒於其他生產商使用過的酒桶中桶陳，這些酒桶可能來是之前的拉弗格威士忌（Laphroaig whisky）酒桶、瑞典威士忌、美國波本威士忌和雪利酒桶。所有的赫尼琴酒都不經冷過濾處理（見第 29 頁）。

hernogin.com

（見第 29 頁）

其他值得嘗試的瑞典琴酒

文島有機琴酒（Hven Organic Gin）
斯堪尼省（Skåne）

文島烈酒蒸餾廠位在丹麥和瑞典之間的文島（Hven/Ven），於 2008 年展開生產，同時還經營會議中心及附有餐廳和酒吧的酒店。團隊採用小麥為基底，運用他們生產威士忌的經驗，選擇以非傳統的方式來製作琴酒。首先將植物混合進行浸泡，其中包括當地杜松、西非小荳蔻和朝天椒以及柑橘，然後將製成的加味烈酒置於橡木桶中桶陳 18 個月。待蒸餾完成後再於不銹鋼桶中靜置三個月，最後再進行一次蒸餾，稀釋至 40% 酒精濃度後於廠內裝瓶。

hven.com

斯傳琴酒（Strane Gin）
波胡斯郡（Bohuslän）

斯默根（Smögen）這間小型蒸餾廠於 2009 年在哥特堡（Gothenburg）以北約 130 公里的瑞典小鎮亨尼博斯特蘭（Hunnebostrand）成立，但直到 2014 年，蒸餾廠才將業務由威士忌延伸到琴酒。他們採用一個 100 公升容量的小型木柴直火加熱的壺式蒸餾器，並以當地港口之名稱將他們的琴酒命名為斯傳琴酒。蒸餾師 Pär Caldenby 使用 12 種植物混合，包括鼠尾草、檸檬皮、羅勒、薄荷和甜杏仁，製作出三款餾出液體後將它們混合。混合的比例會依琴酒的型態進行調整，包括 47.4% 酒精濃度的商船強度琴酒（Merchant Strength）、57.1% 酒精濃度的海軍強度琴酒（Navy Strength），76% 酒精濃度的未切割強度琴酒（Uncut Strength），這款琴酒於雪利酒桶老桶中桶陳 18 個月，以及酒精濃度甚至高達 82.5% 的超級未切割琴酒（Ultra Uncut）。

strane.se

丹麥

到目前為止，丹麥的蒸餾業一直聚焦在本地烈酒阿夸維特（akvavit）上，但如今有許多蒸餾廠從國內的世界級餐廳（不論位於城市還是偏遠鄉村）汲取靈感，生產出一些富有想像力的琴酒。

康斯卡德生琴酒（Kongsgaard Raw Gin）
東西蘭島（East Zealand）

這款丹麥琴酒從森林中取得靈感，使用的植物例如碳化橡木、樹脂和桂皮，加上薑、油莎草莖、南薑和甘草

△ 丹麥品牌北歐琴酒

根。配方中還使用了當地以手工採摘的丹麥蘋果，製作真正與眾不同的琴酒。另一個獨特的性質是，這款琴酒在明火加熱的銅製干邑蒸餾器中進行蒸餾，使用小麥基底的烈酒來建構風味基礎，以 44% 酒精濃度裝瓶。

kongsgaardgin.com

北歐琴酒（Nordisk Gin）
北日德蘭半島（Northern Jutland）

工程師與冒險家安德斯・比爾葛拉姆（Anders Bilgram）是北極地區各種遠征活動的領隊，也是哥本哈根探險俱樂部成員，受到在他過去在幾間位在北極海沿岸私釀伏特加的非法微型蒸餾廠經驗的啟發，決定在北日德蘭半島（Northern Jutland）成立自己的北歐蒸餾廠（Nordisk Bænderi）。他的琴酒系列包括北方之星版（Edition Northstar，酒精濃度 44.8%），使用丹麥蘋果、沙棘、冰島歐白芷種子、瑞典雲莓、格陵蘭拉布拉多茶和丹麥西北部的野生玫瑰花瓣。薩瑞克版（Edition Sarek，酒精濃度 43.7%）使用樺木葉、松針、越橘、藍莓和歐白芷根，另外還有黑刺李版（Edition Sloe，酒精濃度 29.2%）。琴酒於手工製作的德國銅製壺式蒸餾器中進行蒸餾，使用來自蒸餾廠鑽井中的水稀釋，並全部以手工裝瓶後進行編號和簽名。

nordiskbraenderi.dk

經驗主義烈酒（Empirical Spirits）
哥本哈根（Copenhagen）

憑藉著他們在哥本哈根諾瑪（Noma）等世界級餐廳工作的經驗，經驗主義烈酒背後的廚師團隊經營一間實驗性蒸餾實驗室，實驗室內有各式各樣不同風格、怪異與美妙的餾出液。要列出他們的產品就像要把果凍釘上牆壁一樣，發行的版本包括「煙燻杜松」以及其他包括辣椒和珍珠麥等產品。這間擁有異常特別蒸餾器的藝術蒸餾廠，無疑將不斷地扭曲和翻轉，生產出世界任何地方都能買到的某些最有趣、最獨特的琴酒。

empiricalspirits.co

杜松辛口琴酒（Baraldur Turt Ginn）
丹麥法羅群島（Faroe Islands）

成立於 2008 年的 DISM 酒廠，最初是為了生產當地的阿夸維特，但目前也已經開始生產法羅群島的第一款名為 Baraldur 的琴酒。這個名字是法羅語中「杜松」的意思，使用當地泉水將烈酒稀釋，並以 37.5% 酒精濃度裝瓶。

dism.fo

芬蘭

芬蘭人從很久以前就與琴酒關係良好，歷史可以追溯到 1952 年當地為赫爾辛基奧運會而發展出來的著名「琴酒長飲」（gin long drink），但如今他們也已發展出自己的蒸餾琴酒界。

科洛蒸餾公司
（Kyrö Distillery Company）
博滕區（Ostrobothnia）

芬蘭人的黑麥烈酒消耗量是全球平均的六倍，於是製作以黑麥為基底的琴酒和黑麥威士忌的這個想法，就在一群朋友一邊做芬蘭浴一邊聊天時產生了。這個概念持續茁壯，不久團隊就在赫爾辛基一家名為「科洛觀光委員會」（Kyrön Matkailun Edistämiskeskus）的地下酒吧中開始供應他們生產的第一款黑麥烈酒。團隊忠於他們的座右銘「我們相信黑麥」，幾個月後就將蒸餾作業搬遷到伊索屈勒村（Isokyrö）一家舊奶牛場工廠並以此為永久據點，也讓它成為世界上最北邊的蒸餾廠之一。

創建蒸餾廠的五個朋友現在擁有一組專業人士組成的團隊，致力於製造黑麥琴酒和威士忌以及一系列產品，例如苦精及一款「琴酒長飲」。由於芬蘭販售酒精的法律非常嚴格，在 1952 年，當地需要一款除了啤酒外可以在奧運會上販售的產品，因此哈特瓦（Hartwall）啤酒廠想出了一個創意：混合琴酒及葡萄柚的罐裝調酒。突然間，這個國家有了一款國飲，今天你可以在芬蘭各地商店中的啤酒和葡萄酒區旁邊找到「琴酒長飲」專區。科洛重新詮釋了這個傳統，製作出一款以蔓越莓與琴酒混合的氣泡飲，並命名為「長科洛」（Longkyrö，5.5% 酒精濃度），以品牌的主要琴酒款「娜普威」（Napue，酒精濃度 46.3%）作為基底，加上新鮮蔓越莓汁和多種植物（例如迷迭香）。

科洛的另一款主要琴酒是柯斯奎（Koskue，酒精濃度 42.6%），這是一款用一座 1200 公升的科特（Kothe）蒸餾器製成的桶陳琴酒。娜普威和柯斯奎都採用一款由芬蘭全麥黑麥製成、酒精濃度達 95% 的黑麥烈酒製作，將包括沙棘、蔓越莓和白樺葉在內的十種當地野生採集植物在烈酒中浸泡 16 小時。當蒸餾程序開始時，再將木槿和接骨木花加入蒸餾器的籃子裡，透過蒸汽注入的方式（見第 20 頁）增添更多風味。柯斯奎會於美國白橡木桶中進行約三個月的桶陳，並用剛蒸餾完成的橙皮和黑胡椒進行微調，以凸顯來自桶陳過程中產生的香草風味。

除了核心琴酒商品之外，他們也以「研究系列」（Study Series）為名，生產多款實驗性產品。
kyrodistillery.com

◐ 檢視科洛琴酒的蒸餾器

其他值得嘗試的芬蘭琴酒

卡列瓦拉琴酒（Kalevala Gin）
北卡累利阿區（North Karelia）

德國化學工程師莫里茨・維仕坦伯格（Moritz Wüstenberg）於 2010 年因興趣而開始蒸餾，2014 年則開始進行商業蒸餾，裝瓶與分銷他的一系列卡列瓦拉琴酒。這家蒸餾廠不像科洛以黑麥為基底（見左側介紹），而是使用有機小麥烈酒裝填到他們名為 Sampo 的小型銅製蒸餾器中。他們的辛口蒸餾琴酒先將杜松加入酒精濃度 80% 的烈酒中浸泡 24 小時，之後再將四種植物——薄荷、玫瑰花苞、覆盆子葉、迷迭香——加進蒸氣籃中（見第 28 頁）。最終的成品以 46.3% 酒精濃度裝瓶。他們也生產海軍強度版本，但以非常規的低酒精濃度 50.9% 裝瓶。
kalevalagin.com

阿格拉斯琴酒（Ägräs Gin）
新地區（Uusimaa）

阿格拉斯蒸餾廠位在赫爾辛基以西 88 公里的菲斯卡斯（Fiskars）村內一座老舊鐵工廠中。蒸餾大師湯米・伯亨尼（Tomi Purhonen）僅使用四種植物生產阿格拉斯琴酒：杜松、野生歐白芷、紅三葉草和檸檬皮。阿格拉斯盛開（Ägräs Abloom Gin）琴酒使用相同的植物為基礎，但在蒸餾過程中添加了木槿花和本地蜂蜜。兩款琴酒都以 43.7% 酒精濃度裝瓶。
agrasdistillery.com

冰島

冰島擁有清澈的冰河水，是蒸餾廠選址時自然不過的選擇，但在幾個小型工藝蒸餾商嘗試運用當地植物往不同的新方向發展的帶動下，這個國家的琴酒風潮才剛要真正展開。

春泉琴酒（Vor Gin）
大雷克雅維克地區（Greater Reykjavík）

恩維克蒸餾廠（Eimverk Distillery）十年前在雷克雅維克成立，最初主要計畫使用種植於冰島南部沿海的大麥生產小批次冰島威士忌。經過四年與 163 次的蒸餾嘗試後，這個家庭式蒸餾酒廠找到了一個他們真正滿意的配方，並創造出了弗洛基（Flóki）威士忌。這家蒸餾廠完全不吝於嘗試新的風味，首波發行並且獲得國際肯

定的作品之一是一款將原味威士忌用羊糞進行煙燻製成的變化版。很奇特的是，這個方式對冰島本地居民來說是一件很普遍的事。這樣的實驗精神也延伸到蒸餾廠的琴酒生產中，春泉冰島（VOR Icelandic）使用與製作威士忌相同的發芽大麥基底烈酒，在壺式蒸餾器中以特別的植物配方再次蒸餾：野生冰島杜松子、當地大黃、岩高蘭、冰島歐白芷根、野生採集的白樺葉、歐亞麝香草、羽衣甘藍，冰島苔蘚和甜藻。這款酒風味極具特色並有出人意表的草本味，並有一股潛藏的麥芽調，這個風味可以合理的推測源自於基底烈酒。這個酒款以 47% 酒精濃度裝瓶。

另一款的春泉琴酒桶陳版本（酒精濃度同為 47%）使用美國橡木桶新桶進行兩個月時間的桶陳，讓原已風味十足的琴酒增添隱約的香草與椰子的風味。蒸餾廠還生產一款「黑刺李風格」的變化版，由桶陳琴酒與藍莓汁及當地種植的岩高蘭果汁混合製作而成。

vorgin.is

馬爾堡琴酒（Marberg Gin）
大雷克雅維克地區（Greater Reykjavík）

索倫蒸餾廠（Thoran Distillery）是由蒸餾師比爾基·馬爾·西于爾茲松（Birgir Már Sigurðsson）成立的全

🔵 冰島琴酒

新工藝蒸餾廠，探索經典的倫敦辛口琴酒的成分，做為它第一款琴酒名為馬爾堡冰島倫敦辛口琴酒（Marberg Icelandic London Dry Gin）的靈感。這款琴酒以 43% 酒精濃度裝瓶，杜松和柑橘味都很強烈，成分中還混合了芫荽、鳶尾根、歐白芷，黑胡椒和葡萄柚。但這款琴酒的轉折來自於其中採用的紅色海藻，當地稱為 söl 或 dulse，這個原料帶給琴酒少許的鹹味和鮮味，特別在加入冰塊時更為明顯。

marberg.is

挪威

挪威位於不斷爭論著誰才是阿夸維特發源地的北歐諸國正中央，已經有少數當地蒸餾商善加運用他們的蒸餾廠，採取全國種類豐富且各地差異明顯的花卉植物來生產琴酒。

奧斯陸工藝蒸餾廠（OHD）
奧斯陸（Oslo）

奧斯陸工藝蒸餾廠（Oslo Höndverksdestilleri）被大多數人簡稱為 OHD，位在挪威首都奧斯陸的布萊恩（Bryn）街區一棟可追溯至 1880 年代的古老紅磚工業建築中，由創辦人馬里斯·韋斯特內斯（Marius Vestnes）、馬辛·米勒（Marcin Miller）和馬丁·克拉耶夫斯基（Martin Krajewski）於 2015 年成立，請戴夫·加多尼歐（Dave Gardonio）提供專業服務。他畢業於愛丁堡赫瑞瓦特大學（Heriot-Watt University），也是正規的生物化學家、啤酒釀酒師和蒸餾師。

在蒸餾廠成立 88 年前的 1927 年，政府經營的國家葡萄酒專賣公司收購了挪威的最後一間蒸餾廠，這代表著本地傲人及獨立的蒸餾傳統就此終結。但近期挪威各地出現了幾間小型的獨立蒸餾廠，並開始生產不同的烈酒，OHD 正是其中之一。

他們投入一系列的烈酒生產，包括利用當地草本植物和香辛料混合生產阿夸維特酒，以及使用包括香楊梅、洋蓍草和杜松子等 26 種植物製成的消化消化苦精，當然他們也生產琴酒。

高原辛口琴酒（VIDDA Tørr，挪威語中 vidda 為高原之意）採用來自傳統英國辛口琴酒的靈感，但將北歐植物注入其中，特別是精選自挪威山區的香草植物和香辛料，讓這款琴酒更偏向傳統的北歐阿夸維特。總共採用 11 種植物，除了杜松之外還包括帚石楠、繡線菊、接骨木花、洋甘菊、洋蓍草，山桑、酢漿草，歐白芷根和白菖蒲根與松枝。所有原料會在德國製的 650 公升卡爾蒸餾器中浸泡至少 12 個小時。這款琴酒以 43% 酒精濃度裝瓶。

oslohd.com

⬤ 奧斯陸的奧斯陸工藝蒸餾廠裝瓶生產線

巴維斯登琴酒（Bareksten Gin）
卑爾根（Bergen）

距離挪威第二大城市卑爾根不遠的我們工藝蒸餾廠（Oss Craft Distillery），是曾擔任調酒師的史提格·巴維斯登（Stig Bareksten）生產巴維斯登琴酒的地方。這款琴酒使用馬鈴薯製成的基底烈酒，並以 46% 酒精濃度裝瓶。主要原料是挪威野生莓果，於五座 600 公升容量的蒸餾器中製作，並於 2017 年舊金山世界烈酒大賽中贏得眾人嚮往的雙金牌。

barekstenspirits.com

金瑪茹琴酒（Kimerud Gin）
布斯克魯（Buskerud）

在奧斯陸西南 32 公里處挪威村莊特蘭比（Tranby）的里耶（Lier）山谷裡，蒸餾大師史塔爾·哈瓦爾德森·強森（Ståle Håvaldsen Johnsen）在他自家農場的蒸餾廠中製作出金瑪茹琴酒。他使用 22 種植物，包括核桃、芫荽、檸檬皮，歐白芷根和薑根、薄荷、橙皮和斯堪地納維亞香草植物紅景天，這種植物採自北極挪威海的海岸懸崖。烈酒經過五次蒸餾程序，之後以純淨的山泉水稀釋至 40% 酒精濃度裝瓶。這家酒廠運用北歐傳統，還生產一款桶陳琴酒（酒精濃度 42%），於雪利桶老桶和法國橡木桶老桶中進行六個月的桶陳，這些木桶都曾被用來生產阿夸維特酒。

kimerud.no

波羅的海諸國

波羅的海諸國傳統上以伏特加、水果利口酒和香草藥酒（balsam，一種具有高度獨特性、風味強烈的草本烈酒）聞名。但隨著拉脫維亞、愛沙尼亞和立陶宛境內所生產的各種不同產品，琴酒已經開始急起直追。其中有趣的是，立陶宛的琴酒已取得歐盟地理保護身分（EU Geographical Protected Status）的資格。

愛沙尼亞、拉脫維亞與立陶宛

卡夫特琴酒（Crafter's Gin）
塔林（Tallinn）

卡夫特倫敦辛口琴酒（Crafter's London Dry Gin）生產於 1898 年成立的利維科（Liviko）蒸餾廠，以這個酒款「第 23 號配方」中的愛沙尼亞穀物和植物為原料，於一個被親切地稱為「伊爾莎媽媽」（Mamma Ilse）的銅鍋中製造。主要植物包括自卡布加烏的塔羅（Kubja Ürditalu）手工採摘的婆婆納和茴香籽，以 43% 酒精濃度裝瓶。

卡夫特香花琴酒（Crafter's Aromatic Flower Gin，酒精濃度 44.3%）使用含有天然銅色色素的野玫瑰萃取物，加入通寧水時，酒體會變成淡粉紅色。其他植物還包括繡線菊、薰衣草、洋甘菊、接骨木花、香橙以及檸檬皮和橙皮。

craftersgin.com

拉罕塔格薩拉馬島辛口琴酒（Lahhentagge Ösel Dry Gin）
薩拉馬島（Ösel）

拉罕塔格蒸餾廠使用產自薩拉馬島上的杜松，加上紫丁香、黃花九輪草、歐亞麝香草和北歐的薑為原料，生產出薩拉馬島辛口琴酒（Ösel Dry Gin），以 45% 酒精濃度裝瓶。

lahhentagge.com

交叉鑰匙琴酒（Cross Keys Gin）
里加（Riga）

這款琴酒由拉脫維亞香脂公司（Latvijas Balzams）於拉脫維亞首都生產，這家公司同時也生產其他兩個琴酒品牌：克里斯朵夫（Kristofors）和 LB 琴酒（LB Gin）。交叉鑰匙琴酒（名稱來自兩隻鑰匙交叉的標誌，是歷史上代表城市好客的象徵）是一款簡單、非常現代的琴酒，由創作出里加黑香脂（Riga Black Balsam）的同一個蒸餾團隊製作。里加黑香脂可以追溯到 1752 年，是一款含有 17 種植物原料、複雜且乾澀的苦味烈酒。相對的，交叉鑰匙琴酒（以 41% 酒精濃度裝瓶）僅使用杜松、洋甘菊、迷迭香和菩提樹花這四種植物，讓這款琴酒擁有充滿花香的細緻風格，同時又不會蓋過核心的杜松風味。

crosskeysgin.com

波羅的海諸國

卡夫特琴酒
香木
愛沙尼亞
拉罕塔格
交叉鑰匙琴酒
拉脫維亞
立陶宛
維爾紐斯伏特加蒸餾廠

香木煙燻琴酒（Flavorwood Smoky Gin）
塔林（Tallinn）

這款不尋常的琴酒，製作方式是將所有植物以橡木和杜松木煙燻過後才進行蒸餾。以 42.5% 酒精濃度裝瓶。

smokygin.com

維爾紐斯伏特加（Vilniaus Degtiné）
維爾紐斯（Vilnius）

在琴酒的世界中，只有極少的地理區域受到歐洲議會第（EC）110/2008 號條例的保護，立陶宛的首都維爾紐斯正是其中之一。當地目前只有維爾紐斯伏特加蒸餾廠（Vilniaus Degtiné distillery）仍一如過去 30 年般持續進行生產。如今，這家蒸餾廠是高濃度中性基底烈酒最大的製造商之一，產品供應給許多不同品牌，同時它也是波羅的海諸國酒精性飲料的領導生產商之一，共生產三款不同的琴酒。第一款是混合琴酒和苦精的科學怪人（Frankenstein），以 41.5% 酒精濃度裝瓶。第二款名為荊棘琴酒（Thorn Gin），是一款較具現代風格的琴酒，使用蒔蘿和橙皮為主要植物小批量蒸餾，以 40% 酒精濃度裝瓶。最後是維爾紐斯琴酒（Vilnius Gin），以 45% 酒精濃度裝瓶，含有杜松、蒔蘿籽、芫荽和橙子等植物，並且以其生產過程符合倫敦辛口琴酒型態的標準。

degtine.lt/lt/dzinas/dzinasvilniaus-500

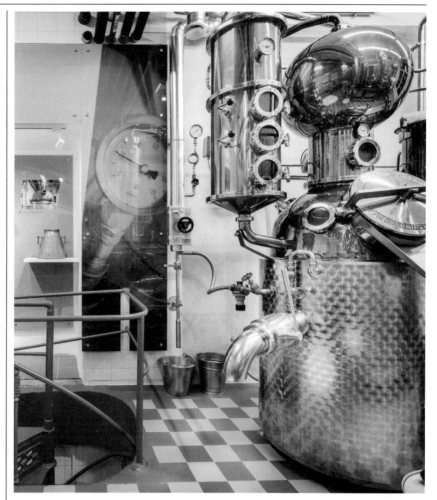

◔ 為卡夫特琴酒貼酒標

東歐與俄羅斯

對全球許多琴酒生產者而言，東歐是烈酒真正的本質與命脈之所在，這要歸功於主要生長在斯拉夫南部各國、產量豐富的優質杜松。確實，一些特級的杜松子都採自馬其頓史高比耶（Skopje）地區的丘陵地帶，一直到奧赫里德湖（Lake Ohrid）寧靜的岸邊。儘管當地可能看不見任何工藝蒸餾熱潮，但這個地區的重要性仍不可忽視。至於俄羅斯這樣一個遼闊且對社交和飲酒文化無比瘋狂的國家而言，令人驚訝的是琴酒在這裡幾乎沒有造成什麼影響。但基於當地對經典酒類飲品的強烈喜好，以及世界級酒吧的熱烈發展，琴酒風潮的展開應該只是遲早的事。

東歐與俄羅斯

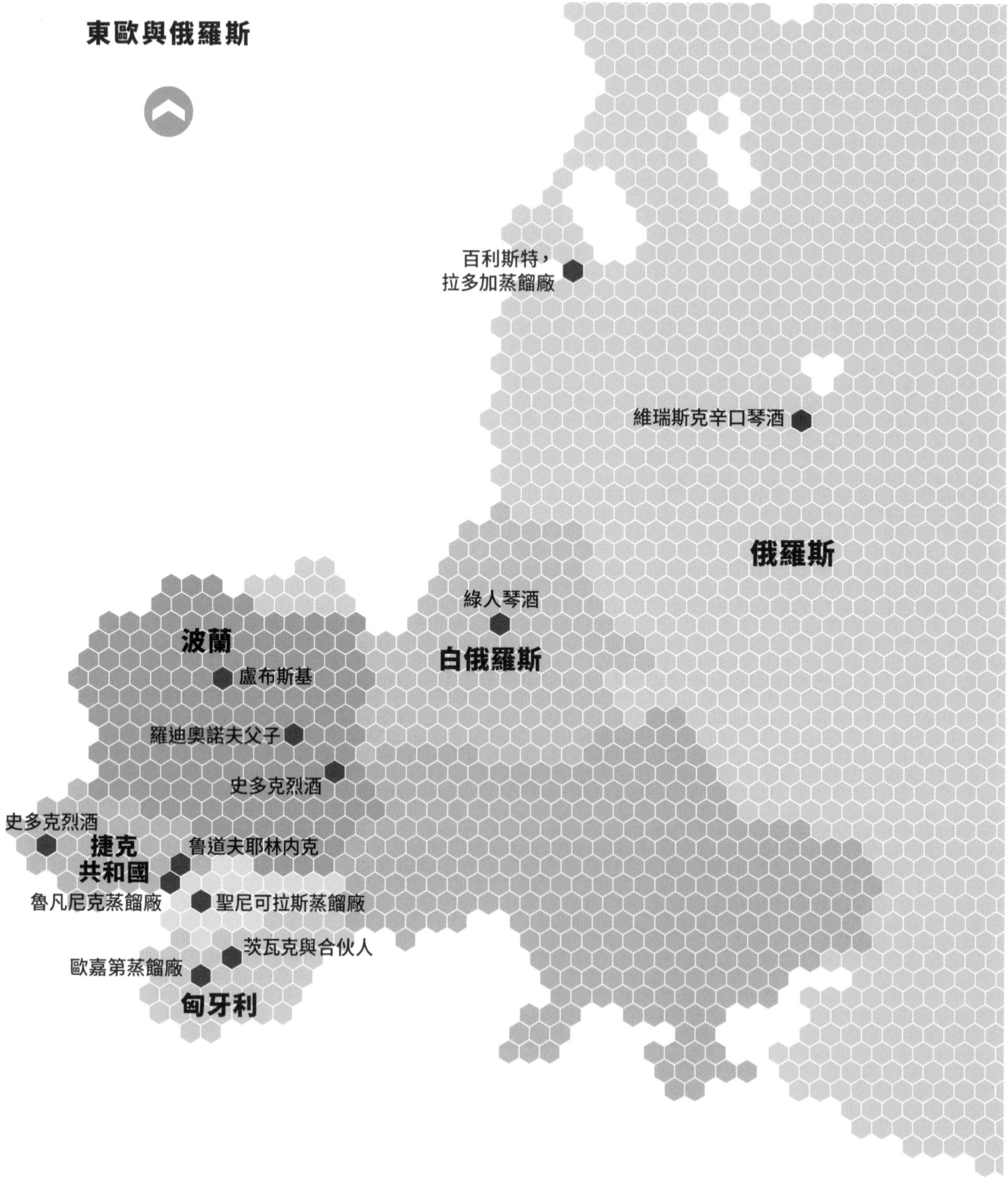

百利斯特，
拉多加蒸餾廠
維瑞斯克辛口琴酒
俄羅斯
綠人琴酒
白俄羅斯
波蘭
盧布斯基
羅迪奧諾夫父子
史多克烈酒
史多克烈酒
捷克
共和國
魯道夫耶林內克
魯凡尼克蒸餾廠
聖尼可拉斯蒸餾廠
茨瓦克與合伙人
歐嘉第蒸餾廠
匈牙利

捷克共和國與斯洛伐克

艾碧斯（absinthe）和貝赫洛夫卡（Becherovka）這類型的草本、苦味導向的烈酒一直是捷克國產烈酒的主要類型，其中貝赫洛夫卡正開始在東歐流行起來。根據國際酒類市場研究機構（IWSR）的統計，捷克的琴酒年度消費排名全球第 41 位（緊追在俄羅斯之後——見第 147 頁），每年售出的總量為 8 萬個 9 公升桶。斯洛伐克是一個有趣的琴酒生產國，因為它以斯洛伐克琴酒（Borovic̆ka）這個形式擁有屬於自己的地理標示保護制度（PGI）。根據法律，這款單一植物烈酒必須以穀物烈酒為基底，並含有增甜劑。

史多克烈酒（Stock Spirits）
利柏雷治（Liberec）

史多克烈酒是一家於波蘭、斯洛維尼亞、克羅埃西亞都有營運的的全國性生產商，公司生產三款最暢銷的國內主流琴酒：迪尼比爾特別琴酒（Dynybyl Special Gin，酒精濃度 37.5%）、史多克（Stock，酒精濃度 40%）和史多克至尊倫敦琴酒（Stock Prestige London Gin，酒精濃度 40%）。
stockspirits.com

魯道夫耶林內克（Rudolf Jelínek）
茲林（Zlín）

捷克的另一個主要生產商是位在維卓維策（Vizovice）的魯道夫耶利內克（Rudolf Jelínek），這家公司生產斯洛伐克琴酒（Slovácká gin，技術上來說是 Borovicĕka 或杜松白蘭地——見右側文字），這款單純的烈酒以杜松為唯一植物原料，陳化六個月後才以 45% 酒精濃度裝瓶。
rudolfjelinek.com

Omg琴酒（Oh My Gin）
茲林（Zlín）

瑪塞拉和約瑟夫・魯凡尼克（Marcela and Josef Žufánek）以及他們的三個兒子於 2000 年在靠近斯洛伐克和奧地利邊界的村莊——布拉尼中的布羅西采（Boršice u Blatnice）——成立了魯凡尼克這家小蒸餾廠（Žufánek Distillery），自從創作出捷克第一款被認可的工藝琴酒後，他們也帶動了潮流。憑藉著生產水果利口酒、白蘭地和艾碧斯經驗，他們於 2013 年決定嘗試小批次生產一款名為 OMG（Oh My Gin）的琴酒——結果大受好評。它的核心共有 16 種植物，包括杜松、芫荽、畢澄茄、西非小荳蔻、歐白芷、杏仁、薰衣草、新鮮的橙皮和捷克國樹——小葉菩提樹的花，植物在中性酒精中浸泡 36 小時後才以每批次 1200 公升進行蒸餾。琴酒獲得成功後，蒸餾廠於 2015 年向德國製造商阿諾霍爾斯坦採購了一對 300 公升的銅製壺式蒸餾器。另一款限量版的 OMFG 琴酒使用野生馬達加斯加胡椒（Piper borbonense）和乳香作為主要植物原料。兩款都以 45.5% 酒精濃度裝瓶。
ohmygin.com

聖尼可拉斯蒸餾廠（St. Nicolaus Distillery）
布拉提斯拉瓦（Bratislava）

聖尼可拉斯可以說是最受歡迎的斯洛伐克琴酒（Borovic̆ka）製造商之一，用利普托（Liptov）山區的水將杜松風味的餾出液稀釋到 37.5% 酒精濃度，創作出利普托斯洛伐克琴酒（Liptovium Borovic̆ka）。這家公司還生產倫敦一號琴酒（The London No.1 gin，47% 酒精濃度），這款酒於蒸餾後加入了藍色色素以增加效果。
stn-trade.sk

◉ OMG琴酒

匈牙利與克羅埃西亞

這兩國較有名的是水果基底的利口酒和烈酒——尤其是匈牙利國家美食之一的帕林卡烈酒（pálinka），但少數蒸餾商已經開始探索琴酒製作的奧妙，也有了一些有趣的成果。

歐嘉第琴酒（Agárdi Gin）
多瑙河中部（Central Transdanubia）

位在匈牙利塞克斯非黑瓦爾（Székes-fehérvár）郊區的史坦納莊園（Steiner Manor），是歐嘉第蒸餾廠近 20 年來的所在地，不遠處即是熱門的瓦倫采湖（Lake Velence）度假村所在的歐嘉第（Agárd）。在蒂博爾・韋特斯（Tibor Vértes）的控管下，這家酒廠可說是匈牙利獲獎最多的酒廠，生產的一系列帕林卡獲得了 300 多個獎項，包括杏桃、李子、蘋果、梨和黑櫻桃等口味，用的都是從瓦倫采湖區茂盛的果園中收成的水果。然而，韋特斯還是首度進行了琴酒蒸餾的跨界嘗試，使用蒸餾廠中的克里斯蒂安卡爾銅製壺式蒸餾器與不銹鋼柱式蒸餾器。歐嘉第匈牙利辛口琴酒（Agárdi Hungarian Dry Gin）具有單純、傳統杜松導向的風格，除了核心偏向草本元素外，還帶有薰衣草和柑橘調性的融合，以 43% 酒精濃度裝瓶。
agardi.hu

茨瓦克與合伙人（Zwack & Co.）
布達佩斯（Budapest）

茨瓦克與合伙人（成立於 1790 年）是匈牙利最古老且最知名的酒精飲料公司之一，生產大膽且非常獨特的烏尼古（Unicum）：一種苦甜參半的消化草本利口酒。他們也將海洋辛口琴酒（Marine Dry Gin）重新上市，這款以 37.5% 酒精濃度裝瓶的琴酒曾於兩次世界大戰之間廣受歡迎。海洋琴酒是匈牙利最多人飲用的琴酒之一，除了原始配方外，公司也發行了卡倫巴馬達加斯加香辛料琴酒（Kalumba Madagascar Spiced Gin，酒精濃度也是 37.5%），主要使用來自馬達加斯加和非洲大陸的植物蒸餾而成，包括菖蒲根、檸檬香脂、畢澄茄、丁香、肉桂葉、紅胡椒、薑黃、茴香實，萊姆皮、肉荳蔻花、小荳蔻，肉荳蔻、薑、香草、芫荽籽、苦橙皮和不可或缺的杜松子，蒸餾後於橡木桶中進行桶陳時會加入無花果乾，以增添深沉、甜美的果香風味。
zwackunicum.hu

老飛行員琴酒（Old Pilot's Gin）
札格雷布（Zagreb）

Duh u Boci 蒸餾廠是兩名飛行員在克羅埃西亞首都札格雷布成立的，名字的意思是「酒瓶中的烈酒」。老飛行員琴酒採用手工摘採的克羅埃西亞植物，包括杜松、橙子、薰衣草、鼠尾草，橄欖葉和歐白芷。他們使用 iStill（見第 27 頁）蒸餾器，因此得以拉長選用的植物在酒精中停留的時間，緩慢釋放精油。當植物精油隨蒸氣上升到蒸餾器頂端時，會再次冷凝。蒸餾完成後，這款琴酒會以 45% 酒精濃度裝瓶。
duh-u-boci.com/en

◔ 老飛行員琴酒手工貼標

波蘭

中性基底烈酒是製作任何琴酒的起點，因此波蘭人無疑憑藉著他們生產伏特加的歷史和傳統在起跑點取得優勢，而且有一些琴酒生產的開路先鋒已經在認真思考將精緻風味與高品質烈酒融合的概念。

盧布斯基琴酒（Lubuski Gin）
波美拉尼亞（Pomerania）

這是波蘭最暢銷的琴酒，早在 1987 年就已上市，由韓可酒廠（Henkell & Co.）生產，基底烈酒的穀物和杜松來自環繞奧德河（Oder River）兩岸的萊布斯之地（Lubusz Land）。產品系列包括三種版本：正規版的盧布斯基（酒精濃度 37.5%）出奇的複雜，以杜松、芫荽、小茴香、苦杏仁、月桂葉和歐白芷根為所有植物的核心。另外還有注入萊姆風味的版本（酒精濃度 37.5%）以及於橡木桶與栗子桶中成熟的七年桶陳版（酒精濃度 40%）。

henkell-polska.pl

麵包酒第十號（Polugar No.10）
（經由俄羅斯）

麵包酒（polugar）在俄語中是半燃燒麵包酒的意思，也是羅迪奧諾夫父子公司（Rodionov & Sons）的伯里斯·羅迪奧諾夫（Boris Rodionov）的一項長期專案，他一直在研究俄羅斯貴族的古老烈酒配方。19 世紀末，國家壟斷蒸餾事業時，許多產品和技術都因此失傳。麵包酒第十號是一款出色的烈酒，使用黑麥和小麥的穀物原料配方為基底，先在銅製葫蘆型蒸餾器（見第 22 頁）中進行兩次蒸餾，然後再與所有植物一起進行三道蒸餾，其中包括：野生杜松、芫荽、小

茴香、茴香、百里香、黑小荳蔻、檸檬皮、歐白芷、甘草根和鳶尾根、小茴香籽、肉桂、菖蒲、丁香、杏仁、小松果、羅勒、蔓越莓、越橘和雲莓，以及另外 12 種只有羅迪奧諾夫知道的西伯利亞香草植物。這款烈酒在波蘭生產（以 38.5% 酒精濃度裝瓶），但未來希望配方和技術終究能回到真正的發源地：俄羅斯。

rusvin.ru

最暢銷的琴酒：盧布斯基

充滿想像力的麵包酒第十號琴酒

俄羅斯與白俄羅斯

除了較知名的西方琴酒品牌外，俄羅斯國內的工藝琴酒市場還沒有像其他各大洲那樣的發展。根據 IWSR（見第 143 頁）的最新統計，全球琴酒消費依市場區分，俄羅斯排名第 40 位。儘管伏特加仍位居主流，但家庭蒸餾自用的量也不可低估。「薩摩貢」（Samogon）是「自行蒸餾」的意思，用來指稱自產自用的烈酒，自 1997 年起在全國大部分地區都已是完全合法的行為，通常以糖、馬鈴薯和其他蔬菜、水果或麵包為基底材料。

○ 俄羅斯的百利斯特琴酒

維瑞斯克（Veresk）
特維爾，俄羅斯（Tver, Russia）

這家重要的俄羅斯蒸餾廠成立於 19 世紀末，過去稱為卡辛（Kashin）蒸餾廠，它的歷史反映了俄羅斯過去一個世紀所經歷的動盪。當國家在 20 世紀初壟斷伏特加的生產時，這家蒸餾廠曾是主要的烈酒生產者之一，並經由當地鐵路運送產品。公司成功地在兩次俄國革命中生存下來，在第二次世界大戰期間部分廠房關閉，也歷經了 1980 年代和 1990 年代更劇烈的動盪。如今，它生產三款品質不同的琴酒，幾乎全數僅供應俄羅斯和其他少數波羅的海國家消費。三款琴酒分別為：蓋樂威琴酒（Galoway）、維瑞斯克辛口琴酒（Veresk Dry）和維瑞斯克頂級琴酒（Veresk Premium Quality），皆以 40% 酒精濃度裝瓶。
veresk.com

綠人琴酒（Green Man Gin）
白俄羅斯，明斯克（Minsk）

位於明斯克的蒸餾集團明斯克葡萄酒（Minsk Grape Wines）生產多種葡萄酒、伏特加、利口酒、蘋果酒以及以綠人琴酒，這是一款基本、杜松風味的烈酒，以 40% 酒精濃度裝瓶。
luding.ru

百利斯特琴酒（Barrister Gin）
俄羅斯，聖彼得堡（St Petersburg）

百利斯特於 2017 年上市，可說是俄羅斯最現代的琴酒，它是由位在聖彼得堡的拉多加（Ladoga）集團的蒸餾商生產，這家公司還為國內市場生產德烈夫尼（Drevniy）品牌的琴酒。百利斯特的設計主打運用英倫美學、琴酒的歷史與英國的法律系統，吸引國內年輕消費族群及更多人的注意。核心產品百利斯特辛口琴酒（Barrister Dry Gin）使用六種植物配方，包括杜松子、新鮮檸檬皮、芫荽、茴香、小荳蔻和肉桂，所有原料都經過個別蒸餾後混合在一起，最後以 40% 酒精濃度裝瓶。老湯姆（Old Tom）版本額外添加眾香子、肉荳蔻、歐白芷、杏仁和畢澄茄，同樣以 40% 酒精濃度裝瓶。2018 年他們擴大產品線，加入了天然調味琴酒產品。每款都由單一植物主導風味，例如百利斯特橙香琴酒（Barrister Orange），這個酒款以 43% 酒精濃度裝瓶。
barrister-gin.com

北美洲

美國

今日，美國琴酒熱潮的爆發，不但讓加拿大開始跟進（見第180頁），也使得美國成為全球第二大琴酒消費國（僅次於菲律賓──見第243頁）。目前共有數百家小型蒸餾廠在全美各地生產琴酒，工藝琴酒運動絲毫沒有放慢腳步的跡象。而在琴酒類型上，也從傳統的倫敦辛口這種重度杜松風味類型，轉向所謂的新西方（New　Western）琴酒類型──特色為著重使用如薰衣草、柑橘、芫荽等其他植物做為主導元素，讓琴酒風味的界線向外擴張。同時，蒸餾商也探尋更多特殊的本地杜松品種（見第34頁），並將桶陳琴酒的概念（見第21頁）介紹給新生代精明且喜愛嘗新的琴酒飲用者。

美國東岸

由於東部沿海地區是早期歐洲移居者抵達美國的地點，其中占最多數的荷蘭人是從今日的紐約地區登陸，因此大量與琴酒相關的活動都集中在這個地區，也不讓人意外。

紐約蒸餾公司（New York Distilling Company）
紐約（New York）

紐約市的蒸餾傳統可追溯至 1700 年代，據說在禁酒令期間，當地有超過 5 萬座非法蒸餾器。但自 1930 年代初以後，紐約區就沒再出現新的蒸餾廠。直到本世紀初，艾倫・卡茨（Allen Katz）決定在布魯克林如今超級時髦的威廉斯堡區，製作能反映禁酒令時期非法產品的琴酒。他之所以能夠在紐約州取得農場蒸餾商執照，並於 2011 年成立蒸餾廠開始營運，是因為他的黑麥威士忌中使用的所有穀物都向當地農民採購。

公司的產品組合中，除了黑麥威士忌之外，還有一系列的琴酒，這些不同的產品展現出琴酒在風味和類型上的廣泛性。展品生產以一座 1000 公升的卡爾蒸餾器為主，所有的植物都直接放入其中，不預先經過浸泡或蒸氣注入程序（見第 22 頁）。產出的第一款琴酒名為桃樂絲・帕克美國琴酒（Dorothy Parker American Gin），以著名的紐約作家與社交名媛命名，她曾說過馬丁尼是所有造訪過像是倫敦公爵酒店（見第 54 頁）這類指標性雞尾酒場合的人永遠的回憶。這款琴酒使用傳統和現代植物混合，包括杜松、接骨木莓、柑橘、肉桂和木槿花瓣等，從這些元素中提取並傳遞出的風味，讓這款琴酒極具現代感。這款酒以 44% 酒精濃度裝瓶。

蒸餾廠的第二款琴酒是海軍強度的「佩里的小杯酒」（Perry's Tot），為的是榮耀於 1841 至 1843 年間擔任布魯克林海軍船塢司令的馬修・卡爾布萊思・佩里（Matthew Calbraith Perry）。蒸餾廠表示，他早在 1833 年就「促成海軍學院的建立，推廣實用知識的傳遞——並鞏固專業海軍弟兄的向心力」。蒸餾廠進一步說明，這款琴酒的設計宗旨是「讚頌將 19 世紀的布魯克林智慧及勇氣與當代持續復興美國調酒文化的愛好者做結合的態度與方法」。這款琴酒以 57% 酒精濃度裝瓶，杜松為核心，並加入

○ 向卓越人士致敬：桃樂絲・帕克琴酒

◎ 紐約蒸餾公司

肉桂、小荳蔻、八角茴香和三種柑橘皮（檸檬、橙子和葡萄柚）做輔助。其中額外添加的特殊原料是從紐約州北部的蜂巢中採集的野生花蜂蜜，每批次 1000 公升產量的琴酒中約使用 2.5 公升，目的並非增加甜味，而是提升這款酒的黏稠度。

　　紐約蒸餾公司的團隊已發展出具有自己風格的的荷蘭琴酒（見第 18 頁）並命名為果瓦納斯酋長（Chief Gowanus）。布魯克林在 17 世紀曾為荷蘭的殖民地，這款琴酒採取 1809 年的一個美國配方，使用種植於紐約州的穀物，以美國黑麥威士忌製作出變化版的「荷蘭琴酒」。製作方式是將未經桶陳、以雙重蒸餾製成的黑麥威士忌酒裝進壺式蒸餾器中，並加入杜松子和克魯斯特啤酒花（Cluster hops，團隊認為這是 19 世紀初最有

據說在禁酒令期間，紐約市有超過5萬座非法蒸餾器。

可能使用的品種）進行第三次蒸餾。於橡木桶內桶陳三個月後，以 44% 酒精濃度裝瓶。

nydistilling.com

藍軍琴酒（Bluecoat Gin）
費城（Philadelphia）

藍軍琴酒受革命戰爭（Revolutionary War，1775 至 1783 年）期間自願加入軍隊與英國統治者作戰的庶民所啟發，當時他們因為身穿美國民兵制服而被稱為「藍軍」，藍軍以品牌來表彰叛逆和獨立的美國精神。這款琴酒由費城蒸餾廠生產並在 2006 年 5 月上市，這家酒廠是自禁酒時期以來於賓州設立的第一家工藝蒸餾廠。擴大營運後，公司目前設在一間名為艾傑克斯金屬公司（Ajax Metal Company）的舊址，這裡從 1800 年代後期到 1940 年代中期都在從事冶煉及鑄造，但已於數十年前廢棄。費城蒸餾廠團隊花費一年的時間籌備，才讓占地 1200 平方公尺的倉庫有了全新的風貌。它在 2015 年 12 月開業，廠區內還設有辦公室、一個品酒室、一家酒吧與一間零售店。

這款琴酒的生產過程以高酒精純度的中性穀物烈酒為起點，在蘇格蘭福賽斯家族第五代手工打造的銅製蒸餾器中，將有機植物加入這款烈酒中浸泡。浸泡過的烈酒隨後會被煮沸成為蒸氣並再次冷凝回液體，採用單一程序的方式（見第 29 頁）加水將烈酒稀釋至 47% 酒精濃度裝瓶。

三款主要產品（全部以 47% 酒精濃度裝瓶）中的第一款是經典的美國辛口琴酒（American Dry Gin），使用百分之百有機植物製作。這款酒的配方是祕密，但其中確定包括杜松、歐白芷、芫荽籽和美國產的各式柑橘皮混合物。另一款為橡木桶桶陳版，於 2014 年 11 月首度發行，採用 18 世紀的過桶程序，讓琴酒在木桶中至少陳放三個月。此外還有一款僅在蒸餾廠內販售的接骨木花風味限量版。

bluecoatgin.com

⌂ 藍軍琴酒蒸餾廠

弗萊西曼琴酒（Fleischmann's Gin）
肯塔基州（Kentucky）

查爾斯·弗萊西曼（Charles Fleischmann）原是捷克人，是猶太蒸餾商與酵母生產者阿洛瓦（亞伯拉罕）·弗萊西曼（Alois/Abraham Fleischmann）及妻子芭貝特（Babette）之子。他曾在匈牙利、維也納和布拉格受教育，通曉多種語言，在紐約與俄羅斯籍的亨麗埃特·羅伯森（Henriette Robertson）結婚。弗萊西曼曾在維也納管理一家蒸餾廠，於1865年前往美國，並於1868年和他的兄弟麥克西米蘭（Maximillian）以及蒸餾師詹姆斯·葛福（James Gaff）共同成立了一家公司，目標是生產兩項互相關連卻截然不同的產品——壓縮酵母和蒸餾烈酒。兄弟倆在壓縮酵母事業上獲得了成功，革新了烘培技術，並使麵包得以商業化生產。弗萊西曼最初的工廠於1870年設於俄亥俄州，生產琴酒、伏特加，以及一些早期版本的波本威士忌。禁酒令結束後，弗萊西曼在美國生產威士忌的大本營肯塔基州收購了一間蒸餾廠，並將公司所有的烈酒生產都轉移至此。弗萊西曼持續發展，有了14家廠房，家族變得十分富裕，經常搭乘私人軌電車從加州聖塔巴巴拉前往紐約。

在20世紀後期，弗萊西曼的蒸餾事業在幾家不同的飲料公司之間轉手，直至1995年移交到目前為紐奧良賽的瑟瑞克公司（Sazerac Company）旗下的巴頓公司（Barton Brands）手中。

弗萊西曼生產酵母所留下的資產，在禁酒令期間支持了他們對蒸餾事業的野心，同時也讓這款琴酒得以宣稱自己是（除禁酒令期間以外）美國連續生產的最古老琴酒，或「美國的第一款琴酒」——它的酒標就驕傲地這麼說。弗萊西曼的特級辛口琴酒（Extra Dry Gin，以40%酒精濃度裝瓶）依然是美國銷量最大的琴酒之一，這是一款植物成分或製造過程都沒有太多特別之處的基本琴酒。但這不應抹煞這個產品背後道地的美國夢故事，以及它在美國蒸餾史中的重要歷史性地位。

sazerac.com

鐵魚蒸餾廠（Iron Fish Distillery）
密西根州（Michigan）

鐵魚蒸餾廠坐落在一座1890年代廢棄農莊改建的地點，是密西根州第一座專門進行小批次工藝烈酒蒸餾的生產農場。海蒂·博格（Heidi Bolger）和大衛·華萊斯（David Wallace）與莎拉和理查·安德森（Sarah and Richard Anderson）合伙，於2011年購買了蒸餾廠目前所在位置的農地，但直到2013年一趟蘇格蘭和艾雷島之旅後，這個團隊才決定要成立一座蒸餾廠。

他們從源頭開始生產自己的烈酒，種植自己的穀物，並向密西根州其他農場採購穀物，這些農場都採取全程尊重周遭流域生態健康的方式種植穀物。這種他們稱為「從土壤到烈酒」的蒸餾方式，是這個家庭式經營的蒸餾廠運作的基礎，而他們採用的非轉基因穀物與天然酵母是其這個精神的核心。蒸餾廠親自進行輾碎、糖化、發酵和蒸餾，蒸餾廠的名字源自附近的貝特西河（Betsie River）中的硬頭鱒（Steelhead）。他們於自己的莊園中種植了25公頃的穀物，團隊與密西根州立大學一起努力保護環境，目的是採用可持續及自然的方式耕種和收成。他們以45%酒精濃度裝瓶的密西根林地琴酒（Michigan Woodland Gin），是以冬小麥為基底，加上包括白冷杉嫩枝在內的原生植物製作而成，並以自有的地下井水稀釋。他們也生產一款桶陳版本，同樣以45%酒精濃度裝瓶。

ironfishdistillery.com

美國經典：弗萊西曼

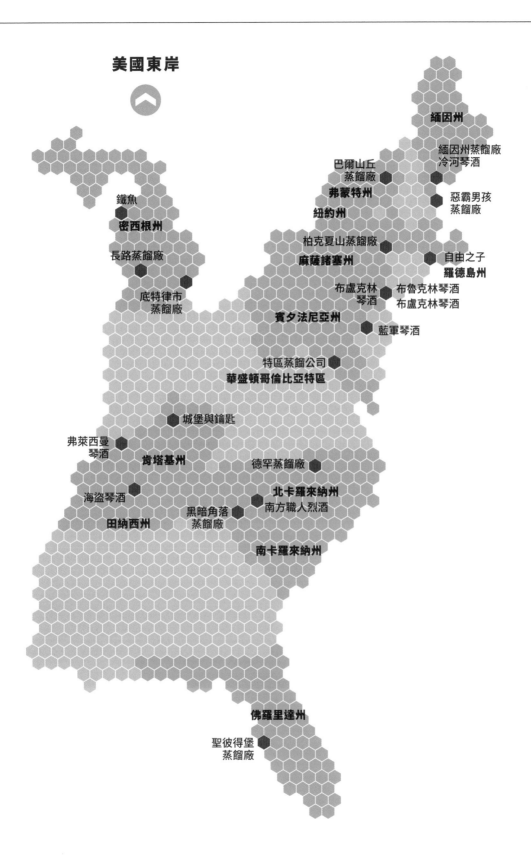

美國東岸

緬因州
緬因州蒸餾廠
冷河琴酒

巴爾山丘
蒸餾廠

惡霸男孩
蒸餾廠

弗蒙特州

紐約州

柏克夏山蒸餾廠

麻薩諸塞州

自由之子

羅德島州

鐵魚

密西根州

長路蒸餾廠

布盧克林
琴酒

布魯克林琴酒
布盧克林琴酒

底特律市
蒸餾廠

藍軍琴酒

賓夕法尼亞州

特區蒸餾公司

華盛頓哥倫比亞特區

城堡與鑰匙

弗萊西曼
琴酒

肯塔基州

德罕蒸餾廠

海盜琴酒

北卡羅來納州
南方職人烈酒

黑暗角落
蒸餾廠

田納西州

南卡羅來納州

佛羅里達州

聖彼得堡
蒸餾廠

布盧克林琴酒（Breuckelen Gin）

紐約州（New York）

布盧克林琴酒以布魯克林區（Brooklyn）命名，17世紀時，荷蘭移民以他們故鄉的名字，將此地命名為布盧克林（Breuckelen）。布盧克林琴酒由布萊德·艾斯塔布魯克（Brad Estabrooke）於2010年創立，同時進行威士忌和琴酒生產。位於日落公園（Sunset Park）一個車庫中的生產作業，採取一切從零開始的方式製作烈酒，使用紐約當地穀物，在400公升的科特蒸餾器中生產中性小麥烈酒。基底烈酒中所帶有的些許小麥風味，是該蒸餾廠核心商品榮耀琴酒（Glorious Gin）的特徵之一，這款琴酒使用杜松、迷迭香、薑和新鮮檸檬皮及葡萄柚皮。每種植物都經過個別浸泡及蒸餾後才進行混合，經過稀釋以45%酒精濃度裝瓶。酒廠還有一款於2011年首次發行的橡木桶桶陳版，同樣以45%酒精濃度裝瓶。

brkdistilling.com

布魯克林琴酒（Brooklyn Gin）

紐約州

艾米爾·賈內（Emil Jättne）和喬·山多士（Joe Santos）

為了親手製作高品質的小批次美國琴酒，在2010年創立了布魯克林琴酒。沃里克谷葡萄酒廠與蒸餾廠（Warwick Valley Winery and Distillery）位於紐約沃里克（Warwick），用克里斯蒂安·卡爾銅製壺式蒸餾器蒸餾這款琴酒，使用購自小型農場的百分之百美國玉米製成的基底烈酒，以及手切的新鮮柑橘皮和杜松。從浸泡到裝瓶（酒精濃度40%）的過程需時三天，每批次產量為300瓶。

brooklyngin.com

特區蒸餾公司（District Distilling Co.）

華盛頓哥倫比亞特區（Washington, DC）

這家蒸餾廠以一種截然不同的方式來處理他們的琴酒與蒸餾作業，他們的餐廳和酒吧就是以此為重點。這家酒廠與德州大學生物學教授與野生採集杜松子專家莫利·卡明斯（Molly Cummings）合作，發行了兩款琴酒，每款都以單一品種的杜松為中心：狂野六月西部風格琴酒（WildJune Western Style Gin，酒精濃度45%）的配方核心是野生紅莓杜松（Juniperus pinchotii），另一款鱷魚檜美式辛口類型琴酒（Checkerbark American Dry Style Gin，酒精濃度47%），使用的則是鱷魚杜松（Juniperus deppeana）。

district-distilling.com

冷河琴酒（Cold River Gin）

緬因州（Maine）

緬因州蒸餾廠的冷河琴酒由馬鈴薯農唐尼·席柏杜（Donnie Thibodeau）與兄弟李（Lee）於2003年成立。當年他發現自己生產過剩，因此接洽了現在成為蒸餾大師的啤酒釀酒師克里斯·道（Chris Dowe），並展開了一趟烈酒世界的冒險。位在夫立波特（Freeport）的蒸餾廠以馬鈴薯烈酒為起點，採行所謂的「從土地到酒杯」的烈酒生產。冷河琴酒用

德國製卡爾蒸餾器製作，以馬鈴薯烈酒為基礎，加上杜松、鳶尾根、芫荽、歐白芷、小荳蔻、檸檬皮和橙皮的混合。所有烈酒均以冷冽的地下水稀釋，這款琴酒以47%酒精濃度裝瓶。

coldrivervodka.com/gin/

柏克夏山蒸餾廠（Berkshire Mountain Distillers）

麻州（Massachusetts）

克里斯·韋德（Chris Weld）和妻子在2004年買下了一座蘋果園，並以生產蘋果白蘭地為目的，展開了他們在蒸餾世界中的實驗。他們於2007年在農場中成立了柏克夏山蒸餾廠，並於最後生產出灰鎖（Greylock，酒精濃度40%）和飄渺（Ethereal，酒精濃度約43%）這兩個版本的琴酒，其中飄渺具有會隨每批次生產而進化的可變動配方。在這座農莊蒸餾廠中，韋德種植了杜松及生產琴酒所需的其他植物原料，例如歐白芷、鳶尾根以及甘草。他們於2018年在雪非耳的主街（Main Street）上開了一家新的蒸餾廠。

berkshiremountaindistillers.com

惡霸男孩蒸餾廠（Bully Boy Distillers）

麻州

惡霸男孩蒸餾廠由戴夫和威爾·威爾斯（Dave and Will Willis）成立，最早位於波士頓郊外的一座農場，兩兄弟使用當地蘋果製作蘋果酒，接著他們又嘗試以4.5公升的小型蒸餾器進行蘋果白蘭地的生產實驗。戴夫深受發酵、蒸餾和陳化的科學所吸引，透過在密蘇里州和芝加哥與經驗豐富的蒸餾師一起工作的過程，他更精進了這些技能，而威爾則繼續負責領導公司的業務。他們使用近700公升的科特蒸餾器生產兩種主要琴酒類型（有趣的是，另一座3500公升的克里斯蒂安·卡爾蒸餾器用於生產所有其他產品）。他們的倫敦辛口類型產品直接命名為「琴酒」（Gin，以

45%酒精濃度裝瓶），使用甘蔗烈酒為基底，據兩兄弟表示，這種烈酒為他們提供了更堅實的基礎，風味來源包括義大利杜松、加州芫荽、葡萄柚、小荳蔻、洋甘菊和藍莓及其他植物。另一方面，他們的莊園琴酒（Estate Gin，以47%酒精濃度裝）則以中性穀物烈酒和蘋果白蘭地為基礎，蘋果白蘭地是以位於波士頓郊外謝爾伯恩（Sherborn）的斯托瑪隆蘋果酒廠（Stormalong Cidery）所發酵釀製的高強度蘋果酒蒸餾而成。選擇的各種植物也都非常不同，杜松的種類有阿爾巴尼亞杜松（Albanian）也有當地杜松（鉛筆柏，Juniperus virginiana），加上芫荽、檸檬、木樨、紅胡椒與一些其他神祕原料。

bullyboydistillers.com

生來就是琴酒（True Born Gin）

羅德島州（Rhode Island）

麥可·雷普奇（Mike Reppucci）在肯塔基州的美格波本威士忌（Maker's Mark Bourbon）工作了一段時間後，自行成立了自由之子烈酒公司（Sons of Liberty Spirits Company），生產各式不同的烈酒，所有產品皆以採用小麥、蒸麥和大麥的混合穀物原料配方製成的比利時類型啤酒為基礎。這家公司出品的「生來就是琴酒」（以45%酒精濃度裝瓶）被形容為具備荷蘭琴酒的特色（見第13頁），植物原料包括杜松、芫荽、橙皮、香茅和啤酒花，並採取蒸氣注入法（見第20頁）萃取植物和啤酒花的風味。所有剩餘的液體皆會以酸啤酒的形式裝瓶。

solspirits.com

喀里多尼亞烈酒（Caledonia Spirits）
弗蒙特州（Vermont）

受巴爾山丘自然保護區（Barr Hill Nature Preserve）景觀的啟發，萊恩·克里斯琴森（Ryan Christiansen）和陶德·哈迪（Todd Hardie）於2011年創立了喀里多尼亞烈酒，並以他們位於佛蒙特州的所在地喀里多尼亞命名，願景是運用當地原料生產工藝烈酒，以支持本地農業。他們最初使用一座獨特的68公升直火加熱蒸餾器（見第29頁），生產以蜂蜜為啟發的巴爾丘琴酒（Barr Hill Gin，酒精濃度45%）和伏特加。為了努力達到市場的需求量，他們每年進行將近450次的琴酒蒸餾。2013年，蒸餾廠升級採用一座更大型的1500公升蒸餾器，在一年後推出了取名為公貓（Tom Cat）的桶陳琴酒，之後還開始打造自己的木桶。在六個月的過程中，喀里多尼亞的團隊與當地林務局、鋸木工和卡車司機合作，尋找可永續採伐的木材，並聘請鮑勃·哈克特（Bob Hockert）擔任他們的製桶大師。他們使用百分之百種植於佛蒙特州的白橡木製成的木桶進行桶陳，第一版公貓琴酒於2016年發行（以43%酒精濃度裝瓶）。2015年，首席蒸餾師克里斯琴森向哈迪買下公司，而哈迪也接著購入一座當地農場，並成為蒸餾廠的黑麥供應商。caledoniaspirits.com

紅衣主教琴酒（Cardinal Gin）
北卡羅來納州（North Carolina）

家庭式經營的南方職人烈酒（SAS）蒸餾廠成立於2012年，位於藍嶺山脈（Blue Ridge Mountains）山腳下的國王山鎮（Kings Mountain），僅採用有機原料生產紅衣主教琴酒。所有關鍵的新鮮植物其中一部分種植於本地，包括杏仁、丁香、乳香、薄荷和綠薄荷。這家酒廠也生產桶陳版的琴酒，兩款皆以42%酒精濃度裝瓶。southernartisanspirits.com

震怒琴酒（Conniption Gin）
北卡羅來納州

德罕蒸餾廠（Durham Distillery）由梅利莎和李·卡特林奇克（Melissa and Lee Katrincic）成立於德罕，他們採用經典琴酒的製作傳統，並結合「取材自現代化學的技術」。這家酒廠的小批次琴酒採用特別訂製的230公升德國銅製壺式蒸餾器，並對風味較紮實的植物原料進行真空蒸餾（見第28頁）——例如印度芫荽、歐白芷根和小荳蔻以及杜松。至於較纖細的植物——如黃瓜、柑橘和金銀花——則在室溫下以20公升的旋轉式蒸餾器（見第28頁）真空蒸餾後才混入琴酒基底中。他們生產的兩款琴酒分別是震怒美式辛口琴酒（Conniption American Dry，以44%酒精濃度裝瓶）和震怒海軍強度琴酒（Conniption Navy Strength，以57%酒精濃度裝瓶），後者使用印度芫荽、葛縷、迷迭香、小荳蔻和桂皮，以及採旋轉式蒸餾的無花果和柑橘等植物原料。durhamdistillery.com

約卡西琴酒（Jōcassee Gin）
南卡羅來納州（South Carolina）

黑暗角落蒸餾廠（Dark Corner Distillery）是一家於2011年在格林維（Greenville）成立的工藝微型蒸餾廠，採取由創辦人喬·芬頓（Joe Fenten）設計的系統，以柑橘、金銀花和木蘭花為主要植物，經由壺式蒸餾生產出約卡西琴酒。使用的植物於春夏月分採收，待幾個月後才浸泡於烈酒中，隨後進行過濾。產出的烈酒再於1325公升的蘇格蘭銅製壺式蒸餾器中進行最後的蒸餾程序（以42%酒精濃度裝瓶）。這家酒廠也發行一款桶陳版本，琴酒於在美國炙烤白橡木桶中桶陳完成後，以新鮮的當地水源稀釋成42%酒精濃度裝瓶。darkcornerdistillery.com

老聖彼特熱帶琴酒（Old St. Pete Tropical Gin）
弗羅里達州（Florida）

蒸餾商家族第四代的亨利·卡斯普羅（Henry Kasprow）於2014年與拉弗拉迪（Lafrate）家族共同成立了聖彼得堡蒸餾廠（St. Petersburg Distillery）。他們的熱帶琴酒（Tropical Gin，以45%酒精濃度裝瓶）以銅製壺式蒸餾器生產，使用弗羅里達典型的陽光和柑橘類水果，在14種不同植物混合的原料中讓柑橘皮與杜松取得平衡。stpetersburgdistillery.com

城堡與鑰匙修復發行版琴酒（Castle & Key Restoration Release Gin）
肯塔基州（Kentucky）

威爾·艾文（Will Arvin）和衛斯·莫瑞（Wes Murry）接管且復興了傳奇蒸餾商艾德蒙·海恩斯·泰勒二世（Edmund Haynes Taylor Jr）上校於1887年在密爾維（Millville）成立的一間蒸餾廠。這間蒸餾廠在它當年十分具有開創性，以獨特的建築元素為特色，包括一座城堡、一個經典水井屋及下沉式花園，但在上世紀末，這裡已經成為廢墟。隨著城堡與鑰匙蒸餾廠（Castle & Key Distillery）的建立，此處在這個以蒸餾聞名之州再次重生。城堡與鑰匙於本地採購原料，並使用精選穀物自行蒸餾而不是以大量購買的伏特加來製作烈酒。修復發行版琴酒採用當地文德莫（Vendome）銅製蒸餾器製作，使用以17%黃玉米、63%黑麥和20%發芽大麥製成的基底烈酒，加上洋甘菊、薑、迷迭香，檸檬馬鞭草、甘草和歐白芷根、芫荽與不可或缺的杜松。這款琴酒以53%酒精濃度裝瓶，每個瓶身上的酒標都詳細標示生產資訊和植物原料。castleandkey.com

海盜琴酒（Corsair Gin）
肯塔基州／田納西州

海盜蒸餾廠由童年好友德瑞克·貝爾（Darek Bell）和安德魯·韋伯（Andrew Webber）於2008年創辦，最初設在肯塔基州的波林格陵（Bowling Green），後來他們於2010年在田納西州的納士維（Nashville）成立了另一家酒廠，並成為禁酒令時期以來這座城市的第一家工藝蒸餾廠。海盜蒸餾廠所生產的烈酒在國內和國際烈酒比賽中贏得了800多面獎牌，可說是美國最具創新性與風格不拘的蒸餾廠之一。海盜職人琴酒（Corsair Artisan Gin）在手工打造的小型壺式蒸餾器中小批次生產，風味來自橙子、檸檬和芫荽（以44%酒精濃度裝瓶）。海盜不斷挑戰烈酒類別的界線，而他們的桶陳琴酒也不例外。這款琴酒使用舊蘭姆桶進行桶陳，帶來特別的甜味、果香／辛香料調，具有香草和熱帶水果的香氣和風味，並具備肉桂、丁香和薑的木質底蘊及獨特的植物平衡（以46%酒精濃度裝瓶）。corsairdistillery.com

美國中部

隨著工藝蒸餾風潮席捲全美國，製造如威士忌等各種陳年烈酒的生產商也將注意力轉向包括琴酒在內的透明烈酒，以幫助自己建立完整的烈酒產品線。但由於他們所生產的琴酒市場變得非常龐大，因此許多生產商選擇把琴酒當作他們的主力商品。

菲爾烈酒（F.E.W Spirits）
伊利諾州（Illinois）

保羅·赫雷特科（Paul Hletko）是前啤酒釀酒師，同時也是個烈酒迷，於 2011 年成立這個品牌，他的祖父曾於第二次世界大戰期間在今日的捷克共和國經營一家非常成功的啤酒廠。菲爾烈酒是美國工藝蒸餾復興的創始成員之一。這家酒廠的故事之所以如此吸引人，是因為它驕傲地坐落在芝加哥北側中等規模的城市艾凡斯頓（City of Evanston）。80 多年前，當全美被封鎖在嚴格管制的禁酒時期，這裡曾是美國基督教婦女禁酒聯合會（Women's Christian Temperance Union of America）發展活躍的溫床。這個諷刺的連結還延伸到菲爾（F.E.W.）的品牌名稱與法蘭西斯·

伊麗莎白·威拉德（Frances Elizabeth Willard）的姓名縮寫的對應關係——她被普遍視為 1890 年代禁酒運動改革背後的女性驅動者，也是艾凡斯頓市直到 1990 年代後期仍是個禁酒城市的原因。

今日菲爾是出色的琴酒蒸餾生產者之一，這家酒廠所有的基底烈酒開始都由從頭開始製作，而非自第三方購入中性烈酒後加入植物再度蒸餾製成琴酒。基底烈酒本質上就是這家酒廠裝於木桶製作菲爾波本威士忌的烈酒，烈酒的穀物配方包括印第安納州種植的玉米、黑麥和小麥的混合，加上少量的麥芽幫助發酵過程的啟動。製做出的琴酒帶有一股明顯的麥芽及甜穀物的風味。

核心產品美國琴酒（American Gin）的配方中共有 11 種植物，包括

◎ 菲爾蒸餾廠的產品陣容

位於芝加哥的菲爾蒸餾廠

橙皮和檸檬皮、啤酒花、香草、桂皮和西非荳蔻，並加上充分的杜松。這些原料都會被裝入大型茶包中，於蒸餾程序開始前浸泡在琴酒蒸餾器中。該酒款以 40% 酒精濃度裝瓶。

除了主力琴酒外，菲爾也生產幾款變化版，其中一款是早餐版（Breakfast edition），這個版本加入伯爵茶以增添佛手柑芳香的調性，另外還有較高強度的版本（酒精濃度 57%）版及桶陳版。桶陳版呈現奶油、橡木調性的風味，並帶有薑餅香辛料的尾韻。這款琴酒在小型的美國橡木桶新桶中進行四個月的桶陳，使用含有大量香辛料的植物混合為原料，創造出能與橡木相呼應的紮實烈酒。桶陳後以 46% 酒精濃度裝瓶。

赫雷特科的每一款琴酒都有獨特配方，且永遠都在進行實驗，以增添（或減少！）他的產品系列。

fewspirits.com

死亡之門琴酒（Death's Door Gin）
威斯康辛州（Wisconsin）

死亡之門蒸餾廠是一家真正的烈酒生產商，成立之初僅是用來探討華盛頓島上的農業能否被恢復、推廣和保留的一項實驗，如今它已憑藉該公司位於密德頓（Middleton）配備先進設施的蒸餾廠發展成一家成熟企業。這家酒廠由布萊恩・艾勒森（Brian Ellison）創立，並於 2012 年 6 月 4 日正式開業，是州內最大的工藝蒸餾廠，同時也是這個地區最大的工藝酒廠之一，每年生產超過 25 萬箱產品，包括各式威士忌、琴酒、伏特加，以及一款名為神力薄荷（Wondermint）的職人工藝薄荷烈酒。

這家蒸餾廠非常重視他們的基底烈酒，並與當地致力於發展可持續農業的麥可・菲爾德斯研究所（Michael Fields Institute）合作，選用適合生長於島上獨特海洋環境、名為哈佛和卡來爾（Harvard and Carlisle，通常用在製作麵粉）這兩個特定品種的硬質紅冬麥，加上玉米和發芽大麥做為他們琴酒製作的基礎，他們生產的伏特加也採用相同的配方。用來製作琴酒、伏特加酒和威士忌的大麥，也透過與其他農民合作種植於威斯康辛州。製作過程的第一步是先將大麥和小麥發酵，接著通過汽提柱式蒸餾器（見第 249 頁）讓烈酒的酒精濃度達到 80% 以上，再經由伏特加蒸餾器進行第二次蒸餾，將酒精濃度提升至 96% 以上。之後採用相同程序個別對玉米進行發酵及蒸餾。

死亡之門的標語是「永續性」，生產中使用的植物都儘可能在州內採購。事實上，這家公司每年都在華盛頓島上舉辦一場杜松豐收慶典，參加者可在此摘採琴酒使用的野生杜松子（Juniperus virginiana）。

死亡之門琴酒運用這些野生杜松子加上本地的芫荽和茴香籽，混合出簡單卻效果極佳的配方，並採蒸氣注入法的方式進行蒸餾（見第 22 頁），由於基底烈酒本身的風味已具備深度，讓它僅需較少的植物便能對風味產生影響。這款琴酒以 47% 酒精濃度裝瓶。

死亡之門於 2018 年底被另一家當地的蒸餾廠——跳舞的山羊（Dancing Goat）——收購，琴酒生產線也因此搬遷到劍橋鎮（Cambridge）東邊約 50 公里的地方。

deathsdoorspirits.com

簡單卻出色：死亡之門琴酒

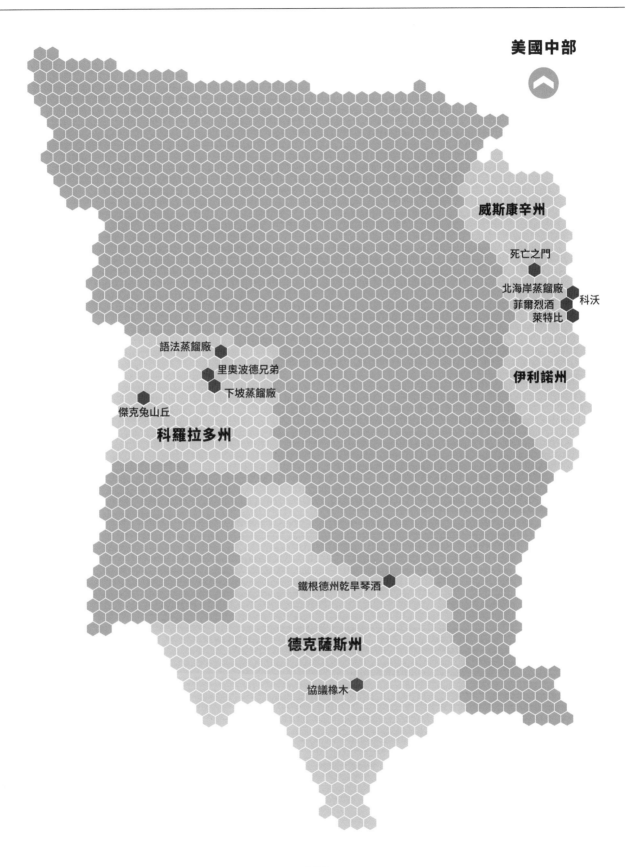

美國中部

威斯康辛州

死亡之門

北海岸蒸餾廠
菲爾烈酒　　　　　　　科沃
萊特比

語法蒸餾廠

里奧波德兄弟

下坡蒸餾廠

伊利諾州

傑克兔山丘

科羅拉多州

鐵根德州乾旱琴酒

德克薩斯州

協議橡木

滑鐵盧琴酒（Waterloo Gin）
德州（Texas）

德州已成為工藝蒸餾世界中的重要角色。只要提到琴酒，這個州都有一段可以引述的歷史。其中一位最早開始接納工藝琴酒的人是丹尼爾·巴恩斯（Daniel Barnes），他於 2005 年創立葛雷漢·巴恩斯蒸餾廠（Graham Barnes Distilling），這家酒廠現已改名為協議橡木蒸餾廠（Treaty Oak Distilling），這個名稱源自位於奧斯丁（Austin）一棵有 500 年歷史的樹，史蒂芬·F·奧斯汀（Stephen F Austin）當年曾在這棵樹下簽署了界定德州邊界的協議。

他們最早的產品只有蘭姆酒這個品項，直到六年後的 2011 年才推出一款取名為滑鐵盧的琴酒，滑鐵盧這個令人好奇的名稱其實是奧斯丁原本的舊名。2016 年，蒸餾廠遷往一座更大的生產基地：在距離奧斯丁約 40 公里遠的滴泉鎮（Dripping Springs）上一塊占地 12 公頃的土地。在這裡，他們極度重視永續性，並聘請這個領域的專家傑米·貝爾（Jamie Biel）負責監控水質並擴展他們的的永續性方案。公司自稱是從德州汲取靈感的「蒸餾師、侍酒師、植物學家和建築師的聚合體」。

協議橡木蒸餾廠使用混合玉米及小麥等穀物原料配方物製作琴酒的基底烈酒。他們的旗艦琴酒滑鐵盧九號（Waterloo No.9）以杜松、芫荽和茴香籽為核心，加上來自胡桃、薰衣草和葡萄柚皮的額外風味，所有植物都在德州採收並採取蒸氣注入法（見第 20 頁）製作。採用經過石灰石過濾的德州泉水稀釋後，以 47% 酒精濃度裝瓶。滑鐵盧古董琴酒（Waterloo Antique Gin）使用中度碳化的白橡木桶進行桶陳以仿效荷蘭琴酒類型（見第 18 頁），經過長達 18 至 24 個月的桶陳後，以 47% 酒精濃度裝瓶。

另一款老湯姆類型（見第 21 頁）的滑鐵盧老代茶冬青琴酒（Waterloo Old Yaupon），使用僅以野生代茶冬青花產出的蜂蜜為原料，為琴酒增添的甜度及黏稠度。該款琴酒還有來自麻瘋柑、茴香籽和鳶尾根的風味，並以 45% 酒精濃度裝瓶。

所有琴酒都採用協議橡木專有的蒸餾流程及它們獨特的蒸餾器進行，這個蒸餾器於壺式蒸餾器上方結合了柱式精餾器（見第 25 頁），由位於肯塔基州的文德莫生產。他們與一家名為美國柑橘（US Citrus）的種植商合作，於德州谷（Texas Valley）採購所有柑橘類水果，這家種植商也是全美最大的萊姆生產者。在發展琴酒時，蒸餾廠與美國柑橘公司發現，較年輕、尚未成熟的柑橘，果皮中的精油含量比較老、較成熟的柑橘更高。

waterloogin.com

⊙ 協議橡木蒸餾廠，滑鐵盧琴酒的生產地

他們高度重視永續性，並聘請專家傑米·貝爾負責監控水質、擴展蒸餾廠的永續性方案。

科沃（KOVAL）
芝加哥（Chicago）

由夫妻檔羅伯特·波內科博士與索娜塔·波內科博士（Dr Robert and Dr Sonat Birnecker）創辦的科沃成立於2008年，可以自豪地宣稱他們是自1800年代中期以來芝加哥第一間開業的蒸餾廠。羅伯特曾於祖國奧地利協助祖父母創立非常成功的蒸餾廠，並累積了豐富的蒸餾專業知識。如今，這家蒸餾廠以一座5000公升的德國製科特蒸餾器為運作核心，生產有機威士忌、利口酒和琴酒等產品，全程遵循從穀物到酒杯的理念不使用外購中性烈酒。科沃辛口琴酒（KOVAL Dry Gin，以47%酒精濃度裝瓶）讓人聯想到杜松味直接的倫敦辛口琴酒類型，但這款以多種獨特林地香辛料製成的琴酒，背景中還帶有清新、花草平衡的風味。首先出現的是杜松和野花的風味，之後則有草地調及香草香氣接續。桶陳版本（酒精濃度同樣是47%）桶陳於科沃威士忌酒桶中，讓琴酒帶有黏稠性、香辛料和奶油味。

koval-distillery.com

萊特比琴酒（Letherbee Gin）
芝加哥

靈魂人物布蘭頓·恩格爾（Brenton Engel）在芝加哥調酒圈是一名業界傳奇，而萊特比蒸餾廠則是一座讓他跟合伙人一起創作出從琴酒到桶陳艾碧斯及Bësk等不同產品的遊樂園。其中的Bësk是一款漸被遺忘、以苦艾草為基底的瑞典烈酒，調酒師喜歡請其他調酒師喝這款烈酒，當作是一種同行之間「熱烈」的慰藉。恩格爾的蒸餾技術起源於12年多前在他的地下室生產的一批私釀酒，在當時讓自製酒的可能性成為一個從調酒師到當地廚師都在談論的熱門話題。萊特比的旗艦烈酒是一款匯集了11種植

物、酒精濃度達48%的強勁琴酒。具有強烈杜松味，經典的植物組合包括芫荽、小荳蔻、歐白芷根和肉桂，加上帶來胡椒辛香辛料風味的畢澄茄果、以及柑橘風味的檸檬皮與橙皮，另外還有隱約的甘草、茴香以及滑順的杏仁堅果味。每年除了發行春季版（Vernal）外，出色的秋季版（Autumnal）會將烤榛子、熱可可粒和黑胡桃添加於植物混合中。

letherbee.com

北海岸蒸餾廠（North Shore Distillery）
伊利諾州（Illinois）

與科沃（見前文）一樣，這個故事裡也有一對具開創性的夫妻，且這對夫妻可以宣稱他們協助啟動了整個伊利諾州的工藝蒸餾圈。德瑞克與索尼婭·卡斯鮑姆（Derek and Sonja Kassebaum）於2004年成立北海岸蒸餾廠，這家酒廠現在已經從最初的地點搬遷到一個專為蒸餾打造的新廠，廠內仍配置了以索尼婭祖母名字埃塞爾（Ethel）命名的德國製250公升蒸餾器。在他們的眾多烈酒產品中（包括伏特加、蘭姆酒和阿夸維特），核心是四款不同的琴酒：蒸餾商六號（Distiller's No.6）、倫敦辛口琴酒類型，重杜松風味的蒸餾商十一號（Distiller's No.11，兩款皆以45%酒精濃度裝瓶）、蒸餾商六號高酒精濃度版本（55%）的偉大琴酒（Mighty Gin），以及無視法律的老湯姆琴酒（Scofflaw Old Tom，酒精濃度45%），這款老湯姆琴酒使用新鮮橙皮讓它具有柑橘導向的特色，同時還加入茴香籽和桂花增添琴酒清新、桃／杏的花香

味，使用精選檸檬皮（採手刨新鮮檸檬皮而非使用乾燥果皮）、小荳蔻和肉桂來伴隨精緻的花香調，所有植物都先於基底烈酒中浸泡數小時後才進行蒸餾。

northshoredistillery.com

底特律市蒸餾廠（Detroit City Distillery）

底特律（Detroit）

八個兒時玩伴在底特律市中心成立了底特律市蒸餾廠，他們的目標是使用密西根州當地大麥，以老派的方式製作酒。該蒸餾廠使用向附近農場直接購買的原料製作小批次職人威士忌、伏特加與琴酒，有些實驗性琴酒使用的植物來源甚至僅距蒸餾廠兩個街區。他們的鐵路琴酒（Railroad Gin，酒精濃度44%），使用杜松、小荳蔻、芫荽、八角茴香、鳶尾根、新鮮橙皮和肉桂，原料全部來自歷史悠久的東區市場（Eastern Market）中的傑瑪可公司（Germack Co.）這家供應商。同樣以44%酒精濃度裝瓶的和事佬琴酒（Peacemaker Gin），則僅使用五種植物製作，包括杜松、芫荽、橙皮、白松和藍雲杉，其中白松和藍雲杉是蒸餾廠創辦人20多年前在密西根州巴斯鎮（Bath）的福賽思農場（Forsyth Farm）種植的。

detroitcitydistillery.com

長路琴酒（Long Road Gin）

密西根州（Michigan）

長路蒸餾商（Long Road Distillers，取名長路是因為他們不願意走捷徑）在他們位於大湍城（Grand Rapids）的家鄉，從零始製作出他們包括琴酒、威士忌、伏特加和蘋果白蘭地等全系列的烈酒。他們的琴酒採用選自當地農場的穀物，基底是百分之百的紅冬小麥，種植於貝爾丁市（Belding）距蒸餾廠不遠的赫夫龍（Heffron）農場，該農場成立於1921年，目前由家族第四代農夫經營。全穀會在蒸餾廠內碾磨成小麥並進行發酵，接著長路琴酒使用的六種植物會個別蒸餾後進行混合，最後以45%酒精濃度裝瓶。長路採用肯塔基州的文德莫蒸餾器與德國的慕勒蒸餾器進行生產。

longroaddistillers.com

喀普洛克琴酒（Caprock Gin）

科羅拉多州（Colorado）

傑克兔山丘農場位於科羅拉多州西部的北福克谷（North Fork Valley）的霍奇基斯（Hotchkiss）附近，於2000年成立之初是一家多元有機農場，但自2006年起轉為生物動力農耕，飼養綿羊和牛，並種植約7公頃的葡萄。他們不僅生產葡萄酒和一些蘋果酒，還製造白蘭地、伏特加和琴酒，所有的烈酒都在農場中發酵，並於德國銅製壺式蒸餾器中蒸餾。他們的喀普洛克琴酒（以41%酒精濃度裝瓶）通過有機認證，基底烈酒採用種植於艾拉家庭農場（Ela Family Farms）的紅玉蘋果（Jonathan）、布雷本蘋果（Braeburn）及有機冬小麥蒸餾製成。

jackrabbithill.com

下坡蒸餾廠（Downslope Distilling）

科羅拉多州

這間位於申特尼爾（Centennial）的實驗性蒸餾廠創立於2009年，刻意採取小規模經營，生產一系列完全個別化的蘭姆酒、伏特加、琴酒和威士忌，目前共有十款常態性產品。他們的蒸餾器非常與眾不同，具有客製化設計的雙鑽石頭，外觀像是一顆鑽石層疊到另一顆鑽石的上方。下坡老湯姆琴酒（Downslope Old Tom Gin）使用蔗糖為基底製作，先透過壺式蒸餾（蒸餾廠將它描述為「完全不中性」的烈酒），隨後使用小型混合式蒸餾器（見第25頁）中將11種植物注入甘蔗烈酒中。這款琴酒以40%酒精濃度裝瓶。

downslopedistilling.com

里奧波德兄弟（Leopold Bros.）

科羅拉多州

位於丹佛（Denver）的里奧波德兄弟是一間家族擁有及經營的蒸餾廠，創辦人陶德・里奧波德（Todd Leopold）在芝加哥西伯爾技術學院（Siebel Institute of Technology）學習麥芽處理和啤酒釀造。1996年畢業後，他前往慕尼黑杜門斯學院（Doemens Academy）受訓，主攻拉格啤酒製作，並於之後在歐洲多家啤酒釀酒廠與蒸餾廠中擔任學徒。他的兄弟與聯合創辦人史考特・里奧波德（Scott Leopold）之前曾進修經濟和工業與環境工程，於1999年與陶德聯手在密西根州的安納堡（Ann Arbor）成立了一間名為里奧波德兄弟的微型啤酒廠，隨後很快地擴展至蒸餾領域，並於2001年發行第一款烈酒。使用有機原料進行生態釀酒的技術獲得追隨者熱烈迴響後，他們於2008年將生產線搬遷到史考特和陶德的故鄉科羅拉多州。

里奧波德兄弟蒸餾廠生產一系列威士忌、琴酒、伏特加、利口酒以及不常見的藥草酒（fernet）、艾碧斯和開胃酒等產品。他們將自己的大麥輾磨及發芽，並自行將穀物配方進行發酵，所有產品都在廠房內蒸餾。在他們的美國小批次琴酒（American Small Batch Gin）的製程中，兩兄弟先將所有植物個別蒸餾，其中包括芫荽、葡萄柚、鳶尾根和瓦倫西亞橙子，之後將它們混合並以40%酒精濃度裝瓶。他們酒精濃度57%的海軍強度琴酒（Navy Strength gin）以佛手柑為主要植物，而另一款酒精濃度47%的夏日琴酒（Summer Gin）則以芫荽、血橙、檸檬桃金孃葉和被稱為「永生花」的蠟菊為主要原料。

leopoldbros.com

語法烈酒（Syntax Spirits）

科羅拉多州

語法蒸餾廠位於歷史悠久的格里力（Greeley）市中心，於2010年由蒸餾商希瑟・賓恩（Heather Bean）成立。他依循從穀物到酒杯的哲學，採用當地天然原料及科羅拉多純淨水源製造他們稱為「精確烈酒」（Precision Spirits）的產品，同時以採用回收玻璃瓶和包裝等方式落實永續性生產。他們用手工打造的蒸餾器生產威士忌、伏特加、蘭姆酒、琴酒，並忠於他們的理念，從不使用中性穀物烈酒或使用來自其他蒸餾商製造的基底烈酒來調製語法的產品。所有的穀物都購自距離蒸餾廠160公里以內的農民，並從弗羅里達州取得甘蔗糖蜜。這家酒廠的玫瑰琴酒（Rose Gin）以他們的基底伏特加烈酒為基礎，植物配方包括杜松、紅玫瑰花瓣、薰衣草花、甜橙皮、檸檬皮和萊姆皮、白芷根和甘草根、小荳蔻和芫荽籽與印尼肉桂，同時採行直接蒸餾與蒸氣注入（見第20頁）的方式。這款琴酒以40%酒精濃度裝瓶。

syntaxspirits.com

鐵根德州乾旱琴酒（Ironroot Texas Drought Gin）

德州（Texas）

鐵根共和國（Ironroot Republic）由羅伯特和強納森・里卡利斯（Likarish Brothers Robert and Jonathan）這對兄弟於德尼森（Denison）創立，採行從產地到酒杯的方式，從輾碎、糖化、發酵到蒸餾烈酒都在蒸餾廠中進行。他們生產的德州乾旱琴酒是一款明顯柑橘導向的烈酒，帶有少許佛手柑和香草的風味，並以40%酒精濃度裝瓶。

ironrootrepublic.com

美國西岸

從擁有近 30 間工藝蒸餾廠而自成活躍蒸餾圈的西雅圖,一路往南延伸到加州的聖地牙哥,美國西岸可說是全美工藝琴酒運動的開端,而這股風潮在過去十年間也已經向東岸蔓延。事實上,如果不是少數幾個蒸餾商的創作力和熱情,很難想像這樣的風潮可以發展多遠。這些創新者已讓產品類別不止是單純模仿在歐洲受歡迎的經典倫敦辛口琴酒類型,他們找尋超越傳統風味的特質,並導入一批截然不同的植物——特別是西岸原生的杜松,創造出一種傲人的北美類型。

由於法規改變(尤其在華盛頓州),有心成為蒸餾商的人在成立一家新的蒸餾廠時,需要克服的障礙變得更少了。同時,消費者也更容易的在烈酒生產地直接品嚐及選購工藝烈酒,無須透過具有執照的第三方店家。此外基底烈酒也變得更多樣化,包括以小麥、黑麥和葡萄在內為原料的基底烈酒都由蒸餾廠自行生產,賦予每一款琴酒的結構更多特色。

聖喬治琴酒(St. George Gin)
加州(California)

憑藉著他們 30 年來蒸餾生命之水(eau-de-vie)、伏特加、琴酒和近期的精緻麥芽威士忌的成功經驗,位於阿拉美達(Alameda)的聖喬治烈酒(St. George Spirits)可以自豪地宣稱他們在美國工藝蒸餾商爆發的熱潮中搶先了一步。秉持蒸餾廠的使命標語「我們不為符合你的期待而蒸餾,我們為了超越你的想像而蒸餾」,由初始創辦人約格·魯普夫(Jörg Rupf)以及新任擁有人蘭斯·溫特斯(Lance Winters)及蒸餾大師戴夫·史密斯(Dave Smith)領導的聖喬治團隊,自 1982 年以來就持續生產開創性的烈酒。這家酒廠是 1933 年廢除禁酒令以來美國境內開設的第一家合法小型蒸餾廠。儘管這個由前海軍飛機棚改建的蒸餾廠建築周遭環境廣闊,但讓聖喬治生產的烈酒如此有趣的關鍵,是他們對每一個小細節的關注。廠內共有五座生產用的蒸餾器,全都是壼式/柱式混合型(見第 25 頁),其中包括了兩座 250 公升、一座 500 公升以及另外一對大型的 1500 公升蒸餾器。但所有初始的實驗性製作,都使用 10 公升和 30 公升的迷你研發蒸餾器進行。

聖喬治的產品包括三款琴酒:風土(Terroir)、植物食者(Botanivore)和辛口黑麥琴酒(Dry Rye Gin),每一款都有自己獨特的故事與植物組成。風土來自溫特斯和史密斯的概念,希望能把俯視蒸餾廠旁海灣的一座加州森林中的香氣有效地蒸餾出來。配方大部分以野生採集的植

◎ 聖喬治蒸餾廠的蘭斯·溫特斯

◉聖喬治蒸餾廠

物組成，包括做為主要調性的洋松（Douglas fir），以及沿海鼠尾草、新鮮月桂葉和杜松，並加入一些經典植物取得平衡，例如小荳蔻、鳶尾根、芫荽籽和柑橘皮。蒸餾商採用一種相對少見的技術，將芫荽於炒鍋中烘烤，以釋放出更多的香氣合成物，他們聲稱這個方式捕捉到「這個區域叢林中令人陶醉的泥土香氣」。之後洋杉和鼠尾草分別在 250 公升的蒸餾器中進行蒸餾，讓季節不同造成的差異降至最低。然後將新鮮的月桂樹葉和杜松置於同一個蒸餾器的植物籃中進行蒸氣式注入，而其他植物則直接放入 1500 公升蒸餾器的壺中（見第 22 頁）。成品是一款香味豐富、清新、松木風味主導的琴酒——既複雜又獨特。

植物食者琴酒則使用西楚啤酒花（Citra hops）、葛縷、蒔蘿籽，以及帶有泥土調的八角茴香、馬拉巴黑胡椒，還有能帶出更豐富香辛料味的歐白芷根。辛口黑麥琴酒雖是一款較單純的產品，但使用蒸餾廠未經桶陳的黑麥烈酒做為基底，使用比其他版本多出 50% 的杜松，同時加入黑胡椒粒、葡萄柚皮和萊姆皮、葛縷籽和芫荽籽，創作出一種更開闊、帶有胡椒與草本的風味。三個版本都以 45% 酒精濃度裝瓶。

stgeorgespirits.com

杜松琴酒（Junípero Gin）／哈特林與合伙人（Hotaling & Co）
舊金山（San Francisco）

慶祝 21 歲生日對許多美國人來說是進入人生另一個階段的儀式，就許多方面而言，這個情況也適用於杜松琴酒。它是海錨蒸餾公司（Anchor Distilling Company）於 1998 年創作的第一款琴酒（原本為海錨啤酒廠的一部分，現於公司所有權變更後已改名為哈特林與合伙人），並於去年到達了 21 週年的里程碑。就像海錨最早的擁有人弗里茨・美泰克（Fritz Maytag，他於 1965 年買下了這家啤酒廠，並於 2010 年從公司退休）一樣，杜松琴酒是一款開創先鋒的產品，早在工藝蒸餾這個今日被廣泛使用的名詞還鮮為人知時就已出現，並為西岸其他蒸餾商鋪下一條前往探

索這個即將快速興起的領域之路。今日，它似乎真的有資格被稱為「美國原創工藝琴酒」。

然而，從風味的角度來看，杜松琴酒並未嘗試從當時較普遍的品牌中脫穎而出。它遵循經典倫敦辛口琴酒的配方，並如同產品名稱所傳達的，以強烈的杜松主導風味，並帶有紮實的柑橘味骨架和少許芫荽、小豆蔻、桂皮和歐白芷根的風味，但精確配方目前仍是高度機密。杜松琴酒也以相較於其他「常規」琴酒版本明顯高出很多的 49.3% 酒精濃度裝瓶，對於偶爾飲用、或不習慣海軍強度琴酒的飲用者而言，可能會有強烈的味覺衝擊。但杜松琴酒當年的設計是為了要成為琴通寧和經典調酒文化復興運動中的琴酒首選，它厚實的杜松調，即使加進調酒用的飲料依然能維持鮮明。

杜松琴酒有兩款同為哈特林與合伙人生產的兄弟產品。一款是海錨老湯姆琴酒（Anchor Old Tom Gin，以 45% 酒精濃度裝瓶），同樣用壺式蒸餾器加入杜松和其他經典植物製作，但另外添加用來增加甜味的八角茴香、甘草根以及相當少被採用的甜菊。幾個世紀以來，這種採購自巴拉圭的植物在當地都被用來烹飪。另一款是吉妮維芙琴酒（Genevieve Gin），這是一款使用小麥、大麥和黑麥麥芽混合的穀物原料配方製成的荷蘭琴酒類型的烈酒（見第 18 頁），並與杜松琴酒所使用的那些植物一起於銅製壺式蒸餾器中再次蒸餾，以 47.3% 的稍低酒精濃度裝瓶。

hotalingandco.com

◉ 舊金山創始工藝琴酒：杜松琴酒

第209號琴酒（Gin No. 209）
舊金山

如果不是萊斯利·路德（Leslie Rudd）偵探式的行為，第209號琴酒可能根本不會存在。路德是位於納帕谷（Napa Valley）聖赫勒納（St Helena）著名的邊緣丘酒莊（Edge Hill Estate）的主人。他注意到莊園內存放乾草的穀倉上有一些模糊的文字，並發現這些文字是1800年代後期的標示，上面寫著「第209號註冊蒸餾廠」。深入調查後發現，這些文字與酒莊的創辦人威廉·薛佛勒（William Scheffler）有關，他不只在當年創作了一些令人激賞的葡萄酒，也一心想成為蒸餾商。「209」的名稱指的是聯邦政府於1882年核發給薛佛勒的執照號碼。之後路德重建了這間蒸餾廠，但礙於空間受限，最後還是搬遷到舊金山第50號碼頭，並據說是世界上唯一真正建於水上的蒸餾廠。

第209號琴酒的確切植物配方並未對外公開，但蒸餾廠透露，原料來自全球四個大陸，並包括卡拉布里亞

（Calabrian）杜松、佛手柑皮、檸檬皮、小豆蔻莢、桂皮、歐白芷根、芫荽籽和苦橙。所有植物先於使用中西部玉米製成的烈酒中浸泡11個小時，隨後在一座7.6公尺高的壺式蒸餾器中，按照批次進行每個週期11個小時的蒸餾，這座蒸餾器是委託蘇格蘭福賽斯銅匠製作的，這家公司自

1890年代以來一直為蘇格蘭威士忌業服務。設計原型取材自生產格蘭傑高地單一麥芽威士忌（Highland single malt Glenmorangie）所用的一款高挑且頸部細長的蒸餾器。有點諷刺的是，據說它原本是琴酒蒸餾器，後來才為了生產威士忌而轉換功能。

第209號原味琴酒（The Original No. 209 gin）以柑橘味為主導，具有明顯花香調，並漸漸帶入小豆蔻和芫荽的香辛料風味（以46%酒精濃度裝瓶）。除了這個版本外，蒸餾廠也嘗試生產多款桶陳版本，包括白蘇維翁桶和夏多內桶版本，兩款都賦予琴酒額外的口感結構及明顯的顏色。
distillery209.com

◉ 第209號琴酒調製的馬丁尼

美國西岸

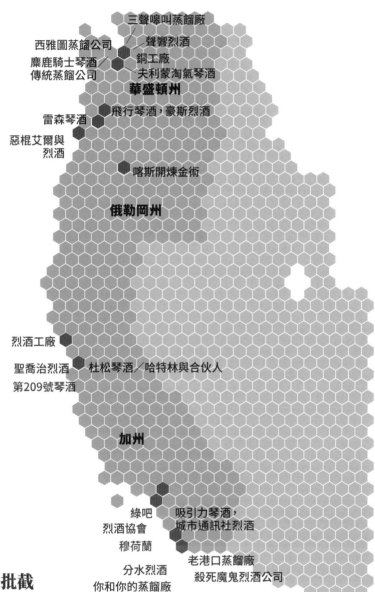

三聲嚎叫蒸餾廠

聲響烈酒

西雅圖蒸餾公司

銅工廠

麋鹿騎士琴酒
傳統蒸餾公司

夫利蒙淘氣琴酒

華盛頓州

雷森琴酒

飛行琴酒，豪斯烈酒

惡棍艾爾與
烈酒

喀斯開煉金術

俄勒岡州

烈酒工廠

聖喬治烈酒

杜松琴酒／哈特林與合伙人

第209號琴酒

加州

綠吧

烈酒協會

穆荷蘭

吸引力琴酒，
城市通訊社烈酒

分水烈酒
你和你的蒸餾廠

老港口蒸餾廠
殺死魔鬼烈酒公司

創新人士導入一批截然不同的植物——特別是西岸原生的杜松，創造出一種傲人的北美類型。

173

飛行琴酒（Aviation Gin）
豪斯烈酒，俄勒岡州

飛行琴酒背後的故事開始於 2005 年，當時來自西雅圖的調酒師雷恩·馬格里安（Ryan Magarian）在無意間品嘗到一款他形容為「微妙的、夏天的琴酒」。這款琴酒立刻引起他的興趣，特別是這和他的一項主要愛好——禁酒令前的雞尾酒——有關。這款琴酒之所以微妙，是即使杜松依然存在於配方之中，但它的風味卻沒有蓋過其他植物。馬格里安看出這是個機會，能為潛在的新生代琴酒飲用者開發出不同產品，於是會同波蘭蒸餾師克里斯汀·柯洛斯塔（Christian Krogstad），採用七種不同的植物進行多次試驗，找出了飛行琴酒的配方。

雖然琴酒不以杜松為中心的想法，可能對愛好傳統強烈杜松風味琴酒品牌的純粹主義消費者有點不敬，但飛行琴酒的創作者認為，其他植物能為杜松提供一個舞台，讓它能以演出者之一的身分受到欣賞，而不是自己唱一齣放肆而傲慢的獨腳戲。

飛行琴酒採用單一程序（見第 29 頁）製作，以每批次 100 箱的產量生產，從 18 小時的植物浸泡開始，這個程序中所有的植物——小荳蔻、芫荽、法國薰衣草、茴香籽、杜松、兩種橙皮和菝葜根（禁酒前非常流行的原料，但今天相對不常見）——都被裝入尼龍袋中進行浸泡。浸泡過的酒精會於加水混合後進行約七個小時的蒸餾，由蒸餾器產出的蒸餾液酒精濃度約為 72%，隨後再以水稀釋至 42% 酒精濃度。

成品具有輕微植物根部與泥土調，並帶著一抹香草、近乎藥用的調性，隨後再呈現一些偏甜的香辛料味。從許多方面來看，飛行琴酒正是典型過去十年間美國工藝蒸餾

> 飛行琴酒的創作者認為，其他植物能為杜松提供一個舞台，讓它能以演出者之一的身分受到欣賞，而不是自己唱一齣放肆而傲慢的獨腳戲。

運動所擁抱的新西方型態琴酒（見第 249 頁）。
aviationgin.com

⊙ 演員萊恩·雷諾斯（Ryan Reynolds），飛行琴酒的股東

其他值得嘗試的美國西岸琴酒

銅工廠琴酒（Copperworks Gin）
華盛頓州（Washington）

銅工廠蒸餾公司（Copperworks Distilling Co.）於2013年同樣具有啤酒釀造背景的傑森‧帕克（Jason Parker）與彌迦‧納特（Micah Nutt）創立，這家酒廠於2018年底獲美國蒸餾協會授予年度蒸餾廠這項值得慶祝的殊榮。蒸餾廠的獨特賣點是它的傳統型銅製壺式蒸餾器，它的外觀高挑且有細長頸部（類似舊金山第209號琴酒的蒸餾器設計，見第172頁），是一個特別為生產琴酒設計的款式。這家酒廠的小批次琴酒（Small Batch Gin）中的基底烈酒採用種植於華盛頓州的發芽大麥製成，除了必要的杜松外還使用其他九種植物（以47%酒精濃度裝瓶）。
copperworksdistilling.com

麋鹿騎士琴酒／傳統蒸餾公司（Elk Rider Gin/ Heritage Distilling Co.）
華盛頓州

傳統蒸餾公司（Heritage Distilling Co.，簡稱HDC）於2011年由賈斯汀‧史帝富（Justin Stiefel）、他的妻子和幾個朋友圍坐在營火旁時創立，目前是西北太平洋地區發展快速的烈酒品牌，同時也是華盛頓州最大的獨立蒸餾公司。這家公司經營六間蒸餾廠，每一間都有不同類型與大小的蒸餾器，最小的是一系列120公升、於附屬的蒸餾柱中配備可調式精鰡盤的壺式蒸餾器「鄉巴佬」（hillbilly），最大的則是一座3000公升的壺式蒸餾器，用來生產伏特加、威士忌、蘭姆酒和琴酒。HDC生產兩款不同的琴酒：麋鹿騎士清脆琴酒（Elk Rider Crisp Gin）和第12號批次琴酒（Batch No. 12 Gin），兩者的核心植物配方都包括杜松、芫荽和甜橙皮，且都以47%酒精濃度裝瓶。
heritagedistilling.com

起伏琴酒（Ebb + Flow Gin）
華盛頓州

聲響烈酒（Sound Spirits）由蒸餾廠主人與蒸餾師史帝夫‧史東（Steve Stone）於2010年創立，可以宣稱他們是禁酒令解除後西雅圖的第一家合法蒸餾廠。從那時起，史東就以罕見的方式生產少數幾款利口酒，其中包括一款向當地挪威社區致敬的阿夸維特，以及兩款每批次100瓶產量的起伏琴酒：傳統版以及老湯姆版，分別以47%與44%酒精濃度裝瓶。兩款琴酒都使用以蒸餾廠製做的發芽大麥烈酒加上以中性穀物烈酒製成的烈酒基底，該基底烈酒能為琴酒中包括的杜松、芫荽、小豆蔻、接骨木花、橙皮與歐白芷根和鳶尾根等植物之外，額外增添花香和果香的特色。老湯姆版本使用類似的配方，但添加蔗糖提升甜度並於蒸餾廠的單一麥芽威士忌舊桶中進行兩個月的桶陳。
drinksoundspirits.com

西雅圖蒸餾琴酒（Seattle Distilling Gin）
華盛頓州

帕可‧喬伊斯（Paco Joyce）和伊桑‧狄倫（Ishan Dillon）於2011年創立西雅圖蒸餾公司，從零開始生產琴酒，採用由一群集體耕作者於華盛頓莫瑟斯湖（Moses Lake）當地農場種植的硬紅冬小麥製成的基底烈酒。植物配方由11種原料組成，包括瓦雄島（Vashon Island）生長的薰衣草、接骨木莓、芫荽籽、整顆榛子和杜松，使用蒸氣注入法（見第20頁）於一座1325公升、附有蒸餾柱和不銹鋼底座（見第24頁）的壺式蒸餾器中蒸餾。喬伊斯將這座生產於1955年、原為德州一所中學的蒸氣壺的老蒸餾器回收並改造。這款琴酒以40%酒精濃度裝瓶。
seattledistilling.com

夫利蒙淘氣琴酒（Fremont Mischief Gin）
西雅圖（Seattle）

麥克‧夏洛克（Mike Sherlock）十年前在西雅圖創立了這間名稱很淘氣的蒸餾廠，並堅定地強調「農業蒸餾」，他是這麼形容的：基本上與種植烈酒所使用穀物的當地農民社群緊密合作，尤其是在喀斯開山脈（Cascade Mountains）以西的斯卡吉特（Skagit）和威拉米特（Willamette）山谷中以可持續方式種植的黑麥和軟冬小麥。夏洛克目前使用自行生產的伏特加為基底蒸餾琴酒，它會在被蒸餾至96%的酒精濃度後靜置三個月。除了植物原料中的芫荽、杜松、柑橘皮和花香胡椒之外，基底烈酒會為琴酒帶來柔軟、烤棉花糖／堅果的風味。這款琴酒以42.5%酒精濃度裝瓶。酒廠同時也生產桶陳版本，以45%酒精濃度裝瓶，於淘氣黑麥酒桶（Mischief Rye cask）中進行桶陳，成品帶有額外的焦糖、香草和柔軟的胡椒草本調。
fremontmischief.com

三聲嗥叫琴酒（3 Howls Gin）
西雅圖

三聲嗥叫蒸餾廠於2013年由威爾‧瑪西梅爾（Will Maschmeier）創立，位於西雅圖索多（SoDo）街區的心臟地帶，蒸餾廠名稱的靈感源自一趟蘇格蘭艾雷島之旅。瑪西梅爾在那裡聽到了犬妖（Cù-Sìth）的傳說，牠會在奪走下一個受害者的靈魂前嗥叫三聲。蒸餾廠生產兩款琴酒：以45%酒精濃度裝瓶的經典版（Classic），和以57%酒精濃度裝瓶的海軍強度版（Navy Strength），用一座1140公升、兼備不鏽鋼壺與銅柱結構的混合式壺式蒸餾器製作（見第25頁）。
3howls.com

喀斯開煉金術奧勒岡琴酒（Cascade Alchemy Oregon Gin）
俄勒岡州

內喀斯開煉金術是全美少數幾家嘗試使用本地杜松的蒸餾廠之一，他們採用由酒廠所在地本德市（Bend）東邊的巴德蘭地區（Badlands）手工採摘的西方落葉松（Juniperus occidentalis）。這款琴酒（以45%酒精濃度裝瓶）具有鮮明的松木／樹脂調，並如預期般的屬於強烈杜松導向類型。
cascadealchemy.com

雷森琴酒（Ransom Gin）
俄勒岡州

位於麥克民維（McMinnville）的雷森琴酒最出色的地方之一，就是在葡萄酒及烈酒的生產過程中盡可能採用手工作業，讓各個環節簡單化，這也是創辦人泰德·西斯特（Tad Seestedt）自1997年開業以來的一貫信念。雷森辛口琴酒（Ransom Dry Gin）的製作從在廠內將發芽大麥和黑麥糖化及發酵製成基底麥汁開始——基本上就是一款類似荷蘭琴酒（見第18頁）的麥芽琴酒。此外並將俄勒岡州的紫藍莓和當地啤酒花、經過有機認證的杜松、檸檬皮和橙皮、芫荽籽、葛縷、小荳蔻、八角茴香和歐白芷根等植物在蒸餾前浸泡於以玉米為基底的烈酒中。隨後琴酒會在一座以直火加熱（見第29頁）、手工打造、1000公升的普爾（Prulho）葫蘆型壺式蒸餾器（見第22頁）中進行蒸餾，最後以44%酒精濃度裝瓶。雷森老湯姆琴酒（Ransom Old Tom Gin）使用葡萄酒老桶進行桶陳，讓琴酒具有較紮實、橡木導向的風味，同樣以44%酒精濃度裝瓶。

ransomspirits.com

惡棍烈酒雲杉琴酒（Rogue Spirits Spruce Gin）
俄勒岡州

惡棍烈酒的歷史可以追溯到1980年代後期，當時創辦人傑克·喬伊斯（Jack Joyce）在俄勒岡州開設了一系列非常成功的啤酒廠酒吧和餐廳，20年後更多角化經營蒸餾烈酒事業，並在紐波特（Newport）成立了一家蒸餾廠。除了各種威士忌外，惡棍烈酒還使用種植於俄勒岡州太谷（Tygh Valley）和獨立市（Independence）的惡棍農場（Rogue Farm）中的原料蒸餾出雲杉琴酒（Spruce Gin）

，原料包括以手工削皮的現採黃瓜——實際上，每批次次生產的琴酒需要使用45公斤的黃瓜。由傑克·霍爾舒（Jake Holshue）使用肯塔基州文德莫銅匠製造的2080公升銅製蒸餾器蒸餾而成，這款琴酒匯集新鮮的俄勒岡雲杉和黃瓜以及其他九種植物——杜松、薑、鳶尾根、橙子、檸檬皮和紅橘皮、西非荳蔻、歐白芷根和芫荽籽——浸泡於穀物中性烈酒及當地沿岸水源的混合中。惡棍烈酒還生產一款桶陳的皮諾雲杉琴酒（Pinot Spruce Gin），這款酒在俄勒岡州黑皮諾葡萄酒桶中桶陳四到六個月，以得到香辛料、香草主導的風味。兩種版本都以45%酒精濃度裝瓶。

rogue.com

綠吧蒸餾廠（Greenbar Distillery）
洛杉磯（Los Angeles）

綠吧蒸餾廠由合伙人梅爾孔·克和史洛維揚（Melkon Khosrovian）和麗緹·馬修（Litty Mathew）於2004年創建，是自1933年禁酒令結束以來洛杉磯新成立的第一家蒸餾廠，並以它們生產的烈酒推廣強烈的有機價值觀，有多項產品獲得美國農業部（USDA）的有機認證。其中最近期的一款作品是城市光明琴酒（City Bright Gin），兩位創辦人希望以這款烈酒來代表這座城市美食中多樣化的風味。

使用小麥穀物中性烈酒為基底，植物配方包括杜松、安邱辣椒、歐白芷、羅勒、加州月桂葉、小荳蔻、桂皮、芫荽籽、畢澄茄、黑小茴香、茴香、葡萄柚、檸檬香脂、檸檬、香茅、痲瘋柑、萊姆、紅胡椒和四川花椒、薄荷、綠薄荷和八角茴香，讓琴酒具有滿載香辛料且複雜的香氣及味道。綠吧的城市琥珀琴酒（City Amber Gin）則是一款更精緻的成品，歸功於烈酒先被蒸餾過後才加入植物一起浸泡，這個程序增強了風味並賦予琴酒琥珀色。兩款琴酒都以42%酒精濃度裝瓶。

greenbardistillery.com

烈酒協會星際太平洋琴酒（The Spirit Guild Astral Pacific Gin）
洛杉磯

家族六代都在加州經營農場的米勒·杜瓦（Miller Duvall），與對英國的一切（包括琴酒）都充滿熱情的蘇格蘭裔加拿大人摩根·麥克拉克蘭（Morgan McLachlan），於2012年成立了烈酒協會蒸餾廠（Spirit Guild Distillery），並由麥克拉克蘭擔任蒸餾大師。他們生產的星際太平洋琴酒（Astral Pacific Gin，以43%酒精濃度裝瓶）罕見的使用一款由發酵過的克萊門氏小柑橘製成的基底烈酒，它賦予琴酒一股獨特的的水果甜味。植物配方包括杜松、芫荽、歐白

芷、肉桂、葡萄柚皮和克萊門氏小柑橘皮、橙樹葉、紅胡椒、開心果、鼠尾草和鳶尾根。

thespiritguild.com

吸引力琴酒（Affinity Gin）
加州

成立於1995年的城市通訊社烈酒（Urban Press Spirits）屬於城市通訊社葡萄酒（Urban Press Wines）的一部分，是洛杉磯郡最老的工藝蒸餾廠，並於首席蒸餾師約翰·布羅克（John Broker）任內，使用一座180公升的克里斯蒂安·卡爾銅製壺式蒸餾器生產出吸引力琴酒（Affinity Gin，酒精濃度44%）。核心植物——有機杜松、新鮮橙子和新鮮檸檬——於蒸餾前先於美國中性穀物烈酒中浸泡24小時。吸引力是一款非常柑橘導向的琴酒，同時具有細膩的香辛料和少許來自杜松的松木清新氣息。

urbanpressspirits.com

分水琴酒（Cutwater Gin）
加州

分水過去曾經隸屬於壓載點啤酒釀造公司（Ballast Point Brewing Company），在2016年以新公司身分自立門戶，建立了西岸最大──可能也是最令人印象深刻──的新蒸餾廠之一。位在聖地牙哥的廠房占地4650平方公尺，有一間蒸餾廠兼餐廳，餐廳內設置多座銅製壺式蒸餾器和一座12公尺高的柱式蒸餾器，全部由肯塔基州的旺多姆銅匠製造。分水的老樹叢琴酒（Old Grove Gin）是一款鮮明、杜松主導的烈酒，帶有小荳蔻香辛料和一些松木的樹脂調，以44%酒精濃度裝瓶。

cutwaterspirits.com

烈酒工廠蒸餾廠（Spirit Works Distillery）
加州

位於塞巴斯托波（Sebastopol）的烈酒工廠蒸餾廠成立於2012年，是蒂莫和艾希比·馬歇爾（Timo and Ashby Marshall）的創意結晶。蒂莫來自英格蘭西南部，而艾希比則來

自美國西岸，兩人分別為蒸餾的藝術帶入不同的方法。包括首席蒸餾師蘿倫·帕斯（Lauren Patz）在內，團隊大多由女性蒸餾師和啤酒釀酒師組成，掌控所有蒸餾流程。他們的主力琴酒（以43%酒精濃度裝瓶），使用以有機加州紅冬小麥製成的基底烈酒，混合植物包括杜松、鳶尾根、歐白芷根、小荳蔻和芫荽，加上賦予琴酒柑橘調、以手工刨皮的橙子和檸檬，以及帶來花香味前調的木槿花。

spiritworksdistillery.com

穆荷蘭新世界琴酒（Mullholland New World Gin）
加州

馬修·阿爾伯（Matthew Alper）是參與過許多好萊塢大製作電影並深受好評的攝影師，在曾被艾美獎提名的演員沃爾頓·戈金斯（Walton Goggins）的協助下，於當尼（Downey）成立了穆荷蘭蒸餾廠（Mulholland Distilling）。他們生產的新世界琴酒中原料包括杜松、芫荽、歐白芷、法國薰衣草、日本黃瓜和波斯萊姆，並使用非轉基因玉米製成的基底烈酒，以48%酒精濃度裝瓶。

mulhollanddistilling.com

老港口蒸餾公司聖米圭爾西南琴酒（Old Harbor Distilling Co. San Miguel Southwestern Gin）
加州

老港口蒸餾公司由麥可·斯庫比克（Michael Skubic）創立，他也是赫斯啤酒釀造公司（Hess Brewing Co）的聯合創辦人，老港口是聖地牙哥東村地區第一家合法經營的釀酒廠。斯庫比克目前生產的聖米圭爾西南琴酒（勿與菲律賓的聖米圭爾琴酒San Miguel gin混淆，見第243頁）是一款草本類型的琴酒，使用當地種植的萊姆、黃瓜、新鮮芫荽和鼠尾草作為主要植物，以47%酒精濃度裝瓶。

oldharbordistilling.com

英勇西岸琴酒（Valor West Coast Gin）
加州

2011年成立的殺死魔鬼烈酒公司（Kill Devil Spirit Co.，名稱來自一個生產蘭姆酒的古老協會），是自1933年禁酒令廢除後聖地牙哥第一間蒸餾廠，它的第一款主要烈酒產品是英勇西岸琴酒（Valor West Coast Gin），這款琴酒著重在呈現聖地牙哥的地域和氣候。使用有機的基底烈酒，主要植物原料都於本地種植，包括葡萄柚和奇努克啤酒花（Chinook hops），並以當地酸鹼值平衡的井水將烈酒稀釋至47%的裝瓶酒精濃度。

killdevilspirits.com

你和你的蒸餾公司（You & Yours Distilling Co.）
加州

你和你的蒸餾公司於2017年開業，是聖地牙哥第一座城市蒸餾廠及工藝調酒吧，使用以葡萄為基底的烈酒，生產出一款非常柑橘主導風味的星期日琴酒（Sunday Gin）。另一款季節性的冬日琴酒（Winter Gin）則是一款較為以香辛料主導的配方。兩款都以40%酒精濃度裝瓶。

youandyours.com

費德街夏威夷琴酒（Fid Street Hawaiian Gin）
夏威夷州（Hawaii）

哈利邁勒蒸餾廠（Hali'imaile Distilling）位於茂伊島瑪卡瓦歐區（Upcountry Makawao）的鳳梨種植區，曾協助哈納灣（Hana Bay）和威勒斯（Whaler's）等蘭姆酒品牌建立名聲的列維克家族（LeVecke family），為了尋求不同的步調及打造自己的蒸餾廠，正式成立了哈利邁樂。他們請到來自於科羅拉多州的蒸餾師馬克·尼格伯（Mark Nigbur），尼格伯曾採用製藥用的玻璃蒸餾設備獲得極大的成功，並將同樣的技術帶到茂伊島。這家酒廠使用鳳梨作為烈酒的基礎原料。鳳梨含糖量高，需要約18個月的時間生長，但卻能在幾天的時間內就變得過熟，因此需要進行快速的採收和加工。哈利邁勒的費德街夏威夷琴酒（以45%酒精濃度裝瓶）使用鳳梨基底烈酒添加部分穀物基底烈酒製作，植物配方包括薰衣草、鳶尾、杉木葉、歐白芷、檸檬皮和橙皮以及額外的鳳梨。

fidstreetgin.com

加拿大

加拿大是一個小型蒸餾廠勃發展的地方，這些蒸餾商都積極想在這個充滿樂於嘗鮮又喜好飲酒的消費者的國度中取得一席之地，讓蒸餾廠不斷將新的琴酒創作推上舞台。歷史上，加拿大生產的琴酒並不多，但主要拜美國禁酒令（1920-33年）之賜，想要喝上一杯琴司令（Gin Sling）或馬丁尼的人只能仰賴加拿大來生產酒精──還有把烈酒輸入美國。如今，加拿大琴酒風潮已遍及至少九個省，其中以卑詩省西部最為蓬勃發展，有近80家獨立蒸餾廠，其中至少有35家生產琴酒。當地製酒受兩個機構支持：卑詩省工藝蒸餾商協會（Craft Distillers Guild of British Columbia）和卑詩省獨立蒸餾商協會（BC Independent Distillers Association，BCIDA）。與美國西岸類似，這些蒸餾廠中有許多已採行從農場到酒瓶的方式，或從當地環境中找尋靈感。

加拿大

加拿大有十個省和三個特區，國土橫跨 5500 多公里，是一個氣候和風味都具有各種極端的國家。從琴酒的角度來看，他們已開始更深入探索當地多樣化的植物群，尋找能運用於植物配方中的特殊風味。從育空特區東部的荒野，到安大略省和魁北克省主要城市的都會時尚，再到西部的新斯科細亞省（Nova Scotia），蒸餾商終於讓加拿大在琴酒的世界地圖上插旗。

> 加拿大已開始更深入地探索當地多樣化的植物群，尋找能運用於植物配方中的特殊風味。

奧卡納干烈酒（Okanagan Spirits）
卑詩省（British Columbia）

這間加拿大西部最古老的工藝蒸餾廠正慶祝著開業 15 週年，並仍非常強調他們是一家「從收成到酒瓶」（harvest-to-flask）旗艦公司的概念，只採用當地種植的水果和穀物作為他們生產烈酒的原料。從 2004 年東尼·戴克（Tony Dyck）跟他的兒子泰勒（Tyler）成立這家蒸餾廠開始，它已經發展出一系列多樣化的產品，從水

● 奧卡納干烈酒琴酒的瓶身

果利口酒及白蘭地，延伸到伏特加、琴酒和阿夸維特，一直到包括卑詩省第一款單一麥芽威士忌在內的深色烈酒。目前它有兩個生產地點：位於基洛納（Kelowna）的小型蒸餾廠，以及位於卑詩省弗農（Vernon）的旗艦廠，旗艦廠內包括一座據業主聲稱是北美最高的蒸餾器，在一座 2000 公升的銅製壺式蒸餾器旁附有一座高 7.6 公尺、內有 50 個精餾盤的柱式蒸餾器（見第 24 頁）。共有兩款琴酒在此蒸餾，分別採用截然不同的基底烈酒。第一款是本質琴酒（Essential Gin），使用當地種植的穀物製成的烈酒，第二款則是家族典藏奧卡納干琴酒（Family Reserve Okanagan Gin），使用當地果園種植的奧卡納干蘋果，在蒸餾廠內經過輾碎與發酵後成為基底烈酒原料。兩款烈酒都在柱式蒸餾器中被蒸餾成 96.4% 酒精濃度的餾出液後，再連同植物一起於壺式蒸餾器中進行二度蒸餾，最後以 40% 酒精濃度裝瓶。配方中的主要原料為杜松、雲杉芽、芫荽、大黃、鳶尾、紫羅蘭花和玫瑰，家族典藏版中會另外添加青蒿和檸檬香脂。

okanaganspirits.com

聖羅倫琴酒（St. Laurent Gin）
魁北克省（Quebec）

做為早期少數幾家引領加拿大目前正盛行的工藝琴酒風潮的微型蒸餾商之一，聖羅倫蒸餾廠的尚·弗朗索瓦·克盧蒂埃（Jean Francois Cloutier）和喬爾·佩爾提埃（Joel Pelletier）將希木斯基市（Rimouski）（位於聖羅倫斯河 St Lawrence River 河口，這條河最終流進北大西洋）多變的氣候條件做為他們琴酒風味的主要影響要素，當地冬季嚴峻寒冷、風勢強勁，空氣中的鹽分含量很高。這款琴酒具有沿海調性，部分歸因於一項主要植物：由團隊從城市周邊的下聖羅倫斯（Bas-St-Laurent）地區採收的昆布。蒸餾程序在由創辦人設計、名為溫爸爸（Papa Wong）的 1000 公升混合銅與不鏽鋼材質的壺式蒸餾器中進行，頂部有一個特殊的定製銅球，用來放置長方形的植物籃（見第 22 頁），外觀看起來像是深海潛水員的頭罩。

這款琴酒（以 43% 酒精濃度裝瓶）的配方包括杜松、芫荽子、歐白芷根、桂皮、甘草根、檸檬皮、苦橙皮、畢澄茄果和西非荳蔻，先將這些植物以蒸氣蒸餾後再加入昆布浸泡，讓琴酒風味中帶有輕微的鹹味。桶陳版本的老琴酒（Vieux，47% 酒精濃度）會將琴酒由浸泡槽轉移到至威士忌橡木老桶進行一年桶陳，讓松樹／樹脂調變得飽滿，同時增添乳脂感。

distilleriedustlaurent.com

> 琴酒具有沿海調性，部分歸因於一項主要植物：昆布。

○ 以聖羅倫琴酒享受調酒時光

加拿大

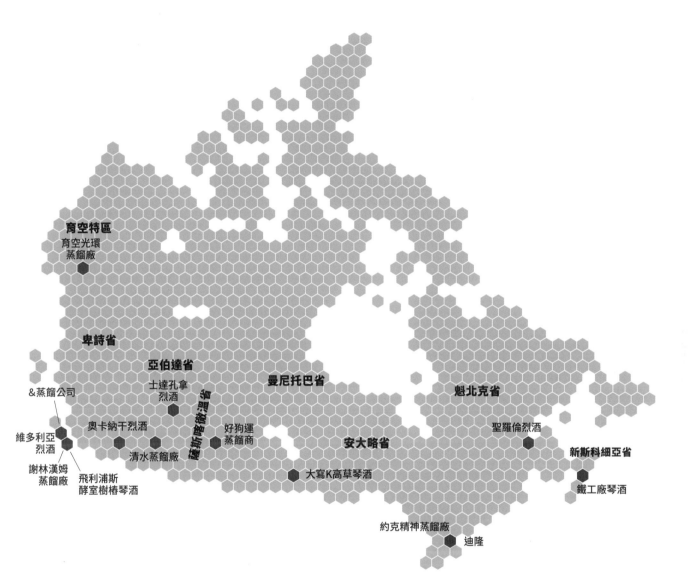

育空特區
育空光環
蒸餾廠

卑詩省

亞伯達省

士達孔拿
烈酒

曼尼托巴省

魁北克省

&蒸餾公司

奧卡納干烈酒

好狗運
蒸餾商

聖羅倫烈酒

維多利亞
烈酒

清水蒸餾廠

安大略省

新斯科細亞省

謝林漢姆
蒸餾廠

飛利浦斯
酵室樹椿琴酒

薩斯喀徹溫省

大寫K高草琴酒

鐵工廠琴酒

約克精神蒸餾廠

迪隆

&琴酒（Ampersand Gin）
卑詩省

在花了約三年的時間從零開始打造出自己的蒸餾器後，沙赫特（Schacht）家族於2014年10月在溫哥華島哥維根谷（Cowichan Valley）的有機農場成立了＆蒸餾公司（Ampersand Distilling Co.）。這款琴酒使用蒸氣注入法（見第20頁）在一座名為圓點（Dot）的1000公升壺式蒸餾器中製作，基底烈酒同樣由蒸餾廠自行生產，使用百分之百種植於卑詩省的小麥，於一座名為破折號（Dash）的500公升柱式蒸餾器中蒸餾而成。不同於世界上任何其他的蒸餾器，這款柱式蒸餾柱內裝置了微小的銅線圈，藉以產生最大的接觸面積，讓基底烈酒能被精餾至高達97%的酒精濃度（見第249頁）。配方中包括八種植物，包括歐白芷、小荳蔻和鳶尾根，以及許多的柑橘皮和杜松。這款琴酒以43.8%酒精濃度裝瓶。

ampersanddistilling.com

飛利浦斯發酵室樹樁海岸森林琴酒（Phillips Fermentorium Stump Coastal Forage Gin）
卑詩省

樹樁海岸森林琴酒由飛利浦斯啤酒釀造公司（Phillips Brewing Company）的發酵室（Fermentorium）蒸餾間生產，這款琴酒試圖將蒸餾廠附近維多利亞州森林中發現的獨特風味封裝進瓶中，使用手工採集的植物，包括喀斯開啤酒花、大冷杉、月桂葉、芫荽和薰衣草以及杜松。基底烈酒於廠內製作，先於一座可追溯至1920年代的英國製壺式蒸餾器中蒸餾，之後再於一座新的德國製蒸餾器（見第249頁）中進行精餾。這款琴酒以42%酒精濃度裝瓶。

fermentorium.ca

謝林漢姆濱海琴酒（Sheringham Seaside Gin）
卑詩省

如果在2003年，聯合創辦人傑森‧麥肯塞克（Jason MacIsaac）沒有搬到位於溫哥華島謝林漢姆角（Sheringham Point）西邊的鄉村小屋中，他可能就沒有動力開發出這款琴酒。他在那裡挖掘出有可能是來自多丹河酒店（Dordan River Hotel）的私釀酒，諸傳這家酒店的酒窖中有一座蒸餾器。1846年，這個地區被命名為謝林漢姆，接著在1893年第一間郵局成立時，這個名稱又被縮短為雪利（Shirley），以便讓地名的長度符合當地郵票尺寸。蒸餾廠就用謝林漢姆為琴酒命名，藉以向當地致敬。這款琴酒（以43%酒精濃度裝瓶）具有柑橘特質並帶有海水調，使用以卑詩省種植的白小麥和發芽大麥為原料蒸餾成的基底烈酒製作，琴酒中的主要植物是手工採收自海岸線的大西洋翅藻（winged kelp/Alaria marginata）。

sheringhamdistillery.com

維多利亞琴酒（Victoria Gin）
卑詩省

維多利亞蒸餾商（Victoria Distillers）是加拿大最古老的工藝蒸餾廠之一。由於已經跟調酒師社群建立起牢固的關係，加上把自己的烈酒定位成「液態的酒吧工具」，這家蒸餾廠已登上工藝烈酒熱潮的頂峰。在2016年，蒸餾廠的成長超出所在地點的面積，因此搬遷到西奈尼（Sidney）海濱的海港廣場（Seaport Place），在那裡設置了兩座銅製壺式蒸餾器，生產三款琴酒。維多利亞調酒琴酒（Victoria Cocktail Gin）可說是第一款在全國引起廣泛關注的頂級琴酒，特色是它含有十種植物的配方。另一款於橡木桶中桶陳的橡木琴酒（Oaken Gin），桶陳過程讓酒體變得更圓潤，同時增添較具奶油味的複雜性。帝后1908原始靛藍琴酒（Empress 1908 Original Indigo Gin）則是與城中知名的「帝后中的Q酒吧」（Q at the Empress Bar）餐廳中的調酒師合作的產品，這款琴酒使用比標準版更高比重的杜松，另外還添加入葡萄柚皮、玫瑰、薑、芫荽、肉桂和費爾蒙帝后酒店調製的茶，琴酒明顯藍色色相則來自於原料中加入的蝶豆花。三款琴酒都以42.5%酒精濃度裝瓶。

victoriagin.com
empress1908gin.com

荒野沙棘琴酒／士達孔拿烈酒（Badland Seaberry Gin/Strathcona Spirits）
亞伯達省（Alberta）

士達孔拿可以宣稱它是真正的第一，因為它是有史以來第一家在亞伯達省首都艾德蒙吞（Edmonton）建立的蒸餾廠。蒸餾廠運作核心的基底烈酒，使用種植於距離艾德蒙吞23公里處的硬紅小麥於蒸餾廠內製成。它的荒野沙棘琴酒（Badland Seaberry Gin）是倫敦辛口類型的琴酒，使用十種植物原料，包括從雷迪爾河（Red Deer River）沿岸採集的野生杜松和在埃德蒙吞四周大量生長的沙棘。這款琴酒以44%酒精濃度裝瓶。

strathconaspirits.ca

清水蒸餾廠（Eau Claire Distillery）
亞伯達省

這家「從農場到酒瓶」的蒸餾廠位於特納谷（Turner Valley）一棟在1920年代後期曾是電影院和舞廳的建築物中。這家蒸餾廠在當地採購不同特定品種的穀物，從零開始製作自己的烈酒。它的起居室琴酒（Parlour Gin，以40%酒精濃度裝瓶）採取壺式蒸餾，使用杜松，玫瑰果，薩斯喀屯漿果（Saskatoon berries，外觀類似藍莓，但與蘋果科的關係較密切，帶有甜味和杏仁風味）、檸檬、橙子、薄荷、芫荽以及其他為琴酒帶來較乾澀風味的香辛料。

eauclairedistillery.ca

大寫k高草琴酒（Capital K Tall Grass Gin）
曼尼托巴省（Manitoba）

位於溫尼伯（Winnipeg）的大寫K是曼尼托巴省的第一家工藝蒸餾廠，這家蒸餾廠於2016年推出一款伏特加做為它的首發產品，並用穀物為原料生產基底烈酒——以種植於曼尼托巴省的小麥或黑麥為主，蒸餾程序於一座5.5公尺高、具有20片蒸餾盤的柱式蒸餾器中進行。它的高草琴酒（Tall Grass Gin，以45%酒精濃度裝瓶）於2017年上市，使用混合穀物製做基底烈酒，植物配方包括杜松、芫荽籽、玫瑰果、橙皮、小荳蔻、洋甘菊和香茅。

capitalkdistillery.com

鐵工廠琴酒（Ironworks Gin）
新斯科細亞省（Nova Scotia）

皮埃爾·格夫蒙特（Pierre Guevremont）和他的合伙人琳恩·麥凱（Lynne Mackay）於2009年在新斯科細亞省南海岸（South Shore）盧嫩堡（Lunenburg）的老港口成立了這間蒸餾廠，並以當地過去曾經興盛的航海鐵匠事業將它命名為鐵工廠蒸餾廠（Ironworks Distillery）。這個雙人組一切從零開始創作，使用當地種植的杜松子和其他採購於新斯科細亞省的植物，包括玫瑰果和少量拔爾散冷杉芽生命之水（balsam fir bud eau-de-vie）來製作它們的倫敦辛口琴酒（酒精濃度42%）。

ironworksdistillery.com

迪隆（Dillon's）
安大略省（Ontario）

傑夫·迪隆（Geoff Dillon）和他的植物學專家父親彼得（Peter）以及事業伙伴蓋瑞·哈金斯（Gary Huggins）決定將他們的蒸餾廠設在尼加拉（Niagara）葡萄酒產區中心的比母士維（Beamsville），以方便他們取得用來製做基底烈酒（生產琴酒和其他產品）的豐富原料。迪隆的產品系列包括辛口琴酒7（Dry Gin 7），這款琴酒混合七種植物，於百分之百安大略省黑麥烈酒中進行蒸氣注入（見第20頁）蒸餾並以44.8%酒精濃度裝瓶。另外一款完全不同的狂野琴酒是未濾過琴酒22（Unfiltered Gin 22），使用以尼加拉葡萄製成的基底烈酒和22種植物蒸氣注入製成，以40%酒精濃度裝瓶。

dillons.ca

約克精神琴酒（Spirit Of York Gin）
安大略省

約克精神蒸餾公司（Spirit of York Distillery Co.）所在地的前身為古德漢與沃茨（Gooderham & Worts）蒸餾廠的麥芽室，這家於1959年歇業的蒸餾廠曾是多倫多最大的蒸餾廠之一。如今約克精神於於此再次致力將當地風味帶入多倫多。約克精神琴酒（以40%酒精濃度裝瓶）以種植於安大略省的黑麥為基礎，在兩座配備44個精餾盤的巨型德國製柱式蒸餾器中進行精餾（見第249頁），使用15種植物，包括杜松、肉桂、芫荽籽、歐白芷根、茴香籽、畢澄茄和八角茴香。

spiritofyork.com

昂加瓦琴酒（Ungava Gin）
魁北克省

昂加瓦琴酒可能是最廣為人知的加拿大琴酒，這款琴酒是生產蘋果酒和冰酒的頂峰酒莊（Domaines Pinnacle）的兩位擁有人查爾士·克勞馥（Charles Crawford）和蘇珊·瑞德（Susan Reid）於2010年創作的，這家酒莊距離魁北克的科安斯維鎮（Cowansville）不遠。它的名聲來自其鮮明的顏色：一種經由生產過程與六種核心植物所發展出的鮮黃色。就傳統定義而言，昂加瓦不算蒸餾琴酒。它的製作分為兩個部分：首先，使用玉米製成的基底烈酒與多種植物進行初步蒸餾，第二步則進行為成品創造出更濃烈的風味和色澤的浸泡合成（見第18頁），並以43.1%酒精濃度裝瓶。琴酒中不常見的植物在夏季於接近北極的加拿大北部採收，包括野生玫瑰果、岩高蘭（一種於北極苔原生長的常綠植物）、拉布拉多茶（一種會開白花的常綠植物）、雲莓、北極調和（Arctic blend，一種類似於拉布拉多茶的植物），以及在昂加瓦地區大量生長的野生北歐杜松——這款琴酒的名字就是取自昂加瓦地區。

ungava-gin.com

好狗運蒸餾廠（Lucky Bastard Distillers）
薩斯喀徹溫省（Saskatchewan）

自從2012年在薩斯喀屯（Saskatoon）成立以來，好狗運蒸餾廠就必須承受從冬季攝氏負40度到夏季大約攝氏35度的溫差範圍。在如此極端的條件下，當地的景色在某部分啟發了這家蒸餾廠的險招琴酒（Gambit Gin，以40%酒精濃度裝瓶）配方，這款琴酒以薩斯喀徹溫省小麥烈酒為基礎，加上當地種植的薩斯喀屯漿果（見左上方）和薩斯喀徹溫省的芫荽，再結合一些較為傳統、種植於各國的植物：來自北義的杜松、土耳其八角茴香、英國的洋甘菊花，佛羅里達州的檸檬皮與亞洲的丁香和歐白芷。

luckybastard.ca

育空光環琴酒（Yukon Aura-gin）
育空特區（Yukon）

在一個一天之中最多有長達20小時日照的省份，育空光環蒸餾廠（Yukonshine Distillery）的主人與蒸餾酒師卡羅·克羅齊格（Karlo Krauzig）絕對有足夠的時間生產烈酒。克羅齊格的基底烈酒採用了一個特別的配方：以當地種植的黑麥和小麥混合，再添加用育空黃金馬鈴薯製成的餾出液，這種馬鈴薯在育空省非常具有價值且澱粉含量低，其餾出液賦予琴酒一種特殊的奶油感。光環琴酒（Aura Gin）是一款柑橘導向的琴酒，原料中的葡萄柚、檸檬皮和萊姆皮會先經過直接浸泡後，再加入蒸氣注入籃（見第20頁）中與其他約12種植物一起進行再次蒸餾。這款琴酒以40%酒精濃度裝瓶。

yukonshine.com

中南美洲

儘管中南美洲的飲酒者大多滿足於當地烈酒，例如墨西哥的梅斯卡爾（mezcal）、祕魯的皮斯可（pisco）和巴西的卡夏沙（cachaça），但琴酒還是進入了某些傳統上與琴酒沒有連結的中南美國家。主要在這些國家的伊比利傳統的驅動下，琴酒的需求正逐漸上升，一些當地琴酒生產者也開始出現。

墨西哥

墨西哥以全國各地採取小型蒸餾器製成的烈酒梅斯卡爾聞名,但他們擁抱全球琴酒革命的腳步卻一直相當遲緩,特別是當地擁有如此豐富的在地植物能讓蒸餾商從中找尋靈感及風味特色。值得慶幸的是,透過一群取材當地風土並放眼出口潛力的新興工藝及職人生產商,這個情況最近已經開始改變。

> **主要的目標是讓產品反映出當地原料的豐富性。**

卡圖恩琴酒(Gin Katún)
猶卡坦(Yucatán）

卡圖恩是墨西哥猶卡坦半島(Yucatán Peninsula)生產的第一款琴酒。生產於位在美里達(Mérida)市外圍康卡爾(Conkal)的梅里達諾斯蒸餾酒及烈酒廠(Destilados y Licores Meridanos),這款琴酒是由來自墨西哥的四個朋友羅貝多(Roberto)、奧古斯多(Augusto)、(克里斯蒂安)Cristian 和勞爾(Raúl)加上來自西班牙的哈維爾(Javier)共同開發而成。團隊用了一年多的時間研究出這個猶卡坦州本地植物的最佳組合,他們的主要目標是讓產品反映出當地原料的豐富性。這款琴酒的生產於 2017 年 8 月在康卡爾蒸餾廠(Conkal distillery)展開,使用 17 種植物原料,包括四種不同品種的辣椒以及其他香辛料、水果和高芳香度的花,除了杜松為進口原料外,所有植物都採購自猶卡坦州及墨西哥其他地區。植物混合物會先在以玉米(墨西哥最大宗穀物)製成的中性酒精中浸泡至少十天。經過浸泡的烈酒隨後會在葡萄牙手工製的 250 公升銅製葫蘆型蒸餾器(見第 22 頁)中進行蒸餾。經過一段時間的靜置後,會與來自地下洞穴或天然井內的水混合,最後以 42% 酒精濃度裝瓶。
facebook.com/ginkatun/

◎ 用卡圖恩琴酒調製的經典內格羅尼

迪耶加琴酒（Diega Gin）
墨西哥市（Mexico City）

這款頂級墨西哥琴酒是由一家位於墨西哥市南部、具有逾百年歷史的家族企業以手工製作而成的。它是一款百分之百有機的產品，精準選用的植物包括檸檬皮、檸檬馬鞭草和洋甘菊，並以攝氏65度的低溫進行雙重蒸餾，接著於法國橡木桶中桶陳兩個月之後再以木炭過濾，這道程序能去除部分顏色並使琴酒的風味更加圓潤。這款以38%酒精濃度裝瓶的琴酒由努斯集團（Grupo Nus）於2016年與位於巴耶德布拉沃（Valle de Bravo）的和平花（Flor de la Paz）基金會共同創作，藉以支持墨西哥的有機農業。

instagram.com/diega_gin/

失落的靈魂
（Pierde Almas）
奧薩卡（Oaxaca）

一些採用梅斯卡爾或龍舌蘭餾出液為基底製成的琴酒也來自墨西哥。失落的靈魂蒸餾廠（Pierde Almas distillery）生產的植物+9琴酒（Botanica +9），使用百分之百天然發酵龍舌蘭於奧薩卡州製作，並強烈聚焦於社會、文化和環境意識，製作過程以一款梅斯卡爾烈酒開始，經過兩次蒸餾後加入精選的經典琴酒植物浸泡，隨後再進行一次蒸餾。九種植物分別是八角茴香、歐白芷和鳶尾根、桂皮、芫荽籽、茴香籽、肉荳蔻、橙皮，以及不可缺少的杜松。另一款直接名為梅斯卡爾琴酒（Mezcal Gin）的版本，製作原料採用以Cenizo品種的龍舌蘭蒸餾製成的基底烈酒，使用包括杜松、歐白芷、芫荽籽和橙皮在內的傳統植物混合，加上一些本土並少見的植物，如安丘辣椒（ancho chilli peppers）、木槿和酪梨葉等。兩款琴酒都以

45%酒精濃度裝瓶。

triplethree.co.za

和諧琴酒（Armónico Gin）
奎雷塔羅（Querétaro）

安德里斯·瓦沃德（Andrés Valverde）在他於聖胡安里約（San Juan del Río）成立的無法忍受啤酒廠及蒸餾廠（La Insoportable Brewery and Distillery）中生產出和諧琴酒，在這間成立於2016年的蒸餾廠裡，他對發展墨西哥高品質製酒文化及藝術所抱持的渴望與熱情得以被實現。這款琴酒於2017年推出，使用瓦沃德創造的配方，在玉米酒精的基礎上建構出帶有柑橘、花香和香辛料調性的複雜特徵。32種植物於一座300公升的小型瓦斯加熱銅製壺式蒸餾器中進行蒸餾，其中包括12種常見於倫敦辛口琴酒製

程中的傳統植物以及20種當地植物，例如墨西哥肉桂、墨西哥茉莉和達米阿那（damiana或Turnera diffusa）等。依照植物的風味，有些植物會使用直接浸泡，有些則採

取蒸氣注入（見第20頁）的方式蒸餾。這款琴酒以50%酒精濃度裝入容量500毫升的瓶中，裝瓶及貼標皆採手工作業。

armonicogin.com

中南美洲

墨西哥

和諧

卡圖恩琴酒

迪耶加

失落的靈魂

獨裁者

哥倫比亞

巴西

倫敦到利馬琴酒

祕魯

共和國「安第斯人」
玻利維亞辛口琴酒

玻利維亞

YVY蒸餾廠

亞馬遜琴酒

韋伯之家

使徒王子瑪黛琴酒

阿根廷

e das águas nasceu a estrela ✦

巴西

歷史上巴西是風味清新、活潑的烈酒卡夏沙酒的國度，巴西的蒸餾商最近已經將他們的注意力轉向當地獨特的植物，並展開了具有高度特色的琴酒新浪潮。

亞馬遜琴酒（Amázzoni Gin）
聖保羅（Sao Paolo）

亞馬遜琴酒是巴西發展中的琴酒風潮的先鋒，這款琴酒生產於距里約熱內盧市中心約130公里的帕拉伊巴河谷（Paraiba Valley）一座具有300年歷史的大型農場卡喬埃拉（Fazenda Cachoeira），這座農場最近也因此重返它在1717年曾有的輝煌。這裡在第18和19世紀時曾是成功的咖啡種植區，1902年增設了甘蔗加工的工具和機器，其中包括一座至今仍然使用來磨製麵粉的石輪磨臼。農場中心是一座名為瀑布（La Cahoeira）的潟湖，所有的廠房都在湖畔。

三位創辦人擁有截然不同的背景。建築師阿圖羅·伊索拉（Arturo Isola）在移民巴西之前曾居住於義大利30年。塔圖·喬凡諾尼（Tato Giovannoni）是一名阿根廷籍的調酒師，並且是開發使徒王子琴酒（Príncipe de los Apóstoles Gin）的關鍵人物，它是第一款將瑪黛茶（yerba mate，冬青的品種之一）列入植物原料的琴酒（見第42頁）。三位創辦

人中唯一巴西籍的亞歷山大·馬扎（Alexandre Mazzaa），他的身分包括前職業足球員、爵士音樂家、調酒師和國際錄像藝術家。

這個看似不可能結合的三人組，使用杜松子加上紅胡椒、月桂、檸檬、紅橘、芫荽和五種獨特的亞馬遜植物：可可、巴西栗子、巴西黃瓜（maxixe，與黃瓜相關的品種）、王蓮（Victoria amazonica，以前稱為 V. regia）或巨型睡蓮和丁香藤（Cipò-cravo/Tynanthus elegans）來生產琴酒。這11種植物先於中性穀物酒精中浸泡，之後再於第一座在巴西設計及製造的銅製葫蘆型壺式蒸餾器（見第22頁）中蒸餾，採用單一程序（見第29頁）製作。產出的烈酒以當地泉水稀釋至42%的酒精濃度後，裝入由百分之百回收玻璃製成的酒瓶中。

amazzonigin.com

巴西形態的琴酒生產

其他值得嘗試的巴西琴酒

Yvy蒸餾廠（Yvy Distillery）
密納斯吉拉斯（Minas Gerais）

與巴西第一間專產琴酒的亞馬遜蒸餾廠一起加入市場的的還有YVY蒸餾廠，創立者是畢業於美食學校的安德烈·薩·佛特斯（André Sá Fortes），他在2013年於美景市（Belo Horizonte）開設了他的第一間調酒吧「到院子與我會面」（Meet Me at the Yard）。如今他的重心完全放在蒸餾酒廠上，使用「歷史上由海路傳入巴西的香辛料」來製作琴酒，其中包括YVY海洋（YVY Mar）這款受經典倫敦辛口琴酒啟發的巴西辛口琴酒（Brazilian Dry Gin），以46%酒精濃度裝瓶。
yvydestilaria.com.br

韋伯之家（Weber Haus）
南里約格蘭（Rio Grande Do Sul）

H韋伯及席亞有限公司（H Weber & Cia Ltd）蒸餾廠位於巴西最南端、鄰近與烏拉圭邊境的伊沃蒂（Ivoti），是巴西最受推崇的卡夏沙品牌之一的製造商。他們的有機琴酒歷時兩年的心血完成，使用的植物混合中包括瑪黛茶、薑和新鮮甘蔗葉。共推出三個版本：以40%酒精濃度裝瓶的倫敦辛口琴酒WH 48（London Dry Gin WH 48）、以44%酒精濃度裝瓶的有機辛口琴酒WH 48（Dry Gin WH 48 Organic），以及同樣44%酒精濃度裝瓶的粉紅有機辛口琴酒WH 48（Dry Gin WH 48 Pink Organic），所有琴酒都於手工打造的銅製葫蘆型蒸餾器中蒸餾（見第22頁）。
weberhaus.com.br

祕魯

祕魯是風味複雜、以葡萄為基底製成的烈酒皮斯可的故鄉。和巴西一樣，這裡的蒸餾商也在探索多樣的本地植物，藉以打造出高度創新的琴酒。

倫敦到利馬琴酒（London To Lima Gin）
利馬（Lima）

身為倫敦蒸餾商同業公會（Distillers Company in London）成員的英國人艾力克斯·詹姆士（Alex James）與祕魯籍的卡瑞娜·迪·勒卡羅斯·阿奇塞（Karena De Lecaros Aquise），希望能創造出一個融合兩人背景和傳統、又能同時象徵他們祕魯之旅的產品，因此促成了倫敦到利馬這款琴酒的誕生。詹姆士安排將兩座 20 公升的銅製壺式蒸餾器從倫敦運送到利馬後，琴酒的生產就此展開。

這款琴酒的植物配方靈感來自鮮為人知的安第斯熊（或眼鏡熊），這種善於爬樹的動物主要食物來源是採食莓果、球莖、蜂蜜、水果、甘蔗和棕櫚心。另一項關鍵的本地元素，是借鑒祕魯數世紀以來製作完美皮斯可的專業知識和經驗，使用以葡萄為原料製成的基底烈酒。僅選用克布蘭達（Quebranta）品種的葡萄，經發酵後於一座之前用來生產皮斯可、形狀奇特的蒸餾器中緩慢進行蒸餾。這座名為努力（Endeavor）的葡萄牙製銅製壺式蒸餾器容量為 400 公升，由詹姆士親自改造為琴酒蒸餾器。

基底烈酒一旦蒸餾完成，便會加入植物混合進行蒸餾，其中包括杜松、紅胡椒、當地生產的墨西哥萊姆、瓦倫西亞橙、桂皮、芫荽籽、歐白芷根和鳶尾根以及祕魯酸漿（Peruvian groundcherry 或 Physalis peruviana，也被稱為 Cape gooseberry），這種果實具有一種偏酸的獨特甜味，同時有助於帶出柑橘元素的甜度。蒸餾完成後的琴酒會以來自海拔 4000 公尺高的冰川泉水稀釋。當詹姆士找到這個水源時，他與當地社區達成的協議中，有一部分是由泉水的中心裝設水管將泉水引到當地小屋，以確保原住民社區能有乾淨的飲用水。這款琴酒以 42.8% 酒精濃度裝瓶。

londontolima.com

ⓐ 倫敦到利馬的酒瓶模具

ⓐ 琴酒成品

玻利維亞、哥倫比亞與阿根廷

隨著調酒界活躍成長，南美的琴酒革命也在這個區域持續發展，探索本國生產的新琴酒已成為調酒師熱中的最新嗜好。

共和國琴酒（Gin La Républica）
拉巴斯（La Paz）

共和國玻利維亞辛口琴酒（La República Bolivian Dry Gin）在海拔4000公尺高的環境蒸餾而成，由於這個高度的沸點較低，因此能製作出更飽滿、更輕盈的琴酒。除了像杜松子這類非原生植物會從荷蘭和英國採購之外，安地斯人琴酒（Andina）的其他原料主要來自巴斯的食品市場。這家蒸餾廠採用西班牙工匠製作的450公升夏朗德葫蘆型蒸餾器（Charenteis alembic still，見第22頁），蒸餾器球莖型狀的頸部能讓植物風味被更直接、強力的萃取，並以柴火直接加熱（見第29頁）。蒸餾完成後琴酒會以瑞阿爾山脈（Cordillera Real）山區的冰河水稀釋，這種硬水有助提升琴酒的口感，最終的成品以40%酒精濃度裝瓶。蒸餾廠還生產亞馬遜人琴酒（Amazónica），這款酒匯集一系列亞馬遜特有的植物，包括阿薩伊莓果（acai berry）、大花可可（cupuazú，與可可樹同家族）、蟲辣椒（ají gusano，一種蟲狀的小辣椒）和亞馬遜樹皮。

master-blends.com

獨裁者琴酒（Dictador Gin）
加勒比海（Caribe）

於卡塔赫納（Cartagena de Indias）生產的超頂級獨裁者蘭姆酒的幕後團隊，聰明地運用他們的專業知識來製作獨裁者頂級哥倫比亞桶陳琴酒（Dictador Premium Columbian Aged Gin），這系列琴酒使用以甘蔗製作的基底烈酒並經過多達五次蒸餾，共生產出兩個版本的琴酒。正統信仰琴酒（Ortodoxy）由獨裁者蘭姆酒前總裁達里奧‧帕拉（Dario Parra）為了個人飲用目的自行創作，使用含有各式莓果、果皮、根部和香辛料的祕密配方製作，另一款寶藏琴酒（Treasure）則採用當地的檸檬紅橘（limón mandarino/lemon tangerine）等成分。兩款琴酒都以43%酒精濃度裝瓶，並於獨裁者蘭姆酒的舊酒桶中進行桶陳，其中寶藏琴酒的桶陳時間長達35週。

dictador.com

使徒王子瑪黛琴酒（Príncipe De Los Apóstoles Mate Gin）
門多薩（Mendoza）

使徒王子瑪黛琴酒是拉丁美洲最早發行的頂級琴酒之一，由位於門多薩（Mendoza）的安地斯山脈太陽蒸餾廠（Sol de los Andes）生產，這間成立於2000年的蒸餾廠，以蒸餾渣釀白蘭地（grappa）較廣為人知。這款琴酒使用小麥製成的基底烈酒，並以瑪黛茶作為風味來源的關鍵植物，這種植物是冬青樹的一個品種（南美冬青 Ilex paraguariensis），傳統上被使用來製成一款類似茶的飲品，其他植物原料大多產自米西奧內斯省（Misiones），包括薄荷、桉樹和粉紅葡萄柚皮。這款琴酒於一座200公升的銅製壺式蒸餾器中蒸餾，並以40%酒精濃度裝瓶。

apostolesgin.com

🔘 共和國琴酒的酒標

中東與非洲

中東

儘管中東並不是一個讓人會直接聯想到琴酒生產的地區，但以色列和黎巴嫩已藉著幾款有
趣且獨特的琴酒開始建立名聲。

以色列與黎巴嫩

以色列與黎巴嫩的調酒圈在國際間享有盛名，顯現出這兩個國家對工藝烈酒的熱愛。此地的調酒師熱切地探索能反映熱情、創新以及真實風土感的各式當地琴酒。

黎凡特琴酒（Levantine Gin）
特拉維夫（Tel Aviv）

中東的工藝蒸餾界在 2014 年獲得具體的大力推動，當時由加爾·卡爾克斯坦（Gal Kalkshtein）帶領一群由單一麥芽威士忌愛好者組成的小型團隊，首度在特拉維夫啟用牛奶與蜂蜜蒸餾廠（Milk & Honey Distillery）。在這家酒廠的威士忌獲得國際好評後，緊接著推出的是使用同樣經過雙重蒸餾的基底烈酒製作的首款工藝琴酒黎凡特。這款琴酒的配方中包括杜松以及團隊從當地的勒文斯基市場（Levinsky market）採購的其他植物原料：牛膝草、檸檬皮、橙子、洋甘菊、馬鞭草、肉桂和黑胡椒。透過四十八小時的浸泡程序讓植物中的油脂與聚合物得以釋放，然後在一座 250 公升的壺式蒸餾器中進行最後一次蒸餾後稀釋至 46％ 酒精濃度裝瓶。
mh-distillery.com

阿克爾琴酒（Akko Gin）
加里利（Galilee）

成立於 2008 年的尤里伍斯工藝蒸餾廠（Jullius Craft Distillery）是烏瓦爾·哈吉爾（Yuval Hargil）的一項企畫，他最初僅使用葡萄渣（葡萄籽與果皮）為原料來蒸餾水果利口酒。哈吉爾的阿克爾加里利野生琴酒（Akko Wild Gin of Galilee，以 40％ 酒精濃度裝瓶）包括 12 種於以色列採購的植物：來自莫蘭山（Mount Meron）的杜松、乳香黃連木葉、黎巴嫩的雪松針、卡夫哈巴德（Kfar Chabad）的檸檬皮，以及西加里利的紅橘。
jullius.com

佩爾特蒸餾廠手工紅粉佳人琴酒（Pelter Distillery Hand Made Pink Lady Gin）
戈蘭高地（Golan Heights）

佩爾特於 2013 年踏上烈酒之路，當時葡萄酒釀酒廠創辦人塔爾（Tal）和尼爾·佩爾特（Nir Pelter）基於興趣，實驗性地對幾種原料進行蒸餾，想看看他們可能發掘出哪些風味。於是他們買了一座原本用來生產干邑、有 60 年歷史的葫蘆型蒸餾器（見第 22 頁）。自從蒸餾器送達葡萄酒廠後，他倆已經生產出一款茴香酒（arak，一種以茴香籽為基底的烈酒）、一款蘋果白蘭地、一款生命之水，以及一款琴酒，這款琴酒具有深受地中海影響的明顯果香。基底烈酒使用粉紅佳人蘋果的果泥和果汁發酵，經單次蒸餾製作而成，隨後加入植物原料浸泡 24 小時後再次蒸餾。主要植物包括杜松、以色列鼠尾草、洋甘菊、茴香、鳶尾根和狗薔薇鱗莖（以 41％ 酒精濃度裝瓶）。
pelter.co.il

Jun 職人黎巴嫩琴酒（Jun Artisanal Lebanese Gin）
阿列伊區（Aley District）

利奇馬亞蒸餾廠（Rechmaya Distillery）位於阿列伊區偏遠的山村利奇馬亞，距離貝魯特約 33 公里。夫妻檔瑪雅·哈特塔爾（Maya Khattar）與沙迪·納庫爾（Chadi Naccour）生產的 Jun 琴酒（以 40％ 酒精濃度裝瓶），在一座名為瑪蒂達（Matilda 的）的 100 公升不銹鋼柱式蒸餾器中製作。使用的植物包括有機黎巴嫩杜松、芫荽、薑、高良薑、乳香黃連木葉、迷迭香、月桂葉，以及橙皮和檸檬皮。
rechmayadistillery.com

⌃ 兩款中東最早的琴酒

非洲

以一塊大陸而言，非洲在地理上的多元性就跟它的料理一樣多變，為全球的琴酒蒸餾商提供大量可供運用的獨特植物。有名的例子包括使用猴麵包樹果實的惠特利·尼爾琴酒（Whitley Neill Gin）、採用乳香這種產自非洲東北部阿拉伯乳香樹（Boswellia sacra）的油性樹膠脂的神聖琴酒（見第67頁），以及主要成分為魔鬼草（devil's claw）和非洲艾草的德國大象琴酒（見第103頁）。雖然非洲某些市場（例如肯亞）有在生產像高登之類的琴酒大牌，但除了少數生產商和先鋒者之外（特別是已經擁抱工藝琴酒革命的南非），非洲本地的工藝琴酒卻還沒取得穩固的立足點。不過，最近的研究顯示，這並未阻擋烏干達、奈及利亞和肯亞擠進全球前十大琴酒消費國之列。

南非

南非本就以當地盛產的葡萄生產著名的白蘭地，加上原生植物豐富多樣（尤其是開普敦地區），因此南非的蒸餾商會開始進行琴酒生產，一點也不令人意外。

霍普金斯希望琴酒（Hope On Hopkins）
開普敦（Cape Town）

霍普金斯希望蒸餾廠（Hope on Hopkins Distillery）是南非工藝蒸餾的先驅，在開普敦市中心生產自己的基底烈酒。它由曾經擔任律師的夫妻檔萊·李斯克（Leigh Lisk）和露西·比爾德（Lucy Beard）於2015年成立，坐擁開普敦市最早核可的蒸餾器。有兩座蒸餾器分別以創辦人兩位祖母的名字命名：米爾德里德（Mildred）與莫德（Maude），另外還有一座名為穆馬（Mouma）的壺式蒸餾器，以及一台名為瘋狂瑪莉（Mad Mary）的混合式蒸餾器（見第25頁）。

蒸餾廠發行的兩款琴酒——倫敦辛口琴酒（London Dry Gin）與鹽河琴酒（Salt River Gin）——使用以百分之百南非種植的發芽大麥，烹煮並發酵數日後，再於酒廠內進行三次蒸餾的中性穀物酒精製作，而另一款地中海琴酒（Mediterranean Gin）則以西開普省（Western Cape）的葡萄烈酒為基底。使用植物包括托斯卡尼杜松、歐白芷根（同樣自歐洲採購）、當地種植的芫荽籽，以及種植於西開

> 使用的植物包括當地種植的芫荽籽與手工去皮、日曬乾燥的有機檸檬皮和有機橙皮。

霍普金斯希望蒸餾廠推動了南非的琴酒運動

普省錫德堡區（Cederberg region）、手工去皮、日曬乾燥的有機檸檬皮和橙皮。此外，第四次蒸餾時，會採蒸氣注入法（見第 20 頁）加入生長於法蘭史霍克（Franschhoek）外圍葡萄酒產地的香草植物，以及鹽河琴酒原料中種植於文特胡克山脈（Winterhoek Mountains）一座農場的布枯（buchu/Agathosma），最後以泉水稀釋至 43% 酒精濃度裝瓶。

霍普金斯希望另外還生產一個「來自海洋的琴酒」（A Mari Ocean Gin）系列，名稱中「a mari」是拉丁文「來自海洋」的意思，這款琴酒是曾任建築師的尼爾・杜圖瓦（Niel du Toit）與曾為撰稿人的潔西・亨里奇（Jess Henrich）合作的結晶。他們在蒸餾過程中使用海水，生產出兩種主要類型的琴酒：印度洋（Indian Ocean）和大西洋（Atlantic Ocean）。印度洋的風味取材自非洲東海岸，使用東非的芬芳植物，例如斯瓦希利萊姆、馬達加斯加紅胡椒、印度藏茴香籽，以及薑黃、小荳蔻和歐白芷。蒸餾後再加入賦予琴酒金黃色相的印度香料茶——包括肯亞紅茶、肉桂、黑胡椒、丁香和薑的混合。大西洋琴酒則將風味焦點轉向開普敦的西海岸，並含有「開普海岸弗因博斯（fynbos）的神祕精選」（弗因博斯為這個地區獨有的多品種灌木叢），以及芫荽、橙子、紅橘、檸檬、小荳蔻、眾香子和歐白芷。兩款琴酒都以 43% 酒精濃度裝瓶。

hopeonhopkins.co.za amarigin.com

> **由於當地的原生植物豐富多樣，南非的蒸餾商會開始進行琴酒生產，一點也不令人不意外。**

◉ 霍普金斯希望的琴酒生產

南非

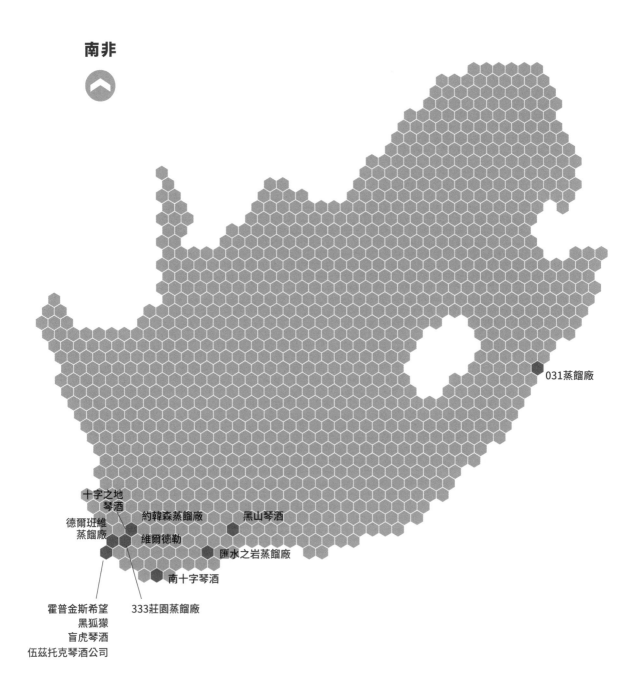

031蒸餾廠

十字之地
琴酒

約韓森蒸餾廠

黑山琴酒

德爾班維
蒸餾廠

維爾德勒

匯水之岩蒸餾廠

南十字琴酒

霍普金斯希望
黑狐獴
盲虎琴酒
伍茲托克琴酒公司

333莊園蒸餾廠

黑狐獴琴酒（Black Meerkat Gin）

開普敦（Cape Town）

麥可·塞耶斯（Mike Sayers）和杰德·馬斯多普（Jayde Maasdorp）於2016年決定告別兩人總計40年的辦公室生涯，依循傳統的老湯姆配方（見第21頁）製作出南非第一瓶老湯姆琴酒：黑狐蒙老城琴酒（Black Meerkat Old Town Gin）。採用的基底甘蔗烈酒經由獨特的銅催化程序以單次蒸餾製作而成，並將11種植物採蒸氣注入法（見第20頁）於馬車頭蒸餾器（見第26頁）中進行小批次蒸餾。與傳統老湯姆配方不同之處是：製程中不添加任何的糖或人工甜味劑，酒的甜味來自於甘草根、本地玫瑰天竺葵、八角茴香與鳳梨鼠尾草。這款琴酒以44%酒精濃度裝瓶。團隊用來生產伏特加與琴酒的新海港蒸餾廠（New Harbour Distillery）中，還設有一座用來種植自家植物的水栽溫室，全蒸餾廠嚴格遵循碳平衡理念，將所有的副產品都在蒸餾廠中被回收及再利用，或提供給城市農場作為肥料、動物飼料及天然清潔劑。

blackmeerkat.com

德爾班維蒸餾廠琴酒（Durbanville Distillery Gin）

開普敦

德爾班維蒸餾廠由羅伯特和尤金·克萊因（Robert and Eugene Kleyn）成立，這對父子結合了兩項他們的最愛——工程與酒，展開一場刺激的新冒險。他們的興趣最初開始於採用自製的設備釀造啤酒，這個經驗帶領他們進入蒸餾的藝術。為了生產他們的德爾班維蒸餾廠琴酒（以43%酒精濃度裝瓶），他倆在一座名為伊芙（Eve）的手工製真空蒸餾器（見第28頁）中，運用罕見的冷式蒸餾科學進行製

作。除了這座可能是世界上最大的烈酒真空蒸餾器之外，酒廠最近也新增了第二座蒸餾器。

durbanvilledistillery.com

333琴酒（Triple Three Gin）

開普敦

位於斯泰倫波什（Stellenbosch）的333莊園蒸餾廠（Triple Three Estate Distillery），生產三款名稱幾乎說明一切的琴酒：只有杜松子琴酒（Just Juniper Berry）只使用杜松蒸餾製成、非洲植物琴酒（African Botanicals）使用包括西開普省植物群在內的七種植物混合、柑橘注入琴酒（Citrus Infusion）則使用人工採收的柑橘類水果，三款琴酒都以43%酒精濃度裝瓶。

triplethree.co.za

伍茲托克琴酒公司（The Woodstock Gin Co）

開普敦

伍茲托克琴酒公司由賽門·馮·威特（Simon Von Witt）於2014年成立，創作出幾款弗因博斯風味的南非琴酒（見第208頁及右側）。在名為開端（Inception）的旗艦款琴酒配方中，包括了紅灌木茶（rooibos）、布枯和野生迷迭香，並採用悉心控管的分餾程序（見第24頁）進行啤酒或葡萄酒蒸餾。他們生產出開端琴酒的兩款主要版本：啤酒基礎開端（Inception Beer Base）和葡萄酒基礎開端（Inception Wine Base），兩款都以43%酒精濃度裝瓶。

woodstockginco.co.za

黑山卡魯琴酒（Black Mountain Karoo Gin）

西開普省（Western Cape）

黑山琴酒的靈感取自於西開普省最高（許多山峰超過2000公尺）、範圍最長的斯瓦特山（Swartberg，黑山）。生產黑山琴酒的格朗德海姆蒸餾廠

（Grundheim Craft Distillery）位於奧次胡恩（Oudtshoorn）郊外，成立於1858年，現任蒸餾大師蒂斯·格朗德海姆（Dys Grundling）為家族第六代成員，讓這家酒廠成為南非最古老的獨立家族經營蒸餾廠。卡魯琴酒（Karoo Gin）承襲過往傳統的蒸餾方式，使用柴燒（見第29頁）的開普壺式蒸餾器，以每批次750公升生產。黑山琴酒的兩個版本——卡魯辛口琴酒（Karoo Dry Gin）和卡魯植物群琴酒（Karoo Flora Gin）——都使用以葡萄為基底的烈酒製作，於植物加入前先經過兩次蒸餾，之後將十種精選植物——鳶尾、歐白芷和甘草根、茴香實、柑橘皮、小荳蔻、芫荽籽、葡萄柚、玫瑰花瓣和杜松——浸泡於烈酒中並進行最後的第三次蒸餾。卡魯植物群琴酒還包括其他三種植物——野生茴香實花、接骨木花和卡魯金合歡花。兩個版本都以43%酒精濃度裝瓶。

blackmountaingin.com

十字之地琴酒（Cruxland Gin）

西開普省

KWV公司以生產葡萄酒和白蘭地聞名南非，公司團隊同時也創作了十字之地琴酒（Cruxland Gin）。這款琴酒採用葡萄烈酒為基底，並具有來自喀拉哈里松露的強烈風味，琴酒配方由公司的白蘭地大師開發而成，並在開普敦外圍的帕爾（Paarl）使用500公升壺式蒸餾器生產。其他植物原料包括南非紅灌木茶和蜜樹茶，以及檸檬、芫荽、杏仁、小荳蔻、茴香實和杜松，除了松露是單獨蒸餾外，其他所有原料都同時進行。成品以43%酒精濃度裝瓶。

kwv.co.za/our-brands/view/spirits/7#down

匯水之岩琴酒（Inverroche Gin）

西開普省

匯水之岩蒸餾廠是南非工藝琴酒的先鋒之一，於2012年由勞娜·史考特（Lorna Scott）和她的家人在西開普省的斯特爾拜（Still Bay）成立。自此開始，這家蒸餾廠從一間採用廚房桌上型2公升蒸餾器進行生產的小型家庭工業蒸餾廠，成長為南非最受推崇的工藝蒸餾廠之一。他們生產的三款琴酒使用一座1000公升的直火加熱紅銅製壺式蒸餾器製作，以手動泵將水直接由蒸餾廠下的地下水層注入蒸餾器中。核心琴酒系列產品包括綠琴酒（Gin Verdant）、琥珀琴酒（Gin Amber）和經典琴酒（Gin Classic，皆以43%酒精濃度裝瓶），三款琴酒的祕密配方全部取材自當地的弗因博斯——包括生長於全球六個生物群系之一的開普植物王國（Cape floral kingdom）中的花、香草植物及香辛料。除了種植自己的植物外，公司還和當地苗圃合作培育植物，在植物的自然棲地中進行復育及人工採收。蒸餾完成後，琴酒也採取手工裝瓶、貼標及裝箱，為當地社區創造就業機會。

inverroche.com/za

約韓森琴酒（Jorgensen's Gin）

西開普省

位於威靈頓（Wellington）的約韓森蒸餾廠（Jorgensen's Distillery）無論在價值觀或生產設備都相當符合工藝的標準。它由羅杰·約韓森（Roger Jorgensen）成立，藉以對抗南非主要酒類生產商及他們對蒸餾酒市場的掌控。他生產的一系列烈酒包括白蘭地、伏特加、艾碧斯、檸檬酒，以及必不可少的琴酒。這款琴酒以每批次180瓶進行小量生產，使用一座銅製壺

式蒸餾器在戶外製作，採用來自南非唯一的杜松種植區帕爾（Paarl）中採收的杜松、歐白芷、鳶尾、菖蒲根和甘草根、稀有非洲野薑、芫荽籽和苦杏仁。除此之外，還加入紅橘、開普檸檬皮、布枯、玫瑰天竺葵和西非荳蔻這些專為蒸餾廠在迦納種植的植物，作為支持社區計畫的一部分。另一項具有異國風情的植物ohandua（Zanthoxylum ovatifoliolatum），則由納米比亞的辛巴族（Himba）人從偏遠的考科費爾德（Kaokoveld）地區中稀有的考科闊葉木（Kaoko knobwood）上採收。這款琴酒以43%酒精濃度裝瓶。

jd7.co.za

南十字琴酒（Southern Cross Gin）
西開普省

南十字琴酒於西開普省的一座燈塔中製作，使用經過三次蒸餾製成的皮諾塔吉（Pinotage）葡萄基底烈酒及21種植物原料，包括非洲洋甘菊、藍山鼠尾草、奧弗貝格（Overberg）的布枯、野生迷迭香（kapokbos）、紅橘、紅灌木茶、藍莓和黑莓，以

及較傳統的茴香、芫荽、檸檬皮和橙皮、胡椒、丁香、小荳蔻、肉荳蔻、肉桂、鼠尾草、歐白芷根、茉莉和蘇格蘭杜松。並且使用大西洋和印度洋的海水，這款琴酒以43%酒精濃度裝瓶。

southerncrossgin.co.za

維爾德勒弗因博斯琴酒（Wilderer Fynbos Gin）
西開普省

德國籍的赫德穆特·維爾德勒（Helmut Wilderer）在一次南非假期後，於1995年成立了維爾德勒蒸餾廠（Wilder Distillery），這家酒廠使用南非最優質的麝香葡萄、皮諾塔吉和希拉葡萄，生產出數款頂級渣釀白蘭地，也無怪乎蒸餾廠將它們的專業轉向琴酒製作。維爾德勒弗因博斯琴酒採用葡萄酒基底烈酒，以來自法蘭史霍克山脈（Franschhoek Mountains）的水以及獨特的弗因博斯植物（見第208頁與左側）為原料，其中包括布枯、蜜樹茶、野生獅耳花（wild dagga／Leonotis leonurus）和魔鬼草。由維爾德勒親自挑選的蒸餾器都是由科特公司製造的700公

升容量蒸餾器。這款琴酒以45%酒精濃度裝瓶。自從赫德穆特·維德勒在2016年12月去世以後，他的兒子克里斯汀（Christian）和他的長期團隊就繼續在維爾德勒遺留下來的蒸餾事業中發展。

wilderer.co.za

德爾班琴酒（D'Urban Gin）
德爾班（Durban）

一趟蘇格蘭之旅引發了安德魯·拉爾（Andrew Rall）對蒸餾過程的好奇，並對來自不同的單一麥芽能產生的多樣化風味深感興趣，於是他在2000年展開了自己的蒸餾旅程。由於他來自於世界上最大的甘蔗生產國之一，拉爾採用蘭姆酒作為起點，於2007年將自己的花園小屋改建成小型蒸餾廠，並取得了家用蒸餾商執照後開始進行實驗。他於2008年在德班成立了031蒸餾廠（Distillery 031），採用當地的電話區碼命名，製作出各式烈酒以及通寧水和一款檸檬水。德爾班辛口琴酒（D'Urban Durban Dry Gin）是一款經典倫敦辛口類型的琴酒，結合十種植物原料，包括非洲玫瑰果、鳶尾根、小荳蔻、檸檬

皮和桂皮。他使用法國橡木桶將德爾班琴酒進行桶陳，生產出南非的第一款桶陳琴酒。兩款琴酒都以43%酒精濃度裝瓶。

distillery031.com

盲虎琴酒（Blind Tiger Gin）
納塔爾（Natal）

源自開普敦的盲虎琴酒，由基根·庫克（Keegan Cook）於2017年創立，使用銅製壺式蒸餾器生產，原料包括杜松、芫荽、歐白芷、西番蓮和香茅。這家蒸餾廠以它每個批次生產的琴酒都不相似引以為傲。這款琴酒以46%酒精濃度裝瓶。

blindtigergin.com

肯亞、烏干達與奈及利亞

除了支持本地生產的烈酒之外，這些國家在過往歷史上也展現出對進口琴酒的喜愛，且一代比一代更甚。

非洲圓柏琴酒（Procera Gin）
奈洛比（Nairobi）

杜松也許是每一款琴酒的心臟，但對肯亞的非洲圓柏琴酒來說，沒有什麼比杜松更重要：它甚至以琴酒中使用的稀有杜松品種命名。這個品種的杜松只生長於海拔約 1500 公尺的衣索比亞和肯亞高原。其他植物原料包括斯瓦希利萊姆（ndimu or Swahili limes）與精靈紅橘（pixie tangerines），兩者皆產於肯亞。這款琴酒在蓋・布倫南（Guy Brennan）於 2017 年創立的一家工廠中生產，使用一座 230 公升的德國穆勒蒸餾器進行蒸餾，並以 44% 酒精濃度裝瓶。
proceragin.com

**非洲
其他地區**

最佳蒸餾廠
拉哥斯
奈及利亞

瓦拉基琴酒
烏干達

非洲圓柏琴酒
奈洛比
肯亞

瓦拉基琴酒（Waragi Gin）
康培拉（Kampala）

東非啤酒廠有限公司（EABL）自 1965 年以來就開始生產瓦拉基琴酒。這個產品主要在其發源地以小袋裝的形式販售，產品外觀幾乎像是一個果汁盒，已成為一種烏干達脫離大英帝國的獨立象徵。這款琴酒使用以小米製成的基底烈酒，並以 40% 酒精濃度裝瓶。
eabl.com/en/our-brands/spirits/uganda-waragi/

最佳倫敦辛口琴酒
（Best London Dry Gin）
拉哥斯（Lagos）

根據國際酒類市場研究機構（IWSR）的最新研究（見第 147 頁），奈及利亞是第全球第七大琴酒消費國，高登琴酒就是當地市場最成功的品牌之一。拉哥斯的最佳釀酒廠（The Best Distillery）已有 20 多年歷史，這家酒廠生產的最佳倫敦辛口琴酒以 43% 酒精濃度裝瓶，並以 30 毫升的小袋裝及常規容量的 700 毫升瓶裝販售。
bestnigeria.com.ng

大洋洲

澳洲

澳洲無疑是當今世界最活絡的工藝琴酒生產國之一，許多蒸餾廠都為了尋找真正獨特的風味，不斷嘗試突破創新的界線。幸運的是，許多澳洲最好的琴酒都能在澳洲境外取得，讓更多人有機會探索與享用。

四柱琴酒（Four Pillars Gin）
墨爾本（Melbourne）

三個朋友 —— 麥特・瓊斯（Matt Jones）、卡梅隆・麥肯錫（Cameron Mackenzie）和史都華・葛雷格（Stuart Gregor）—— 於 2013 年底創立了四柱這個品牌，當時正值澳洲工藝蒸餾熱潮開始起步之時。如今它已發展完備，擁有獲獎的威士忌蒸餾廠，並於本國市場推出超過 50 款澳洲琴酒。蒸餾場坐落在墨爾本附近的亞拉河谷（Yarra Valley），這個地區釀葡萄酒的知名度更勝於琴酒生產。四柱採用一些開創性的方式，將他們的琴酒於葡萄酒老桶中桶陳，讓兩種酒的世界融合在一起。但在這個小型團隊採購

及使用葡萄酒桶之前，他們首先必需發展出自己的招牌琴酒類型。

這群朋友組成的團隊歷經大約 18 個月的蒸餾測試，才得到他們滿意的配方。隨後他們向知名的德國生產商卡爾訂購了一座 450 公升的銅製壺式蒸餾器（命名為威爾瑪 Wilma），再花四個月的時間進行配方的精製微調，目標是製作出一款當代類型的琴酒。團隊逐步擴大生產線，採購了一座更大型的 600 公升蒸餾器：茱德（Jude，以史都華的母親命名）、以及一座較小型的 50 公升實驗用蒸餾器：愛琳（Eileen）。他們還擁有一座名為貝絲（Beth）的 2000 公升蒸氣動力蒸餾器。

四柱運用他們的蒸餾器陣容，生

◌ 四柱琴酒深受調酒師青睞

產出他們所謂的「現代澳洲」琴酒，設計概念是要反映澳洲各種文化的融合，使用包括歐洲杜松、來自由東南亞到中東的香辛料、一些澳洲原生植物以及來自地中海的柑橘。最終的配方是一款十種植物的混合──杜松、小荳蔻、芫荽、檸檬桃金孃、塔斯馬尼亞島胡椒莓葉（見第223頁）、肉桂、薰衣草、歐白芷、八角茴香和整顆橙子。

這些植物原料都在小麥基底烈酒中蒸餾，這款基底烈酒採購於新南威爾斯州南岸的波馬德里（Bomaderry），由新南威爾斯州各地約6000名農民生產而成。這款穀物烈酒會被稀釋至約30%的酒精濃度，加進原本的銅製壺式蒸餾器中，隨後九種乾燥植物會被加入壺內，而完整的橙子會被切片置於植物籃中讓烈酒的蒸氣通過（見第20頁）。之後烈酒會通過蒸餾器柱式結構中的七個獨立精餾盤進行精製（見第24頁）。

每一批次的琴酒大約需要經過七個小時的蒸餾，在尚未依不同版本調整酒精濃度前，由蒸餾器產出的琴酒酒精濃度為93.5%。每批次的產量約為460瓶。如果要製成稀有辛口琴酒（Rare Dry Gin）版本，它會直接被稀釋至41.8%的酒精濃度，並靜置兩週，使它充分混合後裝瓶。他們的海軍強度（Navy Strength）版本會被稀釋成58.8%的酒精濃度，同時植物原料中會額外添加手指萊姆。手指萊姆會與完整的橙子一起被置入植物籃進行蒸餾。另一款內格羅尼琴酒（Negroni Gin，以43.8%酒精濃度裝瓶）則會額外將西非荳蔻加入乾燥植物混合中，並在植物籃內添加血橙和薑。

他們最獨特的一款產品靈感取自於當地的葡萄酒釀酒廠。2015年四柱採取了大膽的步驟，運用與生產黑刺李琴酒相同的方式，將一些亞拉河谷

的希哈葡萄浸泡在高酒精濃度的稀有辛口琴酒中八週的時間。隨後將葡萄榨汁並將果汁與更多的稀有辛口琴酒混合。這款以年分做區隔發行的血腥希哈琴酒（Bloody Shiraz Gin）以大約37.8%的酒精濃度裝瓶。四柱同時還生產一系列限量版的桶陳琴酒，其中特別包括雪莉桶和夏多內桶版本。

fourpillarsgin.com.au

⬥ 四柱的卡梅隆・麥肯錫

澳洲

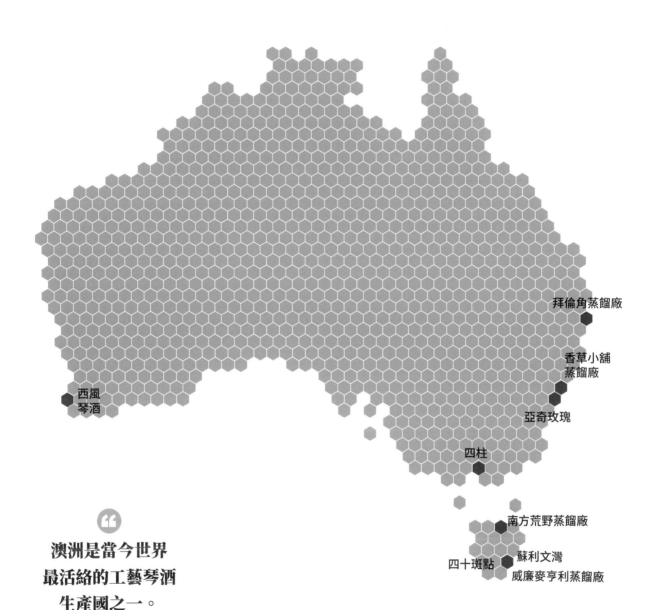

拜倫角蒸餾廠

香草小舖
蒸餾廠

西風
琴酒

亞奇玫瑰

四柱

南方荒野蒸餾廠

蘇利文灣

四十斑點

威廉麥亨利蒸餾廠

> 澳洲是當今世界
> 最活絡的工藝琴酒
> 生產國之一。

亞奇玫瑰琴酒（Archie Rose Gin）
雪梨（Sydney）

當亞奇玫瑰蒸餾公司（Archie Rose Distilling Co.）的創辦人威爾·愛德華斯（Will Edwards）選擇在雪梨生產一個他形容為「有形的東西」時，他首先必須面對的事實是：這座城市160多年來從沒有人成立過蒸餾廠。他最終在 2014 年達成了目標，只是在此之前，他經過了整整 364 天的等待，直到他聘請的工匠彼得·貝利（Peter Bailly，澳洲唯一的蒸餾器製造者）使用特地由歐洲進口的銅料，依照他指定的明確規格手工打磨出蒸餾器。

這三座銅製的蒸餾器被使用於生產一系列的琴酒、威士忌和伏特加。主力商品亞奇玫瑰招牌琴酒（Archie Rose Signature Gin，以 42% 酒精濃度裝瓶）的特色為 14 種不同植物，包括澳洲本地的血萊姆、多里戈胡椒葉（dorrigo pepper leaf）、檸檬桃金孃和河薄荷（river mint），以及明顯的杜松元素。與這款琴酒一起的

還有一款蒸餾師強度版本（Distiller's Strength），目前以 52.4% 酒精濃度裝瓶。這家蒸餾廠還發行不同系列的限量版本，例如夏季琴酒計畫（Summer Gin Project），其中共有兩個不同的版本，特色是使用可持續性採購並採集於當地的原料。灌木叢版本（Bush）以澳洲的夏天為啟發，使用當地的蠟花（waxflower）、紅胡椒、野生鬼針草和原生百里香，帶有香草植物和桉樹調。儘管這款產品已售罄，但如果仔細留意，你仍有可能在幾間酒吧中發現這款琴酒。沿岸版本（Coast）則使用了草莓桉（strawberry gum）、石蓴（sea lettuce）、桃子和椰子。兩種版本都以 40% 酒精濃度裝瓶。

亞奇玫瑰還提供烈酒量身訂製服務，在他們的官網上提供了一系列的植物選項讓顧客創作自己的招牌琴酒。自選植物最多可達五種，但他們建議集中在三個選項即可。植物一旦選定，他們就會調整每種植物的比重，製作出均衡的訂製成品。

archierose.com.au

◎ 亞奇玫瑰蒸餾廠的桶陳作業

> "
> **亞奇玫瑰還提供烈酒量身訂製服務，他們的官網上有一系列的植物選項，讓顧客創作自己的招牌琴酒。**

麥亨利琴酒（Mchenry Gin）
塔斯馬尼亞州（Tasmania）

麥亨利蒸餾廠（McHenry Distillery）由威廉（比爾）麥亨利（William McHenry or Bill McHenry）於 2012 年成立，這家酒廠位於塔斯曼半島（Tasman Peninsula）亞瑟山（Mount Arthur）的一側，坐落於亞瑟港（Port Arthur）上方，朝南面對著南大洋，因此它是澳洲最南端的蒸餾廠，也是世界上最南端的家族經營蒸餾廠。原味版本的經典辛口琴酒（Classic Dry）是麥亨利花了六個月、嘗試超過 25 種版本後才滿意的成果。這款琴酒採用一座 500 公升的壺式蒸餾器製作，用柑橘皮、八角茴香、芫荽籽、小荳蔻和鳶尾根來伴隨核心的杜松，植物會先浸泡在以甘蔗為原料蒸餾成的天然酒精中 24 小時，成品以 40% 酒精濃度裝瓶。這款琴酒也推出酒精濃度 57% 的海軍強度版（Navy Strength）。麥亨利還生產一款桶陳版（酒精濃度 40%），使用羅素大師波本威士忌（Russell's Reserve bourbon whiskey）過去用來陳化威士忌的 200 公升酒桶進行琴酒桶陳，結合酒廠獨特的涼爽、潮溼、沿海的環境，創造出一款風味極具深度的琴酒。

mchenrydistillery.com.au

西風琴酒（The West Winds Gin）
西澳大利亞州（Western Australia）

就像琴酒的故事始於於大海的冒險和異國香草、香辛料以及其他植物的進出口，位於瑪格麗特河（Margaret River）的西風琴酒也有著相同的故事。當年一艘荷蘭東印度公司（見第16頁）由南非航返荷蘭的船隻，因為西風而意外將一些最早期的移居者吹到了世界的這一端。四個朋友——傑瑞米・史賓瑟（Jeremy Spencer）、傑生・陳（Jason Chan）、保羅・懷特（Paul White）和詹姆斯・克拉克（James Clarke）——於2010年精心選擇了廠房的落腳處，並成立了這間蒸餾廠，他們尋找的是一個最能反映出澳洲的地點，要有肥沃的土地來為他們供應當地植物，例如合歡樹籽、桃金孃和灌木番茄這些能將他們的琴酒與土地做連結的植物。同時，團隊也需要優質的水源，他們選擇以瑪格麗特河沿岸地區的雨水作為新鮮純淨

的水源。這家酒廠最早期配置了一座150公升的小型銅製壺式蒸餾器（現已擴展至600公升）來生產他們以單一程序製作（見第29頁）並於2011年發行的第一款琴酒：軍刀（The Sabre），它是一款柑橘主導的倫敦辛口琴酒，原料中包括合歡樹籽和檸檬桃金孃，以40%酒精濃度裝瓶，而短彎刀（The Cutlass）的酒精濃度為更高的50%，使用澳洲灌木番茄和肉桂桃金孃製成。團隊不久後又新增了一款酒精濃度58%的舷側（The Broadside），這款琴酒原料中包括了以當地沿岸海鹽調味的海芹，另一款酒精濃度63%的船長切割版（The Captain's Cut）則以粉紅色葡萄柚、鼠尾草和百里香為原料。

thewestwindsgin.com

🔘 西風琴酒的靈感來源：澳洲狂野的海岸線

> **琴酒的故事始於大海的冒險和異國香草、香辛料以及其他植物的進出口。**

其他值得嘗試的澳洲琴酒

布魯基拜倫辛口琴酒（Brookie's Byron Dry Gin）
新南威爾斯州（New South Wales）

拜倫角蒸餾廠（Cape Byron Distillery）坐落於拜倫灣腹地內布魯克家族占地40公頃的農場的中心點，隱藏在家族復育的澳洲胡桃園和雨林之間。這間蒸餾廠是在農場剩餘土地中其中一塊空地上特別興建而成。蒸餾廠內有一座名為喬治（George）的2000公升定製銅製壺式蒸餾器，他們於這座蒸餾器中生產布魯基拜倫辛口琴酒，採單一程序（見第29頁）並以蒸氣注入法（見第20頁）對26種植物原料進行蒸餾，其中有18種為本地植物。其中最有趣的原料包括拜倫灣的日出手指萊姆、血萊姆、金橘、兩種桃金孃，當然還有他們種植的澳洲胡桃。為了讓如此複雜的配方達到平衡，他們請來蒸餾界的傳奇人物吉姆‧麥克伊旺（Jim McEwan）協助打造這款琴酒。吉姆有多年蘇格蘭威士忌的生產經驗，並曾創作出蘇格蘭西海岸艾雷島的第一款琴酒「植物學家」（見第80頁）。這款琴酒以46%酒精濃度裝瓶。。
capebyrondistillery.com

香草小舖蒸餾廠（Distillery Botanica）
新南威爾斯州

香草小舖蒸餾廠位於新南威爾斯州的中央海岸，這是一間由菲利浦‧摩爾（Philip Moore）所帶領的精品蒸餾廠。這座摩爾於十多年前購買的蒸餾廠位於一座占地1.2公頃的花園中，在此之前他曾創立及經營澳洲最大的香草植物批發苗圃「香草復興」（Renaissance Herbs），並在20多年間每年種植近100萬株植物。如今他的工具是一座銅製壺式蒸餾器及一座精餾柱式蒸餾器（見第24頁），香草小舖蒸餾廠的琴酒就是採用它們生產而成。產品包括摩爾辛口琴酒（Moore's Dry Gin，酒精濃度40%），這是一款經典杜松主導的辛口琴酒，另一款香草小舖蒸餾廠辛口琴酒（Distillery Botanica Dry Gin，酒精濃度42%）則是將芬芳的花卉植物——如七里香、茉莉和橙花等原料——單獨進行蒸餾後混合而成。
distillerybotanica.com

達舍＋費雪琴酒（Dasher + Fisher Gin）
塔斯馬尼亞州（Tasmania）

達舍＋費雪琴由位於島嶼西北海岸的南方荒野蒸餾廠（Southernwild Distillery）生產，以源自當地山脈的兩條河流命名，河流中充滿融化的雪水，穿過富饒的腹地到達塔斯馬尼亞州西北部的原始海岸。使用這樣純淨的水加上向當地農夫採購的植物，打造出這家蒸餾廠的三款琴酒。山琴酒（Mountain Gin，酒精濃度45%）是一款使用11種植物製成的倫敦辛口類型的琴酒，其中包括塔斯馬尼亞高地胡椒莓（見右側文字）和甘草根。草地琴酒（Meadow Gin，酒精濃度45%）使用15種植物，並以採收自當地的花園與田野中的薰衣草和橙子為中心，而海洋琴酒（Ocean Gin，酒精濃度42%）則使用了12種植物，其中包括塔斯曼海的裙帶菜海藻（wakame seaweed）。海洋琴酒和草地琴酒採用單一程序蒸餾（見第29頁），並於製程中混用直接浸泡法及蒸氣注入法（見第20頁），而山琴酒則於蒸餾前採用百分之百直接浸泡法。
southernwilddistillery.com

四十斑點琴酒（Forty Spotted Gin）
塔斯馬尼亞州

儘管所在地理位置相對偏遠，塔斯馬尼亞州卻常被形容為澳洲蒸餾界的重地，當地的旗艦琴酒其中之一就是由獲獎的雲雀蒸餾廠（Lark Distillery）生產的四十斑點琴酒。這款琴酒的風味來自較為傳統的植物，例如芫荽和檸檬皮，再加上塔斯馬尼亞胡椒莓（Tasmanian pepper berry或Tasmannia aromatic或T. lanceolata），這種植物不尋常的特徵為琴酒增添類似柑橘的活力。採浸泡方式製作，蒸餾前每一種植物都先在高強度酒精中個別浸泡，以確保能提取出最多的風味，最後以40%酒精濃度裝瓶。這款琴酒的名稱來自塔斯馬尼亞州稀有的40斑啄果鳥（forty-spotted pardalote或Pardalotus quadragintus）。
fortyspotted.com

霍巴特第四號琴酒（Hobart No.4）
塔斯馬尼亞州

塔斯馬尼亞威士忌蒸餾廠蘇利文灣（Sullivans Cove）使用百分之百本地大麥製成的塔斯馬尼亞單一麥芽基底烈酒，然後使用四種澳洲原生植物——檸檬桃金孃、茴香桃金孃，合歡樹籽和塔斯馬尼亞胡椒莓（見左側內文字）增添風味，生產出霍巴特第四號琴酒。這款琴酒以44%酒精濃度裝瓶。
sullivanscove.com

紐西蘭

和澳洲一樣，紐西蘭也渴望發展出屬於自己國家類型的琴酒。當地的蒸餾商對製作過程十分熱情：從使用最純淨的水，到尋找最特別的當地植物。

史凱普琴酒（Scapegrace Gin）
南島（South Island）

史凱普（Scapegrace）是市場最新的琴酒生產商之一，於 2014 年在蓬勃發展的市場中發行了他們的琴酒。這款經典倫敦辛口類型的琴酒，用 19 世紀生產的 3000 公升容約翰·多爾（John Dore）壺式蒸餾器製作，這台蒸餾器於上個世紀中葉透過船運從英國運送到紐西蘭。它在生產線上被淘汰遺棄之後，蒸餾廠的團隊將它重新修復，並用它來生產琴酒。

這款琴酒原本取名為惡棍會社（Rogue Society），不過創辦人丹尼爾·麥克勞夫林（Daniel Mclaughlin）、馬克·尼爾（Mark Neal）和理查德·伯克（Richard Bourke）面臨的第一個大挑戰不是修復老舊的蒸餾器、也不是找出合適的植物組合，而是當他們試圖出口到歐盟國家時，卻發現「惡棍」這個商標已經在飲料類別中被一個美國啤酒品牌註冊過了。他們必須找到一個不同但又朗朗上口的名字，於是想到了「scapegrace」這個古老的字，意思是「放蕩不羈的人」或「惡棍」。

酒廠的核心產品，是由蒸餾大師約翰·費茲派崔克（John Fitzpatrick）所生產的史凱普經典琴酒（Scapegrace Classic）。這款琴酒由 12 種經典植物組成，包括杜松子、檸檬皮和橙皮、芫荽籽、小荳蔻莢、肉荳蔻、丁香、歐白芷、甘草根和鳶尾根、肉桂棒和桂皮。另外在海軍強度版本的史凱普金牌琴酒（Scapegrace Gold）中，會添加乾燥的摩洛哥紅橘皮做為第 13 種植物，藉以賦予它強烈的柑橘、橙酸調與豐富的口感。兩個版本都使用酒精濃度 96.2% 的小麥基底烈酒為基礎。植物於經過雙重蒸餾前都會先經過 24 小時的浸泡，最終產出的烈酒酒精濃度約為 78.9%。蒸餾完成後，琴酒會採用來自蒸餾廠附近、世界上最後一個天然地下水層之一的水進行稀釋至飲用濃度，這個地下水源來自紐西蘭的南阿爾卑斯山（Southern Alps），也是這款琴酒中唯一的本國原料。史凱普經典琴酒以 42.2% 酒精濃度裝瓶，而史凱普金牌琴酒則以 57% 酒精濃度裝瓶。

scapegracegin.com

紐西蘭

登茲琴酒

史凱普琴酒

卡德羅納
蒸餾廠

其他值得嘗試的紐西蘭琴酒

源頭琴酒（The Source Gin）
南島

想造訪世界上最南邊的蒸餾廠之一，必須旅行到紐西蘭。曾經在南坎特柏立（South Canterbury）擔任酪農的黛絲莉・惠塔克（Desiree Whitaker）於2013年5月出售了自己的農場，並在皇后鎮湖區（Queenstown Lakes District，地址是「瓦納卡和皇后鎮之間」）找尋可以從事蒸餾與定居的地點。她在2016年成了這間百分之百家庭擁有與經營的卡德羅納蒸餾廠（Cardrona Distillery），並開始生產琴酒、威士忌和其他烈酒。惠塔克帶領團隊使用來自蘇格蘭若澤斯（Rothes）的福賽斯銅製壺式蒸餾器進行琴酒蒸餾。源頭琴酒使用當地採集的玫瑰果，結合杜松、芫荽籽、歐白芷根與檸檬皮和橙皮，採用蒸氣注入蒸餾（見第20頁）將植物風味帶進酒廠生產的麥芽烈酒中，並以47%酒精濃度裝瓶。
cardronadistillery.com

登茲琴酒（Denzien Gin）
南島

位於威靈頓（Wellington）心臟地帶的登茲城市蒸餾廠（Denzien Urban Distillery）由埃蒙・歐洛克（Eamon O'Rourke）和馬克・赫頓（Mark Halton）共同成立，使用科特銅製壺式蒸餾器、當地雨水、原生植物和具用永續性的乳清製成的基底酒精，創作出這家酒廠經典杜松風味導向的德艾若辛口琴酒（Te Aro Dry Gin），酒精濃度為42%。
facebook.com/denzienurbandistillery

亞洲

亞洲對琴酒的愛好一直相對有所保留，至少從國產酒的角度來看確實如此。在整個東北亞區域，燒酎（日本）、燒酒（韓國）、高粱（臺灣）和白酒（中國）一直是主要的國產透明烈酒，因此本地琴酒的主要成長空間至今依然很小，僅有少數幾家值得注意的工藝製造商在過去五年中出現。然而，工藝市場已經開始顯現出迅速發展的潛力，尤其以日本（見第229頁）特別明顯。中國的工藝琴酒圈也已開始萌芽發展，在上海等主要城市，幾個新興的微型本地品牌已經受到調酒師的關注。

日本

在過去一個世紀中，日本已經接納了西方烈酒，並以日本人對細節出了名的奉獻和專注，席捲國產威士忌市場。事實上，日本威士忌現在已經成為衡量新世界威士忌製造者的基準，同時也為超頂級烈酒樹立了標竿。

日本人第一次嚐到琴酒可能是在 18 世紀中葉至末葉，當時荷蘭貿易商抵達長崎港外海的出島，但消費者大多是出島上的移居者。據說早在 1812 年就曾有人嘗試在當地生產一款類似琴酒的本地烈酒，但沒有記錄可證明這項嘗試最後是否成功，或者這些移居者在江戶時代所處的嚴苛環境是否允許它蓬勃發展。

如今日本以威士忌蒸餾技術聞名世界，這個產業的基礎建立於竹鶴政孝的努力成果。他在 1918 年前往蘇格蘭攻讀化學，並透過他與鳥井信治郎的關係，促成日本第一間間威士忌蒸餾廠——山崎蒸餾所——的誕生。然而，如果竹鶴先生造訪當今琴酒圈蓬勃發展的蘇格蘭，他回國後生產的很可能會是琴酒而不是威士忌。

自山崎蒸餾所於 1923 年製作出第一瓶威士忌以來，至今已經超過 90 年，但自日本於 1936 年正式發行第一款琴酒——三得利出品的愛馬仕琴酒（Hermes Gin）——以來，也已經超過 80 年。然而這段期間，威士忌的生產迅速成長，國內的琴酒市場卻萎縮了。但今日的情況已截然不同：目前有十多家蒸餾廠在進行琴酒生產，著重於當地植物和基底烈酒的多樣性，其中包括以稻米為基底的清酒，它讓產出的琴酒帶有一種近似荷蘭琴酒類型的風味。

京都蒸餾所
京都

日本的琴酒革命在 2016 年 10 月從京都市展開，當時第一批季之美京都辛口琴酒（KI NO BI Kyoto Dry Gin）以手工完成裝瓶，準備進入世界最令人興奮的全新蒸餾競技場。京都蒸餾廠渴望創造一款日本風味的琴酒，初始概念就是盡可能採用當地植物。他們發現要達到目的的最佳方式，是先製作小批次的植物餾出液，之後再巧妙地將它們混合，而這個方式也成為日本琴酒圈的一種傳統。

季之美的主要的植物包括來自京都北部的黃香橙（yellow yuzu）、日本扁柏、竹葉、宇治地區的玉露茶、綠山椒莓。使用稻米製成的基底烈酒，將所有植物區分為六個不同類

◆ 京都市酒吧供應的本地琴酒

◎ 京都琴酒為日本的工藝琴酒運動揭開序幕

別：基礎類（杜松、鳶尾、日本扁柏）、柑橘類（香橙、檸檬）、茶類（玉露茶）、香辛料（薑）、香草植物類（山椒和椒芽）、果香和花香類（竹葉和紫蘇葉）。每個類別都經過個別蒸餾後再進行混合，並在加入來自知名清酒釀造區伏見的水後讓它靜置。準備裝瓶時，再次使用相同的水將產品稀釋至 45.7% 酒精濃度。

季之美上市後，蒸餾廠陸續發行了其他幾個版本，最特別的是桶陳版──季能美（KI NOH BI），這款琴酒使用傳奇性的輕井澤威士忌蒸餾所中的酒桶進行桶陳，遺憾的是這家蒸餾廠現已停業。這款琴酒具有香草、小荳蔻和薑的調性，尾韻有明顯的橡木風味並深受威士忌的影響，這個例

子說明了日本蒸餾界的創新和創造力，可能讓日本在未來幾年內發產出一些市場上最精緻的琴酒。

kyotodistillery.jp

◎ 來自京都蒸餾所的季之美琴酒

日本

9148琴酒，紅櫻蒸餾所

日果科菲琴酒

名利酒類和
琴酒

季之美，京都蒸餾所　　六琴酒

櫻尾琴酒　　　　　　槙琴酒

和美人琴酒，津貫／
本坊酒造蒸餾所

壺式蒸餾器，則負責處理包括部分國內採收的香橙在內的柑橘類植物蒸餾（見第 22 頁）。

六琴酒使用六種日本植物，每種植物都在各自生長季節的巔峰期採收，以確保能萃取出最佳風味：春季的櫻花和櫻花樹葉、夏季的煎茶和玉露茶、秋季的山椒和冬季的香橙。這些元素會與另外八種經典植物組成的核心配方結合：杜松、芫荽、歐白芷根、歐白芷籽、小荳蔻、肉桂、苦橙皮和檸檬皮。這款琴酒以 43% 酒精濃度裝瓶。這家公司同時也發行一款櫻花比例含量較標準版更高的旅遊零售通路精選版（Travel Retail Select Edition）。

suntory.co.jp/wnb/rokugin/en/

六琴酒
大阪

六琴酒代表了三得利在迅速擴張的頂級琴酒市場中的強烈企圖心，儘管這家公司也生產比較偏向大眾市場的三得利特級辛口琴酒（Suntory Extra Dry）和柔順 37 琴酒（Smooth 37，僅在國內銷售），但六琴酒仍是能見度最高的產品，製作於三得利專門為較具有實驗性和精緻的專案而設立於大阪的生產線。使用四種不同類型的壺式蒸餾器，所有植物都在蒸餾器中個別蒸餾後才進行混合，以保留植物萃取物之間的細微差異，其中包括在一座針對櫻花之類的花卉元素進行精緻蒸氣注入蒸餾的不銹鋼蒸餾器，而另一座使用直接裝填法的強力銅製

△ 三得利以六琴酒進軍市場

日果科菲琴酒
仙台

如果不是 1920 年代早期鳥井信治郎和竹鶴政孝之間互動，一起成立了最終成為山崎蒸餾所的蒸餾廠，日本的蒸餾史將會比現在乏善可陳許多。1930 年代初，竹鶴先生脫離合伙關係，在北海道成立了日果公司，之後又於 1969 年在仙台設立宮城峽蒸餾所。這裡就是現在日果科菲琴酒的生產地，沿用同一對於 1960 年代自蘇格蘭進口的柱式蒸餾器進行生產，這款於 1830 年發明的蒸餾器有時也以其發明者伊尼亞・科菲（Aeneas Coffey）的姓氏被稱為科菲蒸餾器。

　　日果生產的琴酒使用多種植物製成，其中部分為日本當地植物，另一些則偏向經典植物，所有植物區分為三個類別：山椒類、水果類與香草及香辛料類。草本／香辛料的植物採用一般銅製壺式蒸餾器進行蒸餾，但柑橘元素和胡椒則採低壓蒸餾以保持其精緻的風味。柑橘類植物包括香橙、臭橙（kabosu，外觀類似萊姆，但品種較接近香橙）、甘夏（amanatsu，一種較大型的水果，與葡萄柚相似）和香檬（shikuwasa）這種產於沖繩和臺灣的酸柑橘類水果。這些植物混合其他原料（檸檬皮和橙皮、芫荽籽、酸蘋果、杜松和山椒）製成了一款強烈柑橘味導向的琴酒，杜松在這款複雜的琴酒中較偏向輔助的角色，成品以 47% 酒精濃度裝瓶。日果同時還生產一款鮮為人知、較傳統的威金森琴酒（Wilkinson）並僅於國內銷售。
nikka.com

> " 日果的琴酒使用多種植物製成，其中部分為日本當地植物，另一些則偏向經典植物

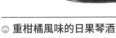
重柑橘風味的日果琴酒

其他值得嘗試的日本琴酒

櫻尾琴酒
廣島

新成立的櫻尾蒸餾所於2018年在廣島開業，但這家酒廠調和威士忌的歷史可追溯至1930年代，絕大部分使用進口烈酒為原料。第一批次原味日本辛口琴酒（Original Japanese Dry Gin）是一款含有高比例杜松的配方，搭配日本扁柏、綠茶、薑、紅紫蘇和廣島附近種植的新鮮柑橘，其中包括綠檸檬、甜夏橙、臍橙、香橙和苦橙（dai dai），所有原料同時於德國製混合壺式及柱式的蒸餾器中（見第25頁）進行直接浸泡或蒸氣注入蒸餾。限量版（Limited）由17種植物組成，其中大多聚焦於日本園藝植物：來自廣島的日本杜松子和杜松葉、櫻花、山椒葉、芥末、甚至還有牡蠣殼，蒸餾商表示牡蠣殼能為琴酒成品添加鹽的調性。最近發行的蔓荊版（Hamagou）是一款更偏向草本味的版本。全部三款琴酒都以47%酒精濃度裝瓶。
sakuraodistillery.com/en/sakurao/

槙琴酒
和歌山

槙琴酒由位於海南市富士白蒸餾所的中野株式會社生產，這間自1930年代以來就開始製作醬油的公司，同時也生產梅酒、燒酎、清酒和貴梅酎這款以梅酒蒸餾製成的酒。槙琴酒的原料匯集了進口的歐洲杜松，以及多種茂盛生長於蒸餾廠所在地和歌山縣的植物，其中包括日本金松（或稱做日本雨傘松樹，實際上不屬於松樹，而是一種據估計已存在超過2.3億年的古老常青樹種）、橘子、檸檬皮和山椒。這款琴酒以47%酒精濃度裝瓶。
nakano-group.co.jp

名利酒類和琴酒
茨城

這間成功的葡萄酒釀酒商與蒸餾商自1950年代以來就一直在酒類事業發展，生產清酒、蒸餾燒酎、梅酒和其他利口酒。這家蒸餾廠的最新作品是於2017年8月發行的「和琴酒」，可以說是日本第一款以日本清酒蒸餾製成的燒酎為基底烈酒的工藝琴酒，採用的是十年燒酎。基底烈酒會加入杜松、檸檬皮和橙皮以及肉桂等經典植物進行再次蒸餾。在琴酒明顯的柑橘調背景中，燒酎為琴酒整體帶來額外的發酵風味與略帶澱粉感的草本調。這款琴酒以45%酒精濃度裝瓶。
meirishurui.com

9148琴酒，紅櫻蒸餾所
北海道

紅櫻蒸餾所是日本最近期開業的蒸餾廠，也是北海道的第二座蒸餾廠（另一座是日果的余市蒸餾所，見第232頁或左頁）。這座蒸餾廠於2018年4月以9148-0100琴酒（酒精濃度45%）進入工藝琴酒市場，採取不到600瓶的限量發行，它被設計成一款明顯以鮮味（umami）主導的琴酒，使用乾燥香菇、乾燥蘿蔔、本地採購的日高海帶、杜松、芫荽、肉桂、歐白芷、檸檬皮、藍莓、玫瑰花瓣、黑胡椒、小荳蔻、白胡椒和丁香為原料。這款琴酒開啟了這家酒廠之後其他以數字為靈感命名的產品，包括向札幌市致敬的1922札幌琴酒，使用十種來自城市中不同地區的植物，包括黃瓜、山葵、薄荷、

紫丁香、番茄，薰衣草和櫻桃，以42%酒精濃度裝瓶。
hlwhisky.co.jp

和美人琴酒
鹿兒島

本坊酒造自1960年以來一直進行威士忌蒸餾，但直到不久之前，他們的系列產品都只在國內販售。這家公司於2015年開設津貫蒸餾所這座9萬公升產能的獨立設施，進軍工藝蒸餾界，並在此生產琴酒和更具實驗性的威士忌。和美人琴酒是這家酒廠出品的第一批工藝烈酒之一，融合了杜松、香橙、邊塚苦橙、檸檬皮、金橘、西貢肉桂葉、月桃葉（一種長生於東亞的高大多年生植物）、綠茶和日本紫蘇，以45%酒精濃度裝瓶。這款琴酒在日本取得成功後，酒廠接著推出了杜松強度版本（Juniper Strength），其中只以杜松為單一植物原料，並以50%酒精濃度裝瓶。
hombo.co.jp

中國

中國主要的烈酒是白酒，它是一種風味強烈、高酒精濃度的透明烈酒，透過不同穀物的自然發酵製成，例如小麥、大麥、高粱，有時是米和豆類，發酵程序可以在酒窖內或陶甕中進行，也可以兩者並用。蒸餾出的烈酒十分與眾不同——奇特的風味中混合了鹹味、果香、草本，有時甚至帶有藥味。白酒的成功十分驚人——根據報導，貴州茅台是 2018 年全球最有價值的烈酒品牌。白酒在中國本地市場上如此流行，意味著琴酒很難在主要城市之外占有一席之地。然而，由於每年都有超過 2100 萬名達到法定飲酒年齡的新進飲酒人加入市場，進口品牌如坦奎瑞、高登、英人等的機會依然相當被看好，而中國本身自 2017 年起漸漸展開的國產工藝琴酒風潮，潛力也同樣被看好。

巷販小酒琴酒
上海

在這些新品牌中打頭陣的是巷販小酒琴酒。由萊恩‧麥克利奧德（Ryan Mcleod）及兩名朋友於 2018 年初推出。這三人花了三年的時間發展配方和技術，最終才敲定了符合這款琴酒特質——如上海市一般具有異國情調——的配方。這個配方是一款複雜且具有香辛料風味的混合體，以 11 種植物包圍產自匈牙利北部高地的杜

> 自2017年起，中國本身的國產工藝琴酒風潮已經慢慢展開。

◔ 中國獨特的「巷販小酒」琴酒

⊚ 龍血琴酒，琴酒的新境界

酒中會再加入碾碎的芫荽籽與檸檬皮浸泡 48 小時，這個過程會賦予琴酒少許金黃色的色相。

crimsonpangolin.com

龍血琴酒
內蒙古

龍血琴酒於 2018 年 3 月由紐西蘭主廚丹尼爾・布魯克（Daniel Brooker）創立，他一切從零開始在赤峰市拼湊出這間蒸餾廠。這款琴酒匯集當地採購的植物，例如黃金玫瑰花蕾和野生鳥椒，並混用蒸餾及浸泡合成兩種方式製作這款琴酒，這種方式賦予這款烈酒獨特的深紅色（以 47% 酒精濃度裝瓶）。

facebook.com/dragonbloodgin/

松，杜松會在蒸餾前先於中性穀物酒精中浸泡十個小時。伴隨杜松的植物原料有來自清溪鎮的四川花椒、雲南省的佛手柑、中國東南部的東亞薄荷、來自北方的荷花、東北的歐白芷、廣東省有機農場的甘草、爪哇島的畢澄茄、北印度的芫荽籽、西藏邊界附近的雲南桂皮以及產自吉爾吉斯邊界附近的新疆杏仁。琴酒於一個小型銅製葫蘆型蒸餾器（見第 22 頁）中進行蒸氣注入蒸餾，每批次生產的烈酒僅約 20 瓶，並以 45.7% 酒精濃度裝瓶。

peddlersgin.com

紅潘格琳琴酒
湖南

於長沙蒸餾裝瓶的紅潘格琳琴酒，是居住在上海的企業外派人士海倫娜・基達卡（Helena Kidacka）和大衛・穆諾茲（David Munoz）於 2017 年初構想的一個概念。由於熱愛湖南美食，他們與當地的蒸餾廠合作，創作出一款能反映當地多樣化風味的琴酒，原料包括由海南島採購的檸檬、本地種植的湖南辣椒和芫荽，伴隨著山東的中國杜松，這個原料為他們的概念提供了另一個道地元素。植物於雲南產的穀物烈酒中完成蒸餾後，琴

焦點

噶瑪蘭琴酒 臺灣

臺灣是一個擅長生產西式烈酒的國家，產品備受讚譽。臺灣的第一間威士忌蒸餾廠噶瑪蘭於2005年開業，並於2006年3月11日自蒸餾器中蒸餾出第一滴新酒。自那一刻開始，這家酒廠持續生產世界獲獎最多的某些威士忌，並以對細節與的重視，以及複雜多樣的單一麥芽，贏得了眾多愛好者的青睞。因此，當憑藉著在烈酒界的創新表現屢獲殊榮的蒸餾大師張郁嵐決定擔任臺灣第一款工藝琴酒生產者的角色時，立即引起了眾人極大的興趣。這間於2016年擴建的蒸餾廠，曾在2008年時決議增設幾座德國製的蒸餾器，以滿足市場對威士忌不斷成長的需求。但發現產出的烈酒酒體太輕不符合需求後，他們決定將這些蒸餾器用於實驗，並於2012年開始嘗試製作琴酒。琴酒的配方歷經了無數次修改和植物實驗，直到張先生和他的團隊對成果感到滿意後，這款琴酒才終於獲准於2018年9月發行。

這款琴酒的基底烈酒製作方式，與蒸餾廠生產它的單一麥芽威士忌完全相同。將發芽大麥糖化及發酵後，製成酒精濃度約8-8.5%的濃啤酒。但除了兩次蒸餾，它還會再經過第三道蒸餾，讓將酒精濃度提升至大約65-70%，此時才加入植物的餾出液和精華萃取物或採用冷泡合成（見第20頁）。

噶瑪蘭琴酒使用的植物配方是一款混合了經典植物——杜松、芫荽籽和茴香實——以及三種比較水果導向的原料，反映出蒸餾廠所在地宜蘭擁有的資源。三種原料分別是金橘皮、乾燥紅心芭樂和乾燥楊桃，乾燥楊桃帶給琴酒一種味覺上幾乎像是櫻桃的酸調，伴隨芫荽帶出的少許香辛柑橘氣息。這款琴酒以40%酒精濃度裝瓶。

kavalanwhisky.com

印度與斯里蘭卡

和日本一樣，印度的消費者非產喜愛國產威士忌。然而，它被歸類為與其他地方生產的威士忌非常不同的烈酒類型，大多數使用糖蜜而非發芽大麥做為基底，所以這種烈酒更接近蘭姆酒。正因如此，印度的工藝琴酒市場仍然處於萌芽期，僅有少數小品牌獨立生產自有產品。這些產品不大可能減損於國內生產的麥克道爾藍帶特級辛口琴酒（McDowell's Blue Riband Extra Dry）的巨大銷量，這款琴酒自1959年間世以來，持續保有當地主要的市占率，其他於市場上較知名的品牌還包括高登、坦奎瑞（見第82頁）、龐貝藍鑽（見第69頁）和芬斯伯里（Finsbury）──這個在其生產地英國知名度不高的品牌（由蘭利蒸餾廠生產──見第75頁）顯然很符合印度人的口味。

印度由29個州及7個中央直轄區組成，每個行政單位對酒精生產及配送的管理規範都不同（其中有幾個實施全面禁酒），特定市場獨有的琴酒十分普遍，例如月球漫步琴酒（Moonwalk Gin）這款以穀物為基底製成的杜松加味烈酒就僅於哈里亞納州（Haryana）販售。

> 印度的工藝琴酒市場仍然處於萌芽時期，僅有少數小品牌獨立生產自有產品。

◔ 來自香料王國的琴酒

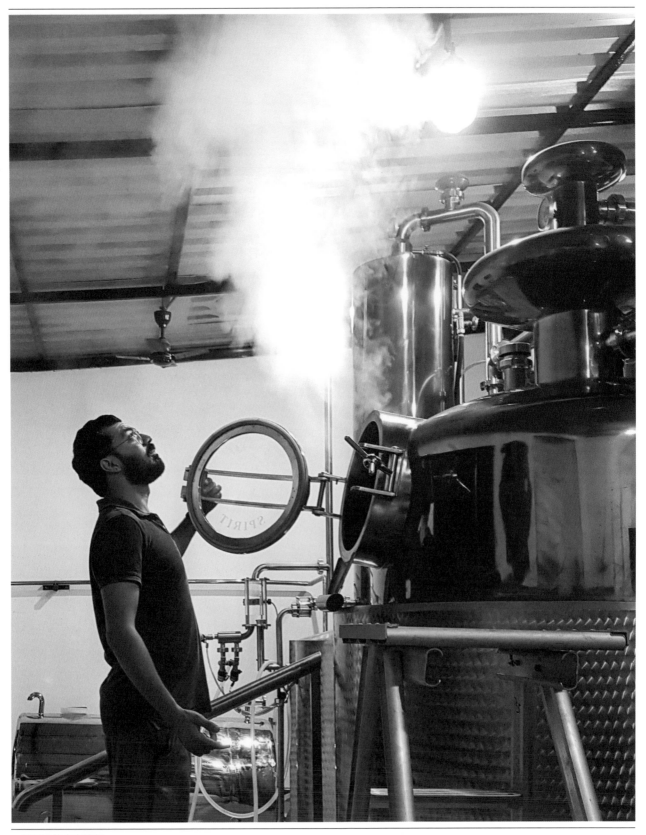

◉ 船琴酒的生產過程

值得嘗試的印度琴酒

船烈酒（Näo Spirits）
果亞（Goa）

共同經營酒吧的兩個朋友阿南德・維爾馬尼（Anand Virmani）和維瓦夫・辛（Vaibhav Singh），在成立了自己的公司兩年後，於2017年推出了印度第一款工藝琴酒——超越倫敦辛口琴酒（Greater Than London Dry Gin）。他們覺得市場上缺少了一款頂級產品，來反映出印度對精緻烈酒喜好的增長。「超越」是一款採用多重程序蒸餾（見第29頁）逐月批次生產的琴酒，使用以小麥為基底的中性穀物烈酒，加入多種進口經典植物：馬其頓杜松、德國歐白芷根、西班牙橙皮和義大利鳶尾，同時還有印度的香茅、薑、茴香籽、芫荽和洋甘菊花。所有原料都先經過浸泡後再於一座1000公升的壺式蒸餾器中進行蒸餾，成品以42.8%酒精濃度裝瓶。

船還生產另一款截然不同的琴酒。杜松琴酒（Hapusa）的名稱是梵語中杜松的意思，它也是目前全世界唯一使用生長於喜馬拉雅山脈的印度原生杜松做為原料的琴酒。兩人花了三天時間在德里的卡里波里（Khari Baoli）市場搜尋，最終讓他們發現了這個寶藏。杜松琴酒是一款採用單一程序製作的琴酒，與超越琴酒使用同一台蒸餾器進行生產，但加入的是喜馬拉雅杜松。其他原料包括芒果、薑、芫荽籽、少量的薑黃、小荳蔻、杏仁和最後一項主要原料gondhoraj lebu，它是一種介於橘子和萊姆之間、東印度原產的檸檬品種。杜松琴酒以43%酒精濃度裝瓶。

naospirits.com

陌生人父子琴酒（Stranger & Sons Gin）
孟買及果亞（Mumbai And Goa）

沙克希・薩格爾（Sakshi Saigal）、拉胡爾・梅赫拉（Rahul Mehra）和維度羅・古普塔（Vidur Gupta）這個三人組拋開他們的商業背景，追隨著熱情成立了第三隻眼蒸餾廠（Third Eye Distillery），並在此生產出陌生人父子琴酒。這款琴酒的配方共有九種植物，採用一座於荷蘭設計及出口的蒸餾器製作。除了來自馬其頓的杜松之外，其他蒸餾廠使用的香草植物和香辛料都採購於當地。陌生人父子（以42%酒精濃度裝瓶）是一款強烈重柑橘風味的琴酒，由於原料中包括了兩種萊姆及另一種柑橘類植物gondhoraj lebu（見左側文字），這樣的風味並不令人意外。

instagram.com/strangerandsons/

齋沙默印度工藝琴酒（Jaisalmer Indian Craft Gin）
北方邦（Uttar Pradesh）

齋沙默印度工藝琴酒由藍浦蒸餾廠（Rampur Distillery）的蒸餾大師安努・巴瑞克（Anup Barik）採銅製壺式蒸餾器，經過三道蒸餾程序小批次生產而成，巴瑞克同時也是藍浦印度單一麥芽威士忌（Rampur Indian Single Malt Whisky）的製酒師。這間喜馬拉雅山腳下的蒸餾廠歷史可追溯至1949年，是印度最古老的蒸餾廠之一。琴酒配方中包括11種植物，其中七種用來突顯印度所有的地區。芫荽和香根草生長在北部齋沙爾附近的田野中；甜橙來自印度中部；畢澄茄果和香茅採購於印度南部；大吉嶺綠茶來自印度東部；檸檬皮則由從印度西部取得。其他原料還有歐白芷根、甘草和葛縷籽，加上來自托斯卡尼的杜松子。這款琴酒以43%酒精濃度裝瓶。

jaisalmergin.com

洛克蘭辛口琴酒（Rockland Dry Gin）
斯里蘭卡（Sri Lanka）

斯里蘭卡幸運擁有豐富的烈酒生產傳統，以生產錫蘭亞力酒（Ceylon arrack）聞名，這款酒使用椰子花的汁液進行發酵及蒸餾，之後再於橡木桶中陳釀。但令人驚訝的是，斯里蘭卡的第一家商業蒸餾廠也有一段琴酒生產的歷史。為了生產亞力酒而於1924年成立的洛克蘭蒸餾廠（Rockland Distillery），在第二次世界大戰期間，被政府下令轉為生產藥用酒精，以支援戰爭補給。戰爭結束後，這家蒸餾廠不再受限制，並製作了他們的洛克蘭辛口琴酒。這家目前由家族第三代負責經營的公司至今仍持續生產這款斯里蘭卡銷售量最大的琴酒。洛克蘭（以38%酒精濃度裝瓶）是一款均衡結合杜松、芫荽、香茅、薑和錫蘭肉桂等植物的單純琴酒。此外還有一款鮮明的檸檬版本（以38.5%酒精濃度裝瓶），這款琴酒於蒸餾後才加入檸檬萃取精華，讓琴酒爆發出的柑橘味更鮮明。這家酒廠於2015年發行一款名為可倫坡第七號（Colombo No. 7）的琴酒，以洛克蘭創辦人創作的原始配方為靈感，使用具有強烈氣息的咖哩葉作為主要植物原料。以43.1%酒精濃度裝瓶的可倫坡第七號琴酒目前於英國蒸餾，所以嚴格來說不能算是斯里蘭卡琴酒。但它無疑會散發大量起源地的魅力，因此依然值得嘗試。

rockland.lk colombosevengin.com

新加坡

新加坡長期以來一直與它專屬的經典琴酒調酒（見第54頁的詳細敘述）連結在一起，因此琴酒早已深植於這個城邦的架構及文化中。如今，主要受當地馳名國際的酒吧文化影響，新加坡正見證席捲調酒界的強力琴酒復興。舉例來說，造訪地圖集酒吧（Atlas）這個專賣琴酒的殿堂時，你會發現來自40多個國家的超過1200款不同的琴酒。儘管大多數的琴酒可能來自歐美，但過去兩年中，當地已有許多蒸餾活動，新加坡國內工藝琴酒的發展指日可待。

◎ 經典的新加坡司令調酒

黃銅獅新加坡辛口琴酒（Brass Lion Singapore Dry Gin）
新加坡（Singapore）

黃銅獅蒸餾廠（Brass Lion Distillery）是新加坡第二間微型蒸餾廠與試飲室，於2018年9月由成功經營當地兩間酒吧的女商人許瑜倩成立。許瑜倩的旅程始於七年前，當時她開始探索歐美的琴酒生產，並一路上學習蒸餾的工藝。黃銅獅新加坡辛口琴酒採用一座附有個別蒸餾柱的德國阿諾・霍爾斯坦壺式蒸餾器（見第22頁）生產，使用中的植物原料反映出新加坡聞名的現代烹調手法，沒有讓配方發展得太過深奧複雜。火炬薑花、南薑、痲瘋柑葉和乾燥橘皮，連同杜松一起組成配方的核心，再加上包括羅望子果、香茅、柚皮、菊花、小荳蔻，畢澄茄果和歐白芷等18種植物。以40%酒精濃度裝瓶。

brassliondistillery.com

東陵蘭花琴酒（Tanglin Orchid Gin）
新加坡（Singapore）

東陵蒸餾廠是新加坡第一間琴酒蒸餾廠，也是40多年來當地第一座新成立的蒸餾廠。由安迪・霍奇森（Andy Hodgson）、提姆・懷特腓（Tim Whitefield）、克里斯・博克斯（Chris Box）和查理・范・伊登（Charlie Van Eeden）所創立，蒸餾廠名稱來

自東陵區，這個地區如今是一個智慧住宅近郊，但在17世紀時，當地曾是老虎棲息的野生叢林，有許多種植胡椒、肉豆蔻和阿仙藥（gambier，一種澀灌木）的農園。這款琴酒匯集了一些不尋常的植物：印度芒果粉（Indian amchoor 或 powdered green mango）、蘭花，以及廣泛用於傳統中藥的金釵石斛（Dendrobium nobile Lindl）的莖、香莢蘭的完整香草莢和有機橙子。這些原料會與較傳統的植物如芫荽籽、杜松和甘草及歐白芷根混合。以澳洲新南威爾斯州的小麥製成的穀物中性烈酒為基礎，被蒸餾至約38%的酒精濃度，隨後裝入一座250公升的波蘭製天才蒸餾器（見第29頁）中。蒸餾過程長達十個多小時，最終產出的琴酒會被稀釋至42%酒精濃度，不經冷過濾程序（見第29頁）直接裝瓶。

tanglin-gin.com

菲律賓

在琴酒的世界裡，菲律賓是一個非常不尋常的地方。它比其他任何國家都更熱烈地擁抱這款烈酒，且至今仍是全世界最大的琴酒消費國。在許多方面，菲律賓對琴酒的熱忱或許可以追溯到 1700 年代，特別是 1762 至 1764 年英國占領馬尼拉的這段期間。當時蒸餾琴酒定期自倫敦與荷蘭進口，以滿足住在這個首都的英國人。之後，西班牙移居者和少數菲律賓菁英都仰賴進口琴酒，由於需求量實在太大，名為阿亞拉（Ayala）的第一座琴酒專門蒸餾廠於 1834 年在馬尼拉的奎阿坡（Quiapo）區成立，開始生產金聖米圭爾琴酒（GINERBA SAN MIGUEL），這個品牌即使到今天仍在全球琴酒中占有一席之地。品牌的酒標如今已經具有代表性，繪有天使長聖米歇爾（St Michael）擊敗撒旦路西法（Lucifer）的圖案。這個大多數人稱為「惡魔記號」（Marca Demonio）的圖案是菲律賓藝術家費南度‧阿莫索洛（Fernando Amorsolo）於 1917 年創作的，他後來可說是成了菲律賓最受推崇的藝術家。至今，每一瓶金聖米圭爾琴酒上依然有這個圖案，更鞏固了這款烈酒的國寶級地位。

🔽 菲律賓種植的甘蔗為當地幾款琴酒提供了基底

金聖米圭爾琴酒（Ginerba San Miguel）
馬尼拉（Manila）

由於於菲律賓的島嶼盛產甘蔗，聖米圭爾使用以甘蔗製成的烈酒為基底，並不令人意外。蔗糖在島上經過精製後，於巴戈蒸餾廠（Bago Distillery）蒸餾製成酒精，這座工業規模的蒸餾廠正是聖米圭爾的故鄉。這個品牌是一款冷泡合成琴酒（見第 20 頁），在烈酒中添加多種植物精華萃取物，隨後進行稀釋並以 40% 酒精濃度裝瓶。琴酒的配方並未對外公開，但以其適中的價位判斷，它無疑是一款非常基本的產品。這家公司還發行一款較高端的版本──頂級聖米圭爾（San Miguel Premium），藉以跟其他像是高登和吉爾伯等受歡迎的進口琴酒品牌競爭。這款琴酒以杜松調及強烈的柑橘味為主，伴隨精緻的辛香料調，並以 35% 酒精濃度裝瓶。其中一種最受歡迎的飲用方式是製成 GinPom：一款將琴酒混合以柚子粉加水沖泡而成的果汁所調製成的調酒。

ginebrasanmiguel.com

烏鴉手作工藝琴酒（Crows Hand-Crafted Gin）
馬尼拉（Manila）

在光譜的另一端，一家名為烏鴉精釀啤酒精釀與蒸餾公司（Crows Craft Brewing & Distilling Co.）的小公司，於 2017 年發行了菲律賓第一款工藝琴酒：烏鴉手作工藝琴酒（酒精濃度 45%）。這款琴酒以每批次僅 60 瓶的極少數量生產（另外還有更稀有的「木桶典藏 Barrel Reserve」版，使用橡木桶桶陳、每批次生產 10 瓶），使用 23 種植物，包括杜松、橙皮、小荳蔻、鳶尾根、玫瑰果、薰衣草、歐白芷和桂皮。由於產量極為有限，這款琴酒只在馬尼拉少數酒吧中供應。烏鴉目前已於舊金山開設了第二間蒸餾廠。

crowscraft.com

馬來西亞與越南

東南亞地區在 2018 年誕生了另外兩款分別來自馬來西亞和越南的新琴酒。

Jin琴酒（Jin）
馬來西亞（Malaysia）

「置物櫃與閣樓」（Locker and Loft）酒吧位於八打靈再也市（Petaling Jaya）雪蘭莪街區（Damansara Kim），這裡的一群調酒師決定創作馬來西亞第一款工藝琴酒，並直接將它命名為 Jin。這款琴酒不屬於蒸餾烈酒，而是使用 16 種植物以浸泡合成（見第 20 頁）的方式製作，其中包括杜松、楊桃、番石榴、柚子、乾燥菠蘿蜜、棗子、洛神葵、迷迭香、人心果、檸檬皮、小荳蔻、痲瘋柑、乾燥菊花和羅勒葉，前調具有明顯的果香風味，接著呈現更熟悉的杜松／柑橘調。這款琴酒僅於酒吧內供應。

lockerandloft.com

毛釀日內瓦琴酒（Furbrew Geneva Gin）
越南（Vietnam）

來自河內知名精釀啤酒廠毛釀（FURBREW）的釀酒師湯瑪士·比爾格拉姆（Thomas Bilgram），採取將廢棄啤酒當作基底原料的概念，創作出越南第一款工藝琴酒。在經過小規模的實驗後，他與當地蒸餾商合作，將 4500 公升不被採用的啤酒混合物蒸餾成烈酒，這個程序僅產出 500 公升的烈酒供他繼續探索。配方中只有杜松和金橘皮這兩種植物原料，以保留一些來自基底烈酒中天然啤酒花導向的風味。蒸餾完成的烈酒為 68% 酒精濃度，之後會稀釋至 43% 酒精濃度裝瓶。

furbrew.vn

◔ 亞洲是個豐富的產地，出產不可思議的香草植物與香辛料

泰國

在泰國精釀啤酒蓬勃發展的成功經驗鼓舞之下，幾家蒸餾廠現在也開始在全國各地投入工藝琴酒製作，探索植物與基底酒精來源的獨特結合。

鐵球琴酒（Iron Balls Gin）
曼谷

知名的澳洲調酒師艾許利・薩頓（Ashley Sutton）於 2015 年創立了 A R 薩頓與工程師（A R Sutton & Co Engineers）微型蒸餾廠，他的第一款琴酒——鐵球琴酒——不但獨特且具

泰國明媚的田園風光：異國植物的完美生長地

有開拓性。做為曼谷 30 多年來第一家取得執照的蒸餾廠，當初在創作配方時，必定對於打造出一款完全跳脫常規、但又具備當地代表性特色的琴酒有著強烈的渴望。若當時的情況真是如此，那麼鐵球琴酒已經達成了它的目標。這款琴酒中的基底原料是椰子及鳳梨的混合，混合物經過發酵後製成酒精濃度約 13% 的甜利口酒，隨後採用柱式蒸餾製成烈酒（見第 24 頁）。這款琴酒的植物配方是高度機密，但風味透露的線索包括杜松、一些溫暖的肉桂和薑、較清淡的柑橘調以及一些草本／柑橘風味的芫荽。然而，其中最明顯的風味是一種其他琴酒中沒有的甜美果香調，這個風味鮮明卻不過度強烈，同時能突顯基底烈酒獨特的重要性。這款琴酒以 40% 酒精濃度裝瓶。
ironballsgin.com

紙燈籠琴酒（Paper Lantern Gin）
清邁

紙燈籠琴酒由居住在新加坡並在當地經營品牌的夫妻檔瑞克・埃姆斯（Rick Ames）和西敏・凱漢・埃姆斯（Simin Kayhan-Ames）於 2016 年構思與推出。它顯然是一款新加坡琴酒，但實際上是採用以稻米製成的基底酒精於清邁蒸餾而成的。主要的植物是四川花椒、加上薑，香茅、高良薑和山椒（makhwaen seed/prickly ash）這個一種泰北料理中常見的香辛料。這款琴酒以 40% 酒精濃度裝瓶。
drinkpaperlantern.com

基本術語

蒸餾的程序常被形容為「煉金術」——運用經歷數百年的演練和技能，在創意與科學之間取得平衡。以下是任何蒸餾商都必備的基本術語，在翻閱這本地圖集、探索琴酒世界時，值得牢記在心。

酒精濃度 (ABV)

是 alcohol by volume 的縮寫——烈酒中酒精含量體積百分比的標準量度，以體積的百分比表示（請參閱酒精純度 proof，這是美國使用的另一種量度）。有些琴酒會刻意以高酒精濃度裝瓶，例如海軍強度（通常酒精濃度為 57% 以上—見第 21 頁），以便呈現更厚實濃烈的風味。

植物 (botanicals)

種子、香草植物、根、水果和莓果，同時包括不可或缺的杜松，它為任何琴酒提供了其中一種核心風味，涵蓋從「經典」款（見第 42 頁）到異國風的各種選擇。

冷過濾 (chill filtration)

去除琴酒中油膩合成物（脂質）的程序，脂質會讓琴酒在暴露於較冷的溫度時變得渾濁。一些蒸餾商選擇不將他們的琴酒進行冷過濾，並聲稱這些化合物能賦予烈酒額外的質感與風味。

冷凝器 (condenser)

這個不可或缺的設備能讓烈酒經過蒸餾產生的熱蒸氣重新凝結為清澈液體。通常與蒸餾器同時存在。

分段點 (cut point)

蒸餾的過程中，蒸餾師判斷何時該取出或保留烈酒批次蒸餾中的理想區段（或稱為「酒心」）以進行下一階段蒸餾的關鍵點，並將分段點前含有無用及有毒雜質的剩餘酒精丟棄。蒸餾前期階段的分段點通常被稱為「酒頭」，而在最終階段則稱為「酒尾」。

直接裝填法 (direct charge)

將植物（特定配方的植物混合物或個別植物）與準備要進行蒸餾的烈酒一起裝入蒸餾器壺中的程序。

批次蒸餾

蒸餾一個批次琴酒的程序。每一個蒸餾商進行批次蒸餾所需的時間，會因為選用的植物、蒸餾器的大小和期望的風味強度產生極大差異，但平均而言大約需時五到六個小時。

乙醇 (ethanol)

又稱為 ethyl alcohol，是酒精中可食用的類型，也是所有烈酒的核心。蒸餾商會努力去除甲醇——一種在蒸餾過程中產生的有毒化學物質（見分段點說明）。

發酵 (fermentation)

極其重要的化學反應，過程中酵母開始分解穀物漿、糖蜜或葡萄酒中的天然糖分，將之轉換成為後續用於來被蒸餾的酒精。

產地到酒杯／穀物到酒杯 (field-to-glass/grain-to-glass)

形容蒸餾商在生產琴酒時各方面都親自有效管控的術語：從製作基底酒精、到使用通常為當地生長的植物或採購而來的植物、再到蒸餾廠內進行的蒸餾及裝瓶。

地板發芽 (floor malting)

是一個歷史悠久的程序，今日只有少數蒸餾廠運用：將大麥置於傳統石材發芽地板上加水並以手工翻動，持續數日直到穀物發芽。現代的大麥發芽程序採用工業化方式，但地板發芽這項傳統工藝已開始被蒸餾廠重新採用。

分餾 (fractional distillation)

將烈酒放在內部有一系列精餾盤（見第 24 頁）的柱式蒸餾器中進行蒸餾，從酒精中提取不同的元素或分段點——也就是將酒精分離成它的組合成分（餾分）。

弗因博斯 (Fynbos)

南非東開普省和西開普省的天然灌木林帶的名稱，南非的蒸餾商常以這個術語來表達他們琴酒中特別包括的本地植物類型。

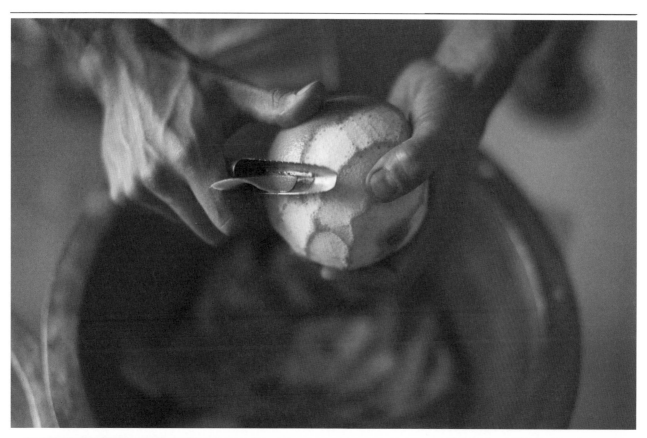

GNS

為穀物中性烈酒（grain neutral spirit）的縮寫（或稱為中性穀物烈酒）──國際間琴酒生產最廣受使用的基底烈酒。穀物可以是玉米（玉蜀黍）、小麥、黑麥或其他穀類之中的任何一種，最高可以被蒸餾至酒精濃度98%，使其無臭無味。

倫敦辛口 (London Dry)

琴酒生產的類型之一，所有的植物原料都在烈酒中（或透過蒸氣）進行蒸餾，而不是採用蒸餾後添加的方式。這個術語適用於世界各地生產的琴酒，不僅限於倫敦。

浸泡 (maceration)

在蒸餾開始之前，先將植物於中性酒精中初步浸泡一段時間以提取風味和香氣，時間長度可從幾小時到絕大多數的12-48小時，有時甚至長達一年。這個程序可於壺式蒸餾器或特定的浸泡容器中進行。

穀物原料配方 (mash/mash bill)

酒精生產第一階段中使用的穀物或不同穀物的混合物／配方。單獨或混合使用小麥、玉米（玉蜀黍）、黑麥、大麥和其他穀物等原料來生產穀物中性烈酒，之後隨植物原料一起再度蒸餾製成琴酒。

多重程序 (multi-shot)

在這個程序中會先製作出高強度風味、高酒精濃度的濃縮琴酒，隨後加入中性酒精進行調整，並以水稀釋至裝瓶酒精濃度。

新西方 (New Western)

泛指主要於北美製作的琴酒風格。在這個類型的琴酒中，柑橘或特定香辛料等植物會被使用來創造琴酒的中心（但不是主要的）風味，與杜松相輔相成，而非單獨聚焦於杜松這個植物主角上。

非基因改造生物 (non-GMO)

描述不含基因改造生物的穀物和烈酒產品。

單次／單一程序

採用均衡的植物配方生產出單一批次的琴酒，通常酒精濃度很高（酒精濃度70–80%以上），之後以水稀釋到約40%酒精濃度裝瓶。

酒精純度 (proof)

一種以「度」來表示烈酒中酒精含量的衡量標準，等同於酒精濃度（ABV）的兩倍，除了強制性標示的酒精濃度之外，在美國通常也會使用。這個術語可以追溯到從前：當年蒸餾商必須透過混合火藥來「證明」他們所生產的烈酒強度夠強──如果火藥還是能點燃，就表示測試通過（見第21頁）。

精餾 (rectification)

於柱式蒸餾器（或偶爾於壺式蒸餾器）中將基底烈酒再次蒸餾以增強其酒精含量的程序。

蒸餾器 (still)

進行琴酒蒸餾的獨立容器，基底烈酒於蒸餾器中經由底部加熱，轉變為蒸氣後再次凝結成為液態。傳統上，銅製壺式蒸餾器被使用於多數型態的蒸餾，因為銅不但是具有高度延展性的金屬，並且是一個能夠有效提取烈酒中風味化合物的元素（見第22頁琴酒蒸餾器類型）。

汽提 (stripping)

又稱為純化，透過去除低酒精濃度烈酒中的雜質和液體含量，一直到僅剩下微量的風味和香氣，以生產出高酒精濃度的基底烈酒。

蒸器注入法 (vapour infusion)

這種蒸餾琴酒的方法是將植物（有時是較細緻的花卉植物）置於懸掛在蒸餾器頸部的植物籃中或多孔托盤上，讓烈酒的蒸氣能通過植物後再冷凝回液體。

索引

251

圖片出處

出版社感謝以下蒸餾廠與飲品公司慷慨提供照片：

5l The Botanist; 6 Kongsgaard; 7 La Insoportable Brewery and Distillery/Alum Gálvez; 8al Wilderer Fynbos Distillery; 8b Koval Distillery; 12ar Caledonia Spirits/photo Jesse Schloff; 13l The Botanist; 13br The Boatyard Distillery; 20 Distillerie du St Laurent; 34 Monkey 47; 53b Double Dutch; 63 Beefeater Gin; 64 Beam Suntory Inc/Sipsmith; 67 Marylebone Gin; 68al & ar Hepple Gin/Tom Bunning; 68b, 69 Bombay Sapphire/Hype Photography; 70 Warner's; 73 Southwestern Distillery; 74 Hepple Gin; 76 The Oxford Artisan Distillery; 77 Wheadon's Gin; 87 Dingle Distillery; 89 Jawbox Gin/Perfect Swerve; 90 The Boatyard Distillery; 91 Ballyvolane Spirits; 98a Filliers; 99 Rutte Gin; 100, 101, 102 Monkey 47; 103 Elephant Gin; 104a & b GinSTR; 105 Berliner Brandstifter; 106 Rick Gin; 107a Xellent Gin; 107b 5020 Gin; 108 Distillerie du Paris/Emilie Albert; 109,110a Citadelle Gin; 110b G'Vine Gin; 112 Audemus Spirits; 113a & b Le Gin C'est Nous; 116 Beam Suntory Inc/Larios; 118, 119 Gin EVA; 121 Malfy Gin; 123a Wolfrest Gin; 123b Bottega SpA; 125 Three Graces Distilling; 130b, 131 Nordisk Braenderi; 132 Kyro Distillery/Veera Kujala; 134a Thoran Distillery; 134b Eimverk Distillery; 135 Oslo Handverksdestilleri; 139a & b Liviko Distillery; 143 Žufánek Distillery; 144 Distillery Duh u boci; 145l Henkell & Co Distillers; 145r Rodionov & Sons; 147 Ladoga Group; 153, 154 New York Distilling Company; 155a & b Philadelphia Distilling; 156a Iron Fish Distillery; 156b Fleischmann's Gin; 159 Caledonia Spirits/photo Jesse Schloff; 160a Letherbee Distillers; 161, 162a FEW Spirits; 164, 165 Treaty Oak Distillery; 166a Letherbee Distillers; 166b North Shore Distillery; 169, 170a & b St George Spirits/Ben Krantz; 171 Hotaling & Co.; 172a Distillery No. 209; 175 Copperworks Distilling; 176 Cutwater Gin; 177a Old Harbor Distilling Co; 177b Mulholland Distilling; 180, 182 Distillerie du St Laurent; 181 Okanagan Spirits; 184a Strathcona Spirits; 184b Ampersand Gin; 189 Gin Katun; 190a & b La Insoportable Brewery and Distillery/Alum Gálvez; 192a, 193 Fazenda Cachoeira Distillery; 194, 195l & r London to Lima Gin; 197, 203l Rechmaya Distillery; 203r Jullius Craft Distillery/Ilya Melinkov; 207 Hope on Hopkins/Mapodile Mkhabela; 208l & r Hope on Hopkins/Retha Ferguson; 211a Wilderer Fynbos Distillery; 211b Blind Tiger Gin; 216b, 220l Archie Rose Distillery; 217l & r, 218 Four Pillars Gin/Anson Smart; 220r, 221a & b William McHenry Distillery/Peter Jarvis; 222a & b The West Winds Gin; 223 Cape Byron Distillery; 230a & b Kyoto Distillery; 231 Beam Suntory Inc/Roku Gin; 233 Benizakura Distillery; 235 Peddlers Gin Co; 236a Dragon's Blood Gin; 237ar Kavalan Gin; 240, 241b NAO Spirits; 241a Jaisalmer Indian Craft Gin; 242a Tanglin Distillery; 245b Paper Lantern Gin; 247a La Insoportable Brewery and Distillery/Alum Gálvez; 247b Gin La Republica; 248a Cape Byron Distillery

Additional photographic credits
5r Folio Images/Alamy Stock Photo; 8ar dpa picture alliance/Alamy Stock Photo; 10 puk khantho/Unsplash; 14 Museum of London/Bridgeman Images; 15 Library of the University of Leiden, MS BPL 14A, folio 115v; 16 United Archives/Alamy Stock Photo; 17a World History Archive/Alamy Stock Photo; 17b Maurice Collins Images/Mary Evans Picture Library; 19 Illustrated History/Alamy Stock Photo; 21 Chronicle/Alamy Stock Photo; 32 Florilegius/SSPL/Getty Images; 33 Ppy2010ha/Dreamstime.com; 35 Gary Kavanagh/iStock; 36 Simon Grosset/Alamy Stock Photo; 38 Wellcome Images; 56 E K Yap; 60, 85 redmark/iStock; 62 Cath Harries/Alamy Stock Photo; 72 David A Eastley/Alamy Stock Photo; 78 lucentius/iStock; 79 urbanbuzz/Shutterstock; 86 hugo-kemmel/Unsplash; 92 mammoth/iStock; 94 fiLigor/iStock; 95 Lordprice Collection/Alamy Stock Photo; 97 Jan Fritz/Alamy Stock Photo; 98b enricobaringuarise/Shutterstock; 114 Factofoto/Alamy Stock Photo; 120 Aleksandar Georgiev/iStock; 124 Milan Gonda/Alamy Stock Photo; 126 guillaume-briard/Unsplash; 130a ClarkandCompany/iStock; 136 Gilly/Unsplash; 140 jarino47/iStock; 146 GeorgeK/iStock; 150 M B Rubin/iStock; 152 dhughes9/iStock; 158, 162b enricobaringuarise/Shutterstock; 160b luvvstudio/iStock; 168 franckreporter/iStock; 172b Lara Hata/iStock; 174 Jeff Spicer/Press Association Images; 178 Erica Ellefsen/Alamy Stock Photo; 188 Photoservice/iStock; 192b Kiyoshi Takahase Segundo/Alamy Stock Photo; 196 Sébastien Lecocq/Alamy Stock Photo; 200 irisphoto2/iStock; 202 M Sobreira/Alamy Stock Photo; 204 David Clode/Unsplash; 206 all Nic Bothma/EPA-EFE/Shutterstock; 212 J F Jacobsz/iStock; 216a Bruce Aspley/iStock; 225 primeimages/iStock; 228 Prasit Rodphan/Dreamstime.com; 229 rolandoemail/Pixabay; 232l enricobaringuarise/Shutterstock; 232r igaguri_1/iStock; 234 BluHue/iStock; 238 Image Broker/Alamy Stock Photo; 239 Macduff Everton/National Geographic Image Collection/Alamy Stock Photo; 242b Alan Keith Beastall/Alamy Stock Photo; 243 vincentlecolley/iStock; 244 aluxum/iStock; 245a IakovKalinin/iStock

12a, bl & br, 13ar, 50, 52 all, 53a, 66 photographed at East London Liquor by Simon Jessop, simonjessop.com

80, 83, 115, 213, 236b, 237al & b, 248b photographed by Neil Ridley and Joel Harrison

謝誌與作者簡介

作者感謝以下人士：

Giorgio Bargiani and Agostino Perrone at The Connaught Bar

Denise Bates, Leanne Bryan, Juliette Norsworthy and the team at Octopus Publishing

Jamie Baxter

Bev, Dimple, Georgina, Louise, Pip and the IWSC team

Jared Brown and Anistatia Miller

Nate Brown

Martine Carter

Ian Chang

Nicholas Cook and The Gin Guild

Charlie Critchfield and all at Remarkable TV

Alex Davies

Dawn Davies and the Speciality Drinks team

Philip Duff

Ben Ellefsen, Atom Brands

Berry Bros. & Rudd (for inventing the concept of the Three Martini Lunch)

James Goggin, Alexis Self, Michael Vachon and the Maverick Drinks team

Victoria Grier

Gus and the team at The Union Club

Raissa and Joyce de Haas

Nicole Hatch and *The Telegraph* Gin Experience team, including

Susy Atkins

Jon Hillgren

Simon Jessop

Melanie Jones at Singapore Tourism Board

Allen Katz

Lola Lau

Nico Liu

Joe McGirr

Alessandro Palazzi at Dukes Hotel

Chris Papple

Desmond Payne MBE

Jo Richardson

Caroline, Lois and Honor Ridley

David T Smith

Emma Stokes

Olivier and Emile Ward

Olly Wehring

Luke Wheadon

Alex Wolpert

Liquoria Limantour in Mexico City

The team at Kyrö in Finland

Sipsmith Distillery

作者簡介

喬爾·哈里森與尼爾·雷德利（Joel Harrison & Neil Ridley）是當代烈酒界重要的專業知識傳播者，從威士忌、琴酒、白蘭地到雞尾酒，這兩位搭檔與全球閱聽人分享了源源不絕的知識。除了在《電訊報》（Telegraph）、《世界精品葡萄酒》（World of Fine Wine）等多種刊物撰寫文章之外，也經常在電視上擔任深具威望的國際葡萄酒暨烈酒大賽（I.W.S.C.）評審，並在世界各地主持過數百場品酒會。他們的第一本著作《Distilled》在2015年贏得「福特南與梅森年度酒類圖書獎」（Fortnum & Mason Drink Book of the Year），《世界琴酒地圖》是兩人合作的第三本書。他們也在個人網站WorldsBestSpirits.com上發表烈酒相關的新聞與評論。

譯者簡介

黃覺緯，台北大學企管系畢。曾任美商獎勵旅遊策畫人逾十五年，在五大洲、三十餘國打造超過一萬人次的尊榮行程。深信旅程及生活中的全感官飲食體驗，在個人與集體回憶中扮演著重要角色。對在地傳統料理與當代餐酒文化同樣熱衷，著迷於旅途中探索新世代琴酒的多樣性。目前家中備有蒐集自全球各地的百款琴酒，並持續增加（與減少）中。譯文賜教：kapade@gmai.com